**总主编** | 江维克

贵州黔东南药用资源图志

主 编 | 陈建祥　刘开桃　韦顺能

上海科学技术出版社

图书在版编目（CIP）数据

贵州黔东南药用资源图志 / 陈建祥，刘开桃，韦顺能主编；江维克总主编. -- 上海 : 上海科学技术出版社，2024.7
（黔药志）
ISBN 978-7-5478-6622-1

Ⅰ. ①贵… Ⅱ. ①陈… ②刘… ③韦… ④江… Ⅲ. ①药用植物－贵州－图谱 Ⅳ. ①Q949.95-64

中国国家版本馆CIP数据核字(2024)第087498号

贵州黔东南药用资源图志
总主编｜江维克
主　编｜陈建祥　刘开桃　韦顺能

上海世纪出版(集团)有限公司
上 海 科 学 技 术 出 版 社　出版、发行
(上海市闵行区号景路 159 弄 A 座 9F - 10F)
邮政编码 201101　www. sstp. cn
上海颛辉印刷厂有限公司印刷
开本 889×1194　1/16　印张 23.75
字数：420 千字
2024 年 7 月第 1 版　2024 年 7 月第 1 次印刷
ISBN 978 - 7 - 5478 - 6622 - 1/R · 3005
定价：358.00 元

内容提要

本书基于贵州省第四次全国中药资源普查成果，分为绪论、植物药资源、动物药资源和其他药用资源四部分论述。全书在简要叙述黔东南地区民族药文化的同时，对普查发现的296种药用植物、15种动物及4种其他药用资源进行了图文并茂的详细介绍，特别记录了当地少数民族对各种药材的使用方法。

本书作为第四次全国中药资源普查工作中黔东南地区的普查成果，对于传承黔东南民族医药文化、传承和发展黔东南民族医药事业、推动黔东南社会经济发展，具有重要意义。

本书可供中药资源相关从业者及民族医药学研究人员参考阅读。

贵州省第四次全国中药资源普查成果

黔 药 志

编纂委员会

顾　　　问	杨　洪　安仕海　汪　浩　何顺志　杜　江　周　茜
主任委员	杨　柱　刘兴德
副主任委员	崔　瑾　于　浩　田维毅　俞　松　周　英

委　　　员　（以姓氏笔画为序）

于　浩（贵州中医药大学）	王　翔（凯里学院）
田维毅（贵州中医药大学）	兰文跃（贵州省中医药管理局）
伍明江（遵义医药高等专科学校）	刘兴德（贵州中医药大学）
孙庆文（贵州中医药大学）	杨　柱（贵州中医药大学）
吴明开（贵州省农作物品种资源研究所）	沈祥春（贵州医科大学）
张　龙（贵州省中医药管理局）	张　平（天柱县中医院）
张林甦（黔南民族医学高等专科学校）	陈建祥（黔东南州农业科学院）
周　英（贵州中医药大学）	周　茜（贵州省中医药管理局）
周　涛（贵州中医药大学）	胡成刚（贵州中医药大学）
俞　松（贵州中医药大学）	柴慧芳（贵州中医药大学）
高晨曦（贵阳康养职业大学）	黄明进（贵州大学）
崔　瑾（贵州中医药大学）	鲁道旺（铜仁学院）
蒲　翔（贵州中医药大学）	熊厚溪（毕节医学高等专科学校）

总　主　编	江维克
副总主编	周　涛　柴慧芳　孙庆文　胡成刚

编　　　委　（以姓氏笔画为序）

王明川（贵阳药用植物园）	刘开桃（黔东南州农业科学院）
江维克（贵州中医药大学）	孙庆文（贵州中医药大学）
杨传东（铜仁学院）	肖承鸿（贵州中医药大学）
张成刚（贵州中医药大学）	周　涛（贵州中医药大学）
胡成刚（贵州中医药大学）	侯小琪（贵阳药用植物园）
柴慧芳（贵州中医药大学）	郭治友（黔南民族师范学院）
熊厚溪（毕节医学高等专科学校）	魏升华（贵州中医药大学）

贵州黔东南药用资源图志

编纂委员会

顾　问

刘业海　范刚强

主　编

陈建祥　刘开桃　韦顺能

副主编

张成刚　吴柳绚　廖宇娟　左　群

尚　斌　杜俊峰

编　委

（以姓氏笔画为序）

王忠平　韦顺能　左　群　刘开桃

杜俊峰　杨　玲　杨万忠　杨仕国

杨秀全　吴文和　吴柳绚　吴培谋

张成刚　陈建祥　尚　斌　郜文军

廖宇娟

序 一

中药资源包括了民族药资源,是国家的战略资源,中药资源普查是获得中药资源信息的重要手段。黔东南州农业科学院中药材研究团队在第四次全国中药资源普查工作中承担了榕江县、从江县和凯里市的普查任务。这个团队成员立志高远、团结奋进、不畏艰难,以参与普查工作为契机,加强团队建设,不仅完成了普查的"规定动作",还充分利用当地民族民间医药传统知识丰富的特点,在资源收集中有突破、有创新,不仅以很高的效率和质量完成了普查任务,还撰写出了《贵州黔东南药用资源图志》专著,实属难能可贵。

这部专著是 2020 年 9 月正式启动编纂的。在普查工作的基础上,他们又持续了两年多的调查,跋山涉水、走村入户,足迹遍及黔东南各地,走访了 300 多名民间草医、药农(其中有十多位是经常走访的),收集了大量资料。初稿形成后,请调查对象核实记录的信息,请有关专家审阅,再反复修改、打磨,方才定稿。从他们认真、敬业的精神中,我感觉到他们对中药、民族药是发自内心的热爱。

《贵州黔东南药用资源图志》不是一部惊天之作,也没有颠覆性的创新,但是,这本书凝聚了团队的精神和心血,是接地气的一部书。首先,这本书特别注重传统药文化与民族文化之间的关联性,使民族药的价值和意义,或者缺点和不足,得到了一个准确的定位,这种构思,对于我们更好地认识和发扬民族医药文化具有深刻的启发意义。其次,每种药物的用法都来自民间。随着社会经济的发展,从民族传统医药文化中汲取有益于现代用药、保健的知识,已经成为热点。本书始终坚持从民间医生入手,每种药物的用法都来自民间医生的口述,直接记录"接地气"的材料。最后,这部书除了大量彩图外,大多数的物种还配有植物标本照片,增强了本书的科学性。本书的编纂者为方便读者识药、认药是下足了功夫的。

我作为第四次全国中药资源普查贵州省的技术总负责人,对本书的出版深感欣喜,欣然作序。祝贺黔东南州农业科学院的伙计们!

江维克

2023 年 9 月

序 二

　　黔东南州农业科学院的几个年轻人写了这部书，邀我为之作序。看了书稿，以我多年从事民族医药研究的经验，我知道他们心中怀有对民族文化的深厚感情，充满了对民族医药宝贵遗产挖掘、继承、弘扬的激情，并为此付出了大量的时间和心血，否则收集不了这么丰富的资料，更写不出这样内容扎实的书稿。作为一名民族医药工作者，我乐见年轻人热爱并投身民族医药事业，共同来传承和发扬苗岭地区的民族医药。

　　随着社会经济的发展，人们的生活水平不断提高，对健康和生命质量也提出了更高的要求。擅长"治未病"和养生保健的中药、民族药契合了时代需求，迎来了加速发展的时代机遇。黔东南地区是少数民族聚居地，拥有40多个少数民族，每个民族都善于使用草药来防病治病。每个民族的用药知识都曾经历过几代、十几代、几十代人的传承和验证，是经过反复检验、行之有效的方法。40多个少数民族的民族医药知识，汇集成丰富多彩的民族医药文化。这是当地民族文化的重要组成部分，是祖先留给我们的宝贵遗产。传承好、发展好、利用好这些宝贵遗产，是我们这代人的使命和责任。而传承发扬这份宝贵遗产，也是我们推动少数民族地区社会经济发展，造福后代子孙的重要举措。

　　"江山代有才人出"，传承发扬民族医药文化的希望寄托在年轻人身上。看到一群上进好学、热爱民族医药的年轻人投身民族医药事业，我由衷地感到高兴。为此，欣然接受他们的邀约，为本书作序。希望他们在未来学习、研究的路上持续勇毅前行，不断为我国民族医药的传承和发展贡献力量。

贵州省首届名中医、中医内科主任医师

2023 年 9 月

前　言

　　贵州黔东南是药材资源富集之地，也是民族文化富集之地。对这里的药材资源以及民族用药方法进行调查整理，对于中医药知识体系的完善和建设具有积极意义。2018 年 7 月起，黔东南州农业科学院中药材科研团队参加了第四次全国中药资源普查工作，并陆续完成了榕江县、从江县和凯里市等三县（市）的调查任务。在普查工作期间，以及普查项目完成后，团队在普查工作基础上设置自立项目"黔东南州民族药文化调查"，开展拓展研究，对包括榕江县、从江县和凯里市在内的黔东南地区各民族用药习惯、用药方法进行了深入调查。此番调查先后走访了民族医生、药师、药农等 300 余人，其中经常性走访 12 人，调查记录药材 540 多种，能够准确鉴定基原并收集到当地传统用法的药用植物 296 种、动物及其他药用资源 19 种。我们将调查所得资料整理后形成本书，这是对我们调查工作的一次小结，也是希望能够借此为我国中医药的研究提供一些来自一线的基础资料。

　　在篇章结构的安排上，本书由绪论、植物药资源、动物药资源和其他类药资源四部分组成。植物类、动物类物种科内排序均按属名和种加词的首字母顺次排列，其他类中药资源按拉丁名首字母顺次排列，其中蕨类植物按照秦仁昌系统，裸子植物按照郑万均系统，被子植物按照恩格勒系统。

　　绪论简略介绍了黔东南地区自然地理、历史文化、民族药文化等，植物药资源、动物药资源和其他药用资源则分述当地少数民族对各种药材的使用方法。大多数药材的用法我们都标明了族别，少数无法判定其用法来自何种民族的，则不标明族别。编写中我们为每一种药材均配以彩色特征照片，大部分还配以腊叶标本照片等，以便读者识别相关药材。

　　调查中还有不少药材未能确定其基原，对这类药材书中不单独另列条目介绍，但有些已确定基原的药材在配伍中用到它们时，为保证资料的完整性，我们也真实地记录了下来。

　　当地民间用药知识丰富而庞杂，又散落在民间的不同角落，很难窥见其全貌。此番调查，只是对黔东南民间用药知识进行尝试性的"解剖"，本书作为调查工作的一个阶段性成果，难免存在片面性，可能还有不准确的地方，需要进一步研究和验证，殷切希望广大同行多提宝贵意见。

　　本书的编写得到了贵州中医药大学江维克教授、孙庆文教授、魏升华教授、王泽欢博士、王波老师以及贵阳植物园王明川老师等的大力支持,在此表示衷心感谢！黔东南州民族医药研究院袁涛忠老师、黔东南州林业局李瑞军老师、从江县中医院杨通神院长、黎平县文珍堂侗医馆杨开文医生、天柱县侗医药博物馆龙之荣医生等对书稿的选题、内容编排等给予了衷心指导,并帮助审定文稿,没有他们的支持,本书就不能完成,在此表示衷心感谢！我们还要特别感谢天柱县中医院伍宏副院长、杨光彬、白天森医生,以及锦屏县平秋镇刘渊,麻江县龙山镇潘治陆,从江县洛香镇石德茂,凯里市碧波镇莫维军、大风洞镇潘泽光、炉山镇金朝周,榕江县水尾镇韦老片,台江县萃文街道张合芳、台拱街道张思赞,三都县周覃镇吴金道等民族药师,他们才是编撰这本书的主角,没有他们的无私贡献,这本书就难以编撰出版。在我们采访时,他们的认真、耐心让我们永远心存感激！还要感谢黔东南州茶叶与中药材技术服务站的杨露、臧灵飞,感谢锦屏县红十字会龙立东秘书长,感谢台江县农业农村局杨洪主任,他们在我们调查过程中提供基础资料、调查线索并组织我们和民间医生座谈等,为我们提供了大力的支持,让我们少走了许多的弯路,他们也是我们的指路人,在此一并表示感谢！

编　者
2023 年 5 月

目　录

植物药资源

目
录

贵州黔东南药用资源图志

目
录

动物药资源

贵州黔东南药用资源图志

其他药用资源

绪　论

一、黔东南人文地理与医药文化概况

(一) 黔东南人文地理概况

黔东南州地处贵州高原东南部,总体地势西高东低,大致以镇远—剑河—榕江这条南北向连线为界,西部山峰海拔一般为 1 200～1 800 m,东部一般为 800～1 200 m,最高点为中部的苗岭雷公山,海拔2 178.8 m,最低点在黎平县地坪乡的南江河与都柳江交汇口,海拔为 137 m。雷公山是长江水系(清水江、潕阳河)与珠江水系(都柳江)的分水岭。因地形高度落差较大,地形起伏大,州内多高山峡谷。同时,又处在我国冷暖气团交绥最为频繁的云贵高原东缘,属中亚热带季风湿润气候区,降水丰沛。良好的温湿度环境与复杂的地形地貌相叠加,使得千山万壑间孕育出了无数的山泉溪沟,无数的山泉溪沟又汇集成了大大小小 2 900 余条河流,形成了丰富多样,又高度适宜动植物生长的小气候环境,造就了良好的生物多样性。使得州内群山叠翠、林木葱茏,有"杉乡""林海"之称,森林覆盖率常年保持在 67% 以上,是我国南方重点集体林区之一,也是贵州省重点林区。贵州省 10 个林业重点县中,有 8 个在黔东南。自 2012 年贵州省开展小康森林覆盖率指标监测工作以来,黔东南连年位居全省第一,成为长江、珠江上游的重要生态屏障,是西部大开发生态建设的重点区域之一。良好的生态环境,丰富的动植物资源、矿物资源,使黔东南成为了中药材的宝库。东汉时期《神农本草经》、南北朝时期陶弘景《名医别录》、唐代《本草拾遗》等古医书均对出产于黔东南的药材有记载。第四次全国中药资源普查发现黔东南州有药用资源 2 321 种,包括药用植物 2 058 种、药用动物 210 种、药用矿物 53 种。

黔东南州辖区内居住着苗、侗、汉、布依、水、瑶、壮、土家等 46 个民族,2020 年第七次人口普查显示,全州常住人口 375.86 万人。其中少数民族人口占户籍人口的比重为 81.5%,其中苗族和侗族最多,分别占 43.3% 和 30.4%。考其源流,各少数民族的来源大致有以下三种。

第一种是当地原住民。考古发现,当地在新石器时代就有人类活动,是人类文明最早的发祥地之一。现有人口中,可能有部分是这一时期留下来的原住民。

第二种是远古时期从东部地区迁徙而来。据史料记载,当地的各个族群,他们的祖先多是上古时期的蚩尤、九黎、百越等部落的分支。这些部落原本主要活动在黄河中下游,以及淮河流域、长江中下游一带,后逐渐西迁,最终定居在这里。比如苗族,他们是蚩尤的后代;侗族,则是古代"百越"中的西瓯部落的后人。

此外,汉唐以后从中原地区迁入的汉人也是组成当地少数民族的重要成分。这部分人口,他们的祖先有的为避战乱或天灾,有的受朝廷征调和派遣,有的被朝廷贬谪,迁徙到此。来到这里后,与当地少数民族长期融合,逐渐成为当地少数民族中的一部分。

黔东南虽是人类文明早期发祥地之一,但偏处西南群山之中,交通不便,与外界交流极少。在中原地区经历了先秦时代的文明大爆发,又经历了两千年王朝统治的漫长历史过程中,这里的文明发展进程似乎被按下了"暂停键",依然保留着上古时期形成的部落文化。随着时间的推移,逐渐形成了迥异于中原地区的社会文化形态。这种相对独立的文明发展进程,直到明朝对贵州正式建省才被逐渐打破。而且,从明、清到民国的很长一段时期中,当地与中原的文化融合非常缓慢,直到中华人民共和国成立后,在"平等团结,共同繁荣"的民族政策指引之下,才开启了当地与中原地区全面融合发展的新时代。因此,1949年前就有民族学研究者在这里看到有些族群依然按照原始部落的模式在运行,源自远古的文化形态在这里被长期保存了下来。直到今天,深入这里的民间,人们仍依稀能够感受到热情、淳朴的上古遗风。

虽然这里的文化长期处在封闭、狭小的空间里,与外界交流极少。但从内部看,他们的祖先来自不同的地方,带来了不同地区的文化。因此,当地文化的基因里从早期就已经具备了足够的丰富性和多样性。多种文化在这里相互碰撞、相互影响,从而不断变异和进化,使得这个长期封闭的小区域,非但没有变得呆板和单调,反而随着时光的推移变得愈发多姿多彩。这里的多民族药文化,正是在当地奇特的自然地理环境与丰富多彩的民族文化土壤上孕育出来的一朵奇葩。

(二)黔东南医药文化概况

当地各少数民族药文化起源于何时?准确时间已不可考,但各民族都以神话传说的方式试图解答这一问题。比如苗族,他们有个关于"药王爷"的传说;又如侗族在古歌《玛麻妹与贯贡》里记载了侗人先民与医仙治病并获得仙人传授医术的故事。生理学家巴甫洛夫说:"有了人类,就有了医疗活动。"根据这一论断,并结合当地人口的三种来源推断,可知当地各少数民族的药文化至少有三种来源,即来自当地原住民、上古时期的"移民"以及汉唐以后的"移民"。在史前时期,当地原住民就在摸索中学习使用药材,并逐渐形成关于用药的知识和经验,随着历史的演进、自然环境的变化、用药经验的积累,缓慢地进化成为朴素的医药文化。随着外部人口的流入,又带来新的文化、新的用药知识,与当地原有的文化和用药知识相融合,又进一步促进当地医药文化的发展。由此,我们看到了当地少数民族药文化形成的一幅漫长画卷。在这幅画卷中,当地原生的用药知识,曾伴随着原住民长期与当地恶劣的生存环境相斗争、相适应,而"外来"的用药知识又随着"移民"跨越数千里、经历上千年的迁徙,最终在这片土地上沉淀、积累,与当地原生医药文化交融、演化,最终形成了今天的面貌。所以,当地少数民族药文化是一个历史悠久、来源多样、持续发展、不断进化的知识体系。

因为文字的缺乏,当地用药知识的传承长期以来都是以口传心授为主。而早期的用药知识可能是掌握在巫师手上的,有巫医结合的特点。明代以后,随着统治阶级对当地管辖深度的加强,中原修史传统逐渐被引入,地方志逐渐成为记录当地经济社会发展状况的重要文献。在地方志中,越来越多地出现有关当地用药知识的记载。在这一时期,一些以汉字为载体刻制的碑文上也偶见当地治病救人的事例。随着汉字的持续推广,读书识字的人越来越多,一些从医人员开始借助汉字收集记录自己和前人的医方,编成药书。地方志、碑文和药书的出现,逐渐成为承载当地少数民族用药知识的重要载体。随着这些资料的不断积累,当地药文化逐渐从单纯的口传心授进入口传心授与文字记载相结合的时代。

近代以来,西学东渐,西医知识体系强势涌入,中药和民族药受到巨大冲击。直到今天,民族药在社会观念中仍处在较尴尬的处境中,社会接受度较低,经常被贴上"不科学""不靠谱""迷信"等标签,发展空间受到挤压,处在较为边缘的地位。这样的处境,是近代以来社会形态和社会观念剧烈变化的必然结果。民族药作为一个古老的知识体系,在剧烈变化的时代洪流中一时难以适应,表现出一时的颓势势所必然。但民族药是一套能够自我革新、持续进化的"活的学问",随着时代的演进、环境的变化,它也在相应地进化,从而发展出适应时代需要的"能力"来。这一现象,在我们调查遇到的许多实例中得到了印证,我们将其概括为民族药与环境之间的"协同进化关系"——有什么样的病,就能创造出治什么病的办法来。了解了这种"协同进化关系",我们有理由相信,承载了苗、侗、瑶等40多个少数民族智慧的黔东南民族药文化有着深厚的发展潜力,有着持久而广阔的发展前景。

中华人民共和国成立以后,当地医药文化的研究进入了快速发展期。20世纪50年代到70年代末,国家大力推广民族药防病治病,提倡献医献技,大量民间医方因而被固定成文字。其后,随着先后三次开展全国范围的中药资源普查,对当地医药文化的调查研究也随之得以广泛开展。大量民间用药知识被收集整理成文字,当地医药文化的理论研究也加快了步伐,出现了大量的相关论文、专著。从目前可查询的资料看,苗医和侗医的理论总结成果丰富,形成了较严谨完备的理论体系。这些成果的产生,一方面直接保存了大量当地民间用药知识,另一方面也在推动民族药学向更系统、更成熟的方向发展。同时,以民间药传统配方为基础,利用现代科学技术对药物进行加工和提取,开发出了大批药膏、药丸、口服液、提取物等。在治疗方法上,当地少数民族有刮痧、热敷、拔罐等非药物治疗方法。这些传统方法结合现代新技术、新材料进行了改造和升级,变得更实用、更便捷,也更高效。

各民族经历不同,生活习惯迥异,因而对药物的认识和使用也各有差异。但各民族长期共同生活在同一片相对狭小的区域内,长期相互来往交流。因此,用药知识中以相互交叉或相同的部分占主流。因篇幅所限,对于各民族用药知识的差异性不展开叙述。下面以我们调查所获资料为基础归纳各民族药文化的共同点,计有八个方面。

基础开放,核心封闭。 黔东南地区各民族,都擅长使用草药,家家户户都多少掌握草药知识,日常小伤小病多数都能自行用草药解决。对于治疗常见病的基础药方,在民间是公开或半公开的,一般老百姓都能获得。这就是所谓的"基础开放"。与此同时,应对大伤大病、疑难杂症的技能,则只有少数药师掌握。而且这些知识有严格的传承制度,外人很难了解。因为存在这种森严的壁垒,使得一些关键的医技长期在一个封闭的小系统内流传,外人难以窥其堂奥,一些老药师的手艺也常因此而"人亡技息"。这就是所谓的"核心封闭"。

主要的传承方式是口传心授。 当地各民族,仅水族和彝族据传曾有过自己的文字,但也未查到水族或彝族文字编写的医书。故各民族用药知识的传承主要靠口传心授。明清以来,因汉字的逐渐引入,出现了以汉字记载的少数民族药书。新中国成立以来,大量的用药知识被挖掘整理成书,一些学者以这些书籍记载的资料为基础,加上自己的从医经验或调查所得,对当地民间用药知识进行整理,形成了一些理论性的著作。但这些著作,到目前为止也仅限于学术研究,在实践中口传心授仍是民间主要的传承方式。与这种传承方式相对应,当地各民族都流传着大量关于医药知识的歌谣。这些歌谣通俗易懂,承载了当地各民族对药材的使用方法,使之融入生活,代代相传。

有天人合一的观念。 苗族人认为山川草木、飞禽走兽、鬼神等与人本是同根生,他们皆有灵性且与人心灵相通。又认为人体是一个复杂系统,而这个系统处在平衡有序的状态时,表现为健康,当平衡被打破,运行紊乱时,则表现出各类疾病。而这种平衡的维系受大自然运行规律的影响。因此,要保持良好的健康状态,需要遵循四季运行的规律,主动适应,与自然界形成合一。侗医认为人是自然的产物,是大自然最伟大、最重要的作品,而人的生存和发展必须依靠自然、适应自然。侗医吴定元说:"人跟天地走,气随自然流,天变人也变,莫跟自然斗,不可倒着走,灾难要临头。"在黔东南其他民族的养生防病观念中,也都以不同的形式体现着这种天人合一的思想。这种观念从他们对疾病的认识、诊断,以及对药物的采集、加工和使用的细节中都得到了充分的呈现。

有"效、廉、捷、安"的特点。 关于民族药在使用和药效方面的特点,前人多有总结,常见有"效、廉、捷""廉、便、效、捷""简、便、廉、捷、验"等说法。我们结合调查资料分析,认为黔东南民间用药特点总结为"效、廉、捷、安"四字较为妥帖。"效"指疗效好,不管是民间公开流传的简单药方,或是药师们掌握的独门绝技,都是经过几代甚至十几代人的传承、验证的,效验极佳;"廉"指价格低,治疗费用少;"捷"指治疗的方法、程序简便,效率高;"安"字指安全性好,无后遗症或后遗症少。

用药灵活,注重实效。 当地民间用药注重实效而不拘一格,常见病的用药基本上都是就地取材,不拘一格。如轻微刀伤,若在家中发生,则取灶膛内的新鲜草木灰敷贴,用棉布包裹;若在野外发生,则于身边取就近的药材(如乌蔹或白及或其他)嚼烂敷贴,以树叶包裹,剥取柔韧的树皮绑扎。重大伤病亦常无固定药方,在药效相当的情况下,总以方便取用为原则,以求缩短救治时间。这种情况的存在,首先是因为当地药材资源极其丰富,药性相同或相近的药物极多,选择余地大。其次是治病救人常处在应急性场景,

刻板地使用固定药方常不可行。

药材基原混用或混淆现象较突出。当地药材品种极其丰富,其中形态相似、药效相同者极多,因而一种药材可被另一种药材替代,或不同药材混同使用而不影响药效的情况很常见。这种情况我们称之为药材基原的混用。但同时,形态相似而药效不同的药材也很多,用药经验不足者常不能正确区分,因而造成误用,这种情况我们称之为药材基原的混淆。这种情况主要出现在植物药中。之所以造成药材基原的混淆,除了当地药材品种丰富,形态相似者极多以外,当地民间用药知识的传承缺乏严格的规范也是一个重要原因,特别是常用药材的使用方法在民间是一种公开的知识,流传范围极广,传承方式更加随意。

有"可持续利用"的传统。当地少数民族用药,十分重视"可持续利用"的原则。传统中,采药时必定要留下一部分,决不挖尽采绝。在采集部位上,在药效相同或相近的情况下,优先采枝叶,枝叶不能用才用果实,用果实不行才挖根。在采药中注重保护资源的同时,一般还会在房前屋后栽培平时较难寻觅,或较常用的草药以备急用,也在一定程度上减少了对野生资源的破坏。

处在持续的动态变化之中。当地各民族的用药知识都不是一成不变的僵化的教条,而是处在持续的动态变化之中的。从某一民族内部看,随着用药经验的积累,去粗取精、去伪存真的过程会反复发生,从而不断自我革新。从不同民族之间的互动关系看,它们是持续地互相借鉴、互相影响,从而取长补短,不断更新的。从当地少数民族用药方法与汉族地区用药方法互动中看,甚至与西药之间的关系看,这种相互借鉴也同样存在。因而,各民族的用药知识虽然因其起源不同,所依附的自然环境和文化基础不同,因而具有自己的独特性,但都是处在持续的动态变化之中的。

二、黔东南中药资源及中药材产业发展

(一)黔东南中药资源概况

通过贵州省第四次全国中药资源普查,发现黔东南州有药用资源2321种,包括药用植物2058种、药用动物210种、药用矿物53种。在药用植物中,有维管束药用植物2047种,占比为99.47%;非维管束药用植物仅有11种,占比为0.53%。在药用维管束植物中,占比从高至低依次为药用双子叶植物(1593种、77.82%)、药用单子叶植物(288种、14.07%)、药用蕨类植物(144种、7.03%)及药用裸子植物(22种、1.07%)。见表1。

表1 贵州黔东南州药用植物科、属、种构成

类别	科	属	种
藻类植物	1	1	1
菌类植物	2	3	3
地衣类植物	1	1	2
苔藓类植物	4	5	5
蕨类植物	33	69	144
裸子植物	9	16	22
双子叶植物	129	632	1593
单子叶植物	21	140	288
合计	200	867	2058

在药用双子叶植物中,大于100种的科依次为菊科(134种、8.41%)、蔷薇科(105种、6.59%)及豆科

（104 种、6.53％），10～72 种的有唇形科、茜草科、毛茛科等 50 个科（992 种、62.27％），2～9 种的有紫草科、胡桃科等 51 个科（233 种、14.63％），单种科有白花丹科等 25 个科（25 种、1.57％）。

在药用单子叶植物中，百合科最多，有 81 种、占比为 28.13％，其次为禾本科，有 64 种、占比为 22.22％，11～31 种的有兰科等 6 科（109 种、37.84％），2～9 种的有石蒜科等 6 科（27 种、9.38％），单种科有水玉簪科等 7 个科（7 种、2.43％）。

在药用蕨类植物中，水龙骨科最多，有 18 种、占比为 12.50％，其次为鳞毛蕨科（17 种）、卷柏科（14 种）、金星蕨科（11 种），2～10 种的有蹄盖蕨科等 19 个科（78 种、54.17％），单种科有桫椤科等 6 个科。

从科看，排名前 10 的科依次为菊科（134 种）、蔷薇科（105 种）、豆科（104 种）、百合科（81 种）、唇形科（72 种）、禾本科（64 种）、茜草科（45 种）、毛茛科（41 种）、蓼科（40 种）、大戟科（32 种），排名前 10 的科合计有 718 种，占比为 34.89％，超过黔东南州药用植物种类的三分之一。

从属看，排名前 10 的属依次为悬钩子属（33 种）、蓼属（27 种）、菝葜属（20 种）、铁线莲属（19 种）、蒿属（18 种）、榕属（16 种）、花椒属（15 种）、珍珠菜属（15 种）、荚蒾属（14 种）、卷柏属（14 种），排名前 10 的属合计有 191 种、占比为 9.28％，约仅占黔东南州药用植物种类的十分之一。见表 2。

表 2 贵州黔东南州药用维管束植物科、属、种构成

类别	科	属	种	类别	科	属	种
蕨类植物	石杉科	1	2	蕨类植物	金星蕨科	7	11
蕨类植物	石松科	4	4	蕨类植物	铁角蕨科	2	9
蕨类植物	卷柏科	1	14	蕨类植物	乌毛蕨科	4	5
蕨类植物	木贼科	1	3	蕨类植物	鳞毛蕨科	4	17
蕨类植物	瓶尔小草科	2	2	蕨类植物	三叉蕨科	1	1
蕨类植物	合囊蕨科	1	1	蕨类植物	肾蕨科	1	1
蕨类植物	紫萁科	1	2	蕨类植物	水龙骨科	9	18
蕨类植物	瘤足蕨科	1	2	蕨类植物	槲蕨科	1	2
蕨类植物	里白科	2	4	蕨类植物	槐叶苹科	1	1
蕨类植物	海金沙科	1	3	裸子植物	苏铁科	1	1
蕨类植物	膜蕨科	1	1	裸子植物	银杏科	1	1
蕨类植物	桫椤科	1	1	裸子植物	松科	1	2
蕨类植物	碗蕨科	5	7	裸子植物	杉科	3	4
蕨类植物	鳞始蕨科	2	2	裸子植物	柏科	5	5
蕨类植物	蕨科	1	2	裸子植物	罗汉松科	1	2
蕨类植物	凤尾蕨科	2	10	裸子植物	三尖杉科	1	2
蕨类植物	中国蕨科	4	5	裸子植物	红豆杉科	2	3
蕨类植物	裸子蕨科	1	2	裸子植物	买麻藤科	1	2
蕨类植物	书带蕨科	1	2	双子叶植物	杨梅科	1	2
蕨类植物	蹄盖蕨科	6	10	双子叶植物	胡桃科	5	8

类别	科	属	种	类别	科	属	种
双子叶植物	杨柳科	2	7	双子叶植物	山茶科	5	20
双子叶植物	桦木科	1	1	双子叶植物	藤黄科	1	10
双子叶植物	壳斗科	5	16	双子叶植物	茅膏菜科	1	1
双子叶植物	榆科	5	12	双子叶植物	罂粟科	3	8
双子叶植物	杜仲科	1	1	双子叶植物	十字花科	9	15
双子叶植物	桑科	8	28	双子叶植物	悬铃木科	1	1
双子叶植物	荨麻科	13	31	双子叶植物	金缕梅科	5	8
双子叶植物	铁青树科	1	1	双子叶植物	景天科	2	8
双子叶植物	檀香科	1	1	双子叶植物	虎耳草科	10	21
双子叶植物	桑寄生科	2	4	双子叶植物	海桐花科	1	6
双子叶植物	蛇菰科	1	1	双子叶植物	蔷薇科	25	105
双子叶植物	蓼科	6	40	双子叶植物	豆科	49	104
双子叶植物	商陆科	1	2	双子叶植物	酢浆草科	1	5
双子叶植物	紫茉莉科	2	2	双子叶植物	牻牛儿苗科	2	8
双子叶植物	番杏科	1	1	双子叶植物	亚麻科	1	1
双子叶植物	马齿苋科	2	2	双子叶植物	古柯科	1	1
双子叶植物	落葵科	1	1	双子叶植物	大戟科	14	32
双子叶植物	石竹科	8	11	双子叶植物	交让木科	1	1
双子叶植物	藜科	2	5	双子叶植物	芸香科	11	31
双子叶植物	苋科	6	13	双子叶植物	苦木科	2	2
双子叶植物	木兰科	7	22	双子叶植物	楝科	3	4
双子叶植物	番荔枝科	1	1	双子叶植物	远志科	1	5
双子叶植物	蜡梅科	2	3	双子叶植物	马桑科	1	1
双子叶植物	樟科	6	28	双子叶植物	漆树科	3	10
双子叶植物	莲叶桐科	1	1	双子叶植物	槭树科	1	5
双子叶植物	毛茛科	10	41	双子叶植物	无患子科	3	4
双子叶植物	小檗科	5	20	双子叶植物	清风藤科	2	7
双子叶植物	木通科	5	11	双子叶植物	凤仙花科	1	10
双子叶植物	防己科	7	12	双子叶植物	冬青科	1	12
双子叶植物	睡莲科	2	2	双子叶植物	卫矛科	4	13
双子叶植物	三白草科	3	3	双子叶植物	省沽油科	2	2
双子叶植物	胡椒科	1	4	双子叶植物	黄杨科	2	2
双子叶植物	金粟兰科	2	10	双子叶植物	茶茱萸科	1	1
双子叶植物	马兜铃科	3	6	双子叶植物	鼠李科	5	14
双子叶植物	猕猴桃科	2	14	双子叶植物	葡萄科	6	23

类别	科	属	种	类别	科	属	种
双子叶植物	杜英科	2	2	双子叶植物	夹竹桃科	6	8
双子叶植物	椴树科	4	6	双子叶植物	萝藦科	4	10
双子叶植物	锦葵科	8	19	双子叶植物	茜草科	18	45
双子叶植物	梧桐科	3	3	双子叶植物	旋花科	6	11
双子叶植物	瑞香科	2	4	双子叶植物	紫草科	6	9
双子叶植物	胡颓子科	1	6	双子叶植物	马鞭草科	7	22
双子叶植物	大风子科	2	2	双子叶植物	唇形科	28	72
双子叶植物	堇菜科	1	12	双子叶植物	茄科	12	23
双子叶植物	旌节花科	1	2	双子叶植物	玄参科	12	30
双子叶植物	秋海棠科	1	7	双子叶植物	紫葳科	2	3
双子叶植物	葫芦科	12	23	双子叶植物	爵床科	9	11
双子叶植物	千屈菜科	4	5	双子叶植物	胡麻科	1	1
双子叶植物	菱科	1	1	双子叶植物	苦苣苔科	7	10
双子叶植物	桃金娘科	2	3	双子叶植物	列当科	1	2
双子叶植物	野牡丹科	6	8	双子叶植物	透骨草科	1	1
双子叶植物	使君子科	1	1	双子叶植物	车前科	1	3
双子叶植物	柳叶菜科	4	8	双子叶植物	忍冬科	4	27
双子叶植物	小二仙草科	1	1	双子叶植物	败酱科	2	10
双子叶植物	八角枫科	1	5	双子叶植物	川续断科	1	2
双子叶植物	蓝果树科	2	2	双子叶植物	桔梗科	7	15
双子叶植物	山茱萸科	7	13	双子叶植物	菊科	62	134
双子叶植物	五加科	9	21	单子叶植物	泽泻科	2	4
双子叶植物	伞形科	17	27	单子叶植物	百合科	25	81
双子叶植物	桤叶树科	1	1	单子叶植物	百部科	1	1
双子叶植物	杜鹃花科	4	12	单子叶植物	石蒜科	6	9
双子叶植物	紫金牛科	4	11	单子叶植物	蒟蒻薯科	1	1
双子叶植物	报春花科	3	18	单子叶植物	薯蓣科	1	11
双子叶植物	白花丹科	1	1	单子叶植物	雨久花科	1	1
双子叶植物	柿科	1	4	单子叶植物	鸢尾科	3	6
双子叶植物	安息香科	2	4	单子叶植物	水玉簪科	1	1
双子叶植物	山矾科	1	5	单子叶植物	灯心草科	1	3
双子叶植物	木犀科	5	13	单子叶植物	鸭跖草科	6	12
双子叶植物	马钱科	2	7	单子叶植物	谷精草科	1	1
双子叶植物	龙胆科	6	18	单子叶植物	禾本科	44	64

绪　论

类别	科	属	种	类别	科	属	种
单子叶植物	棕榈科	3	3	单子叶植物	姜科	6	15
单子叶植物	天南星科	9	16	单子叶植物	美人蕉科	1	1
单子叶植物	香蒲科	1	2	单子叶植物	兰科	18	31
单子叶植物	莎草科	8	24	合计		857	2 047
单子叶植物	芭蕉科	1	1				

(二)黔东南中药材产业发展现状

作为药材富集地,黔东南各少数民族自古以来就擅长利用各类草药防病治病,也有在房前屋后栽植常用或不易寻见的药材的习惯。但古代栽种药材,主要是群众或民间药师自给自足的行为,未形成产业。从20世纪50年代始,为保护中药资源,补充野生中药材的不足,黔东南开始引种、试种新品种和短缺中药材,出现了以生产商品药材为目的的中药材栽培产业。1958年,全州栽培药材约2.87 hm²。1959年,由州卫生、商业、林业、农业4局投资,在锦屏县九寨公社、黄平县梨树坳农场、剑河县台拱(现属台江县)各建一个药园,共31.53 hm²。20世纪90年代以后,黔东南州中药材产业进入高速发展期,种植面积快速增加,到2020年,种植面积由2010年的8 500 hm²增长至78 700 hm²,且增长率逐年提高,如图。

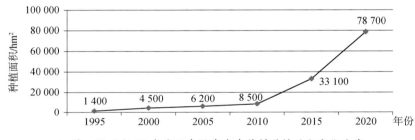

▲ 图 20世纪90年代以来黔东南中药材种植面积变化曲线

进入"十四五"以来,在形成较大规模基础上加强产业布局规划,全州按照"一县一业""多县一带"的布局推进中药材产业发展,巩固提升原有太子参、钩藤等优势中药材的市场地位,重点推进天麻、铁皮石斛、黄精、淫羊藿等单品规模化突破,积极发展白及、南板蓝根等特色道地中药材。基本形成了以从江县、黎平县、锦屏县和剑河县为核心的钩藤产业带,以施秉县和黄平县为核心的太子参产业带,以黎平县和剑河县为核心的茯苓产业带,以黄平县、三穗县和天柱县为核心的白及产业带,以雷山县、黎平县和镇远县为核心的天麻产业带,以岑巩县为核心的黄精产业带,以榕江县为核心的草珊瑚产业带,以锦屏县、从江县和三穗县为核心的铁皮石斛产业带。

截至2023年底,黔东南州涉及中药材经营的市场主体有822个,其中省级中药材企业11家,州级龙头企业32家,从事中药材加工企业55家(包含既种植又加工的企业),组培、育苗、加工、储藏、销售一体化的企业4家,中药材专业合作社、农场等626家,从事中药材有关研究的高校、科研院所5家(不含州、县中医院或民族医院),拥有相关专业人才60余人。可见,从发展规模、产业布局、参与产业建设的市场主体等各方面看,当地药材产业目前已具备了较好的发展基础,且呈现出加速发展的趋势。

在以较快速度发展的同时,黔东南中药材产业也存在一些短板和问题。首先,由于当地经济发展水平偏低,对产业发展的支撑能力弱,难以支持中药材产业快速壮大。其次,到目前为止,黔东南州仅有太子参、钩藤、头花蓼等单品在市场中占有较大份额,没有在全省、全国知名的大企业、大品牌。缺乏龙头带动,没有品牌影响力,黔东南中药材产业难以顺畅地对接市场,难以获得持久而高效的发展。第三,全国各地都在大力发展中药材产业,黔东南以落后的经济基础和产业基础与省内外各地竞争,形势十分严峻。第四,中药材种植不仅劳动强度大,且市场行情波动较为剧烈,从事中药材种植的种植户可谓几家欢喜几家愁,而其中尝到了甜头,有信心持续发展中药材产业的只是极少数。这些短板和难题的存在,对于黔东南中药材产业的发展壮大形成了较大的阻碍。

(三)黔东南中药材产业发展前景

在国家积极推进乡村振兴战略实施的当下,黔东南凭借较好的资源禀赋,推动中药材产业发展具有多方面的有利条件:一是国家和当地党委政府支持相关产业发展;二是国内外市场对药材的需求日趋旺盛;三是近年来当地交通条件极大改善以及互联网等信息技术的不断创新和发展,为产业发展要素的输入和产品的输出创造了良好条件。综合分析优势和劣势,当地药材产业宜从以下几个方面入手去发挥优势,实现突破。

*充分利用政策红利,补长经济短板。*贵州省是国家重点支持发展的西部省份,而黔东南是贵州省重点支持建设的地区。2022 年 1 月 18 日,国务院出台《关于支持贵州在新时代西部大开发上闯新路的意见》,给予贵州一揽子优惠政策和极大的自主创新权限,为贵州利用当地资源,激活内生动力,推动社会经济发展提供了强大支撑。同时明确提出:"中央财政继续加大对贵州均衡性转移支付和国家重点生态功能区、县级基本财力保障、民族地区、革命老区等转移支付力度。中央预算内投资、地方政府专项债券积极支持贵州符合条件的基础设施、生态环保、社会民生等领域项目建设。"还提出:"推进特色食品、中药材精深加工产业发展,支持将符合要求的贵州苗药等民族医药列入《中华人民共和国药典》。"同年 4 月 25 日,省政府出台《关于支持黔东南自治州"黎从榕"打造对接融入粤港澳大湾区"桥头堡"的实施意见》,明确提出要"加大项目、资金和政策支持",帮助黔东南产业建设。同时提出"支持黔东南州中药种植、中药饮片、中成药、中药提取、配方颗粒等全产业链发展,建设全省中医药产业重点生产基地和集散中心。"中央和省给予的利好政策,既带来了大量的财政转移资金,还将极大激活当地沉睡的资源。善加利用,足可弥补经济短板,促进药材产业的发展。

打造公共区域品牌,培育龙头企业。"三品一标"(无公害农产品、绿色食品、有机农产品和农产品地理标志)是我国安全优质农产品公共品牌体系的主要成员。黔东南生态环境优越,道地药材品种丰富,在认证"三品一标"工作中具有明显优势。近年来,"剑河钩藤""施秉太子参""施秉头花蓼""黎平茯苓""雷山乌杆天麻""榕江葛根""黄平白及"等 7 个药材品种成功认证地理标志。未来,应以政府主导的方式,继续狠抓区域公共品牌打造,以提升黔东南药材品牌影响力和美誉度,为企业打造产品品牌创造良好条件。在培育龙头企业方面,则应集中力量遵照农业农村部《关于促进农业产业化龙头企业做大做强的意见》的指导,加大政策支持、创新金融服务、强化人才培养、完善指导服务、加强典型宣传推介,为龙头企业的成长提供良好的环境。

*突出特色和优势,走差异化之路。*药材市场竞争形势严峻,黔东南药材产业要赢得竞争,必须充分利用自身优势,突出特色,走差异化之路。具体而言,可从生态和文化两个方面入手。一是突出生态价值。黔东南受污染程度低,生态环境优越。习近平总书记在谈到贵州的空气质量时说:"空气质量直接关系到广大群众的幸福感,将来可以制作贵州的'空气罐头'。"黔东南作为贵州省重点林业区,富氧离子是全国平均值的 22 倍,是全国空气质量最优良的地方。在人们对健康环保日益重视的今天,黔东南药材产业可突出其生态价值,以树立其高品质形象。二是突出文化价值。黔东南是以苗族、侗族为主,40 多个民族聚居的地方。以丰富的民族文化为基础发展起来并传承了千年的苗药、侗药、瑶药、水族药,在全国有着良好的口碑。挖掘并利用好丰富的文化资源,对于当地药材产业走差异化之路,赢得市场竞争具有重要意义。

*政策扶持加市场机制,化解市场波动带来的风险。*从政府职能角度看,可从以下几方面入手化解市场波动带来的风险。一是加强药材交易市场建设。药材交易市场可为种植户及时出售所产药材提供很大便利,同时也是捕获药材行情信息的最好渠道。政府适当加大投入,加强药材交易市场建设,对于促进

药材流通,减少产业风险具有重要作用。二是搭建中药信息共享平台。借助现代移动信息渠道,结合本地产业情况,搭建适应当地药农需要的药材行业信息共享平台,为种植户生产决策提供参考。三是利用财政资金分担种植户风险。积极争取并利用好各类产业扶持资金,为药材种植大户提供无偿资金支助,或贷款贴息等,减少种植户的成本投入,帮助其分担风险。从市场机制看,对于资金力量不足,抗风险能力弱的种植户,可探索和完善"企业(合作社)+种植户+金融保险"的联合发展模式,引导其与企业(合作社)进行利益绑定,实现风险共担、利益共享。同时,大力培育药材龙头企业,利用龙头企业整合资源能力强,抗风险能力强的优势,抵御市场波动带来的风险,以保障产业平稳发展。

植物药资源

硬壳层孔菌 *Fomes hornodermus* Mont.

异名 树舌。

形态特征 子实体多年生,附生于栎树等枯立木上,侧生无柄。菌盖为不规则的半圆形,多扁平,稀为蹄形,(5～20)cm×(8～28)cm,厚4～8 cm(靠近着生点厚,边缘薄);菌盖面皮壳坚硬,光滑,暗褐色至黑色,有环状棱纹,边缘钝。菌肉木质,硬,白色,后渐变为茶褐色。

用药经验 侗族以子实体入药,用以替代灵芝,可解菌毒。

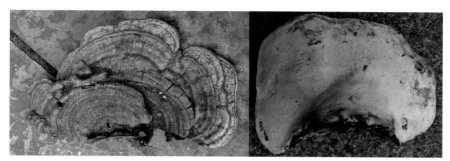

▲ 硬壳层孔菌子实体

▲ 野生硬壳层孔菌

赤芝 *Ganoderma lucidum*（Leyss. er Fr.）Karst.

异名 灵芝。

形态特征 菌盖多呈半圆形,形似扇贝壳,稀肾形。木栓质,有侧生长柄,长宽均可达20 cm,厚2～5 cm。坚硬皮壳初为黄色,后渐变成红褐色,有光泽,具环状棱纹,边缘略薄,常稍内卷。菌盖下阳面菌肉白色至浅棕色,由无数菌管(管状孔洞)构成。常生于阔叶林下腐草中,有白栎等壳斗科植物的林间较易寻见。

用药经验 以子实体入药,煎水内服,可解误食野蘑菇发生的中毒。在部分侗族地区,流传一种除菌毒的奇特药方:取旱厕中生苔藓,以及半腐朽的木板砍下小块后与灵芝一同煎水内服,可解菌毒。

附注 赤芝和紫芝 *Ganoderma sinense* Zhao, Xu et Zhang 在黔东南均有野生分布,在药用中都作

"灵芝"入药，不做区分，这种用法与2020年版《中国药典》规定一致。紫芝与赤芝不同处在于：紫芝的菌柄和菌盖阳面呈紫褐色、紫黑色到近黑色；菌肉呈均匀的褐色到深褐色。因赤芝和紫芝较稀有，急用时常不可得，黎平、从江等地侗医也用硬壳层孔菌 *Fomes hornodermus* Mont. 代替入药，认为药效相同。这体现了侗医用药灵活的特点，也反映了某些侗族药材的基原混用比中药更多。

赤芝和紫芝在当地有小规模栽培，主要分布在黎平、从江、麻江等地。

▲ 赤芝子实体

▲ 紫芝子实体/罗丽娟

茯苓 *Poria cocos*（Schw.）Wolf

形态特征 为菌丝体寄生于已枯死的松树上形成的菌核。菌核外层皮壳状，阳面粗糙、有瘤状皱缩，新鲜时淡褐色或棕褐色，干后变为黑褐色；皮内为白色及淡棕色。球形、椭圆形或不规则形；小者重数十克，大者数千克；新鲜时质软、易拆开，干后坚硬不易破开。

用药经验 苗族以菌核入药，煎水内服，有利尿功效，治水肿（肝硬化、肾炎等引起的浮肿）；亦可炖猪蹄、煲汤食用。

附注 当地大规模栽培，主要分布在黎平、剑河、三穗等地。茯苓在黎平有悠久的栽培历史，量大质优，是湖南靖州茯苓市场的主要货源地之一。"黎平茯苓"于2014年获国家地理标志认证。

▲ 加工后的商品茯苓

▲ 新采收的茯苓菌核/黎平县农业农村局

暖地大叶藓 *Rbodobryum giganteum*（Hook.）Par.

异名 回生草、回心草。

形态特征 鲜绿色或略呈褐绿色,茎直立,具明显的横生根茎。茎下部叶片小,鳞片状,紫红色,顶叶大,长倒卵形或长舌形,簇生如绽放的花朵;叶片干枯后呈黑色,放入清水中片刻,即恢复鲜绿色,故有"回生草"之名。雌雄异株。蒴柄紫红色,单个或多个簇生,直立于顶部弯曲成弓。孢蒴下垂,圆柱形。孢子球形,黄棕色。生于山中林下湿处、溪边或滴水岩边。

用药经验 以全株入药,煎水内服,用于治疗心、肺等脏器疾病。煎水内服或炖肉食用,可增强记忆力。

▲ 暖地大叶藓植株

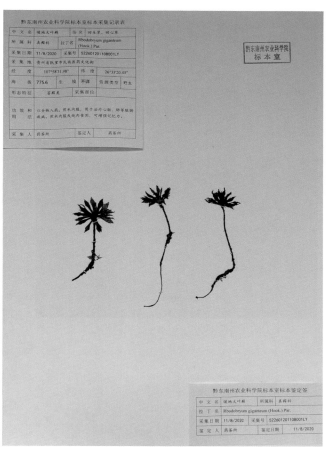

▲ 暖地大叶藓标本

植物药资源

蛇足石杉 *Huperzia serrata*（Thunb. ex Murray）Trevisan

异名 千层塔、狮子草。

形态特征 多年生土生植物。植株丛生,高10～40 cm。茎下部匍匐,上部直立,1～4回二叉分枝,少数不分枝。叶纸质,能育叶和不育叶同形,绿色,略成四行疏生,具短柄,轮廓呈狭长的纺锤形,1～2节小指长短,端部锐尖,基部楔形,边缘不皱曲,有不规则锯齿,有清晰的主脉1条,侧脉不显。孢子囊肾形,横生于叶腋,两端超出叶缘,黄色,光滑,纵裂。喜阴湿,常生于林下、灌丛下、沟谷间或路旁灌丛中。

用药经验　苗、侗族均以全株入药，苗族捣烂敷于患处，有生肌之效。侗族煎水内服，用于治疗咳嗽。

▲ 蛇足石杉植株

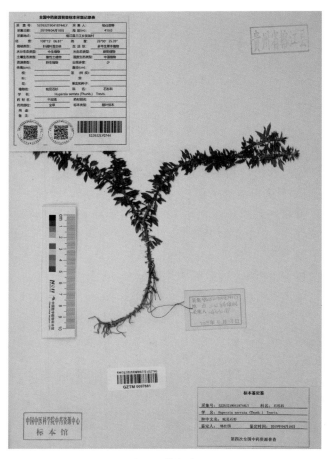

▲ 蛇足石杉标本

藤石松　*Lycopodiastrum casuarinoides*（Spring）Holub ex Dixit

　　异名　龙须草、猴子背带。

　　形态特征　地下茎长而匍匐。地上主茎木质藤状，伸长攀援达数米，圆柱形，直径 1～3 mm。叶螺旋状，稀疏贴生排列，卵状披针形至钻形。不育枝和能育枝的共同点是：柔软，小枝扁平，多回二叉分枝，叶螺旋状排列，基部下延，无柄，先端渐尖，具芒，边缘全缘。区别是：不育枝黄绿色，圆柱状，叶钻状，密生，上斜，上弯，背部弧形，腹部有凹槽，无光泽，中脉不明显，草质；能育枝柔软，红棕色，叶鳞片状，稀疏，贴生，孢子囊穗每 6～26 个一组生于二叉分枝的顶端，排列成圆锥形，厚膜质；孢子囊内藏于孢子叶腋，圆肾形，黄色。生于林缘灌丛中、草坡或路边，常见于半山腰。

　　用药经验　苗、侗、瑶族均以全草入药，苗族煎水擦洗患处，有通经活络等功效，用于治疗手脚麻木。侗族煎水内服，用于治疗夜盲症、盗汗、风湿腰痛、小儿外感发热等。瑶族药浴常加入此药，有通经活络功效。

▲ 藤石松孢子囊穗

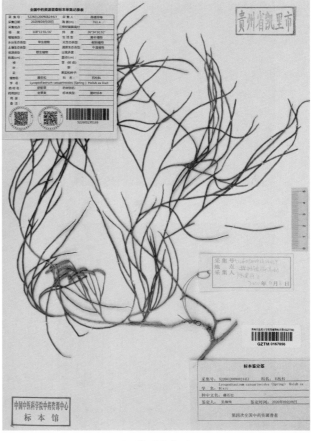

▲ 藤石松标本

石松 *Lycopodium japonicum* Thunb. ex Murray

异名 伸筋草、鱼草。

形态特征 多年生土生植物。匍匐茎细长横走,2～3回分叉,绿色,叶稀疏;侧枝直立,多回二叉分枝。叶螺旋状排列,密集,上斜,披针形或线状披针形,基部楔形,下延,无柄,先端渐尖,具透明发丝,边缘全缘,草质,中脉不明显。孢子囊穗3～8个集生于总柄,总柄上苞片螺旋状稀疏着生,薄草质,形状如叶片;孢子叶阔卵形,先端急尖,具芒状长尖头,边缘膜质,啮蚀状,纸质。孢子囊穗不等位着生,直立,圆柱形;孢子囊生于叶腋,略外露,圆肾形,黄色。生于林下、灌丛中、草坡、路边或岩石上。

用药经验 苗族以全草入药,煎水内服,可排结石;煮水泡手、泡脚,可用于治疗手脚麻木;与海金沙、钩藤一同煮水熏蒸泡脚,可治疗风湿痹痛。侗族以全草入药,煎水内服兼捣烂外敷,用于治疗跌打损伤、四肢酸软、水肿等;从江、黎平一带的侗族以全草入药,单用或加半枫荷煮水洗浴,有舒筋活络功效。石松是从江药浴常用药材之一,在药浴中加入石松,有舒筋活络、祛除疲乏等功效。

▲ 石松叶形

▲ 石松野生植株

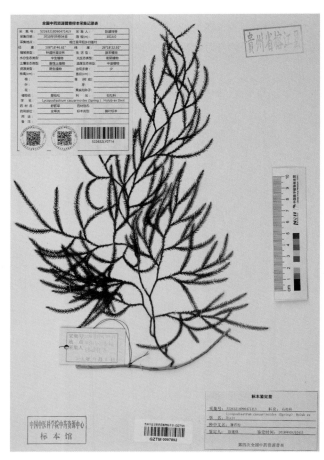

▲ 石松标本

江南卷柏 *Selaginella moellendorffii* Hieron.

异名 一把抓。

形态特征 多年生土生或石生植物,直立,高20~50 cm。根多分叉,密被毛。具横走的地下根状茎,着生鳞片状淡绿色的叶。主茎光滑无毛,下部圆柱状,中上部羽状分枝;侧枝5~8对,2~3回羽状分枝。叶卵形或阔卵形,互生,草纸或纸质,阳面光滑,边缘不全缘,具白边。孢子叶穗紧密,四棱柱形,单生于小枝末端;孢子叶为卵状三角形,边缘有细齿,具白边,先端渐尖,龙骨状。大孢子浅黄色;小孢子橘黄色。生于潮湿的岩壁下、林边湿处。

用药经验 苗、侗族以全草入药,有破瘀通经、凉血止血、顺气平喘等功效。苗族认为此药对治疗跌打损伤有特效,有"认得一把抓,不怕打得烂稀巴"的说法。主要用于治疗跌打损伤、瘀血、刀伤等。治跌打损伤、瘀血时,煎水内服或捣烂外敷;治刀伤或新伤口出血,取全株(干品),研成粉敷伤口处,具止血、生肌之效。侗族煎水内服,用于治疗哮喘;外敷用于治疗脱肛。

附注 江南卷柏、卷柏 *Selaginella tamariscina*(P. Beauv.)Spring、深绿卷柏 *Selaginella doederleinii* Hieron.、翠云草 *Selaginella uncinata*(Desv.)Spring 等多种卷柏属植物在当地均常见,民

间对这些物种有时分辨不清,混用现象较多。较有经验的药农或草医(民间医)可识别翠云草,而类似特征、形态较小的几种卷柏称为小翠云;有些药农或草医则一概当做卷柏。江南卷柏为当地药市最为常见的卷柏属植物,是当地作为卷柏入药的主要基原。

▲ 江南卷柏野生植株

▲ 江南卷柏、深绿卷柏、翠云草对比图

▲ 江南卷柏标本

节节草 *Equisetum ramosissimum* Desf.

形态特征 根茎直立,横走或斜升,黑棕色,节和根疏生黄棕色长毛或光滑条圆柱状,有多条平均分布的脊,脊上有一行小瘤或有浅色小横纹。主枝多在下部分枝,常形成簇生状;鞘筒狭长1cm,下部灰绿色,上部灰棕色;5～12枚三角形鞘齿,灰白色、黑棕色或淡棕色,边缘为膜质,基部扁平或弧形,早落或宿存。侧枝较硬,5～8枚披针形鞘齿,上部棕色,革质但边缘膜质,宿存。孢子囊穗短棒状或椭圆形,顶端有小尖突,无柄。喜潮湿,常生在溪边、河边、水田边或山腰林缘湿处。

用药经验 苗族以全草入药,与杜仲、倒足伞一同煎水内服,用于治疗女子不孕。侗族以全草煎水内服,用于清肝火。

▲ 节节草植株

▲ 节节草孢子囊穗

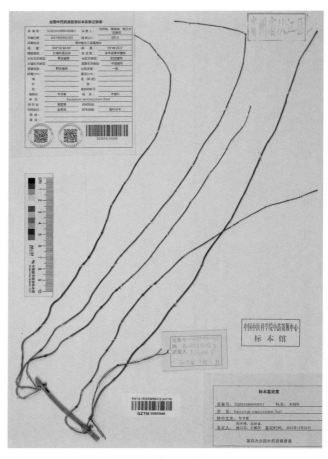

▲ 节节草标本

阴地蕨 *Botrychium ternatum*（Thunb.）Sw.

异名 一朵云。

形态特征 多年生草本。根状茎短而直立,有一簇粗健的肉质根。主叶柄细短,淡白色。营养叶叶柄较主叶柄长 2～6 cm,甚至更长,光滑无毛;叶片为阔三角形,短尖头,一至三回羽状分裂;羽片对生或近互生,基部一对最大;末端小羽片为长卵形至卵形,有浅裂,边缘密生不整齐细而尖的锯齿。孢子叶有长柄,远超出营养叶之上,顶端有圆锥状的孢子囊穗,小穗疏松,略张开,无毛。生于林下或灌丛边阴处。

用药经验 以全株入药,切细与绿壳鸡蛋同蒸食,或煎水服用,具有滋补功效,可用于治疗头昏眼花。侗族用于儿童止咳,有良效。

▲ 阴地蕨植株　　　　▲ 阴地蕨孢子囊穗　　　　　　　▲ 阴地蕨标本

瓶尔小草 *Ophioglossum vulgatum* L.

异名 一枝箭、蛇不见。

形态特征 多年生草本,高 5～12 cm。根茎短,直立,有匍匐且四处生长的肉质粗根。叶无柄,常单生,卵形或椭圆形,长 3～8 cm,宽 1.5～4 cm,先端钝圆或急尖,微肉质,全缘,叶表有明显的网状脉,不光滑。孢子穗圆柱形,顶端钝圆至尖,粗细如牙签,长可达 6 cm,孢子苍白色,近于平滑。生于路边、林缘或田边杂草中。禾本科植物密生处难以寻见。

▲ 瓶尔小草植株

▲ 瓶尔小草野生群落

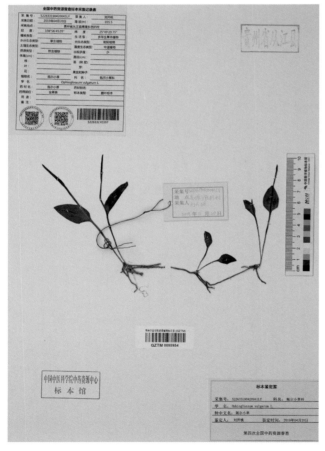

▲ 瓶尔小草标本

用药经验 瓶尔小草在当地多个少数民族中都是常用药材,其用法以治疗跌打损伤、蛇伤为主。苗族以全草入药,煎水内服或捣烂外敷,可治风湿痹痛、毒蛇咬伤。治毒蛇咬伤的用法:取鲜品全株捣烂,用淘米水浸泡 30 分钟,取药汁饮用,药渣外敷于患处。苗族民间认为瓶尔小草在治疗毒蛇咬伤方面有特效,有"身背一枝箭,老蛇都不见"之说。

侗族亦以全草入药,用于治疗跌打损伤、毒蛇咬伤。治疗跌打损伤的方法:加及己泡酒饮用。侗族民间认为瓶尔小草治疗跌打损伤有特效,有"一枝箭经得练,四块瓦经得打"之说。侗族治蛇伤方法:蛇伤后立马用冷水清洗,取本品,加半边莲嚼烂,药汁内服,药渣敷伤口。

附注 当地少数民族群众认为万物相生相克,而人作为万物之灵受到上天的特殊爱护,故毒蛇出没之处,三步之内必有治蛇伤的药材。这种观念中苗族中尤其流行。本品常分布于路边、田边、树林边、水沟边等毒蛇常出没的地方,又恰是治蛇伤的要药,是印证这种观念的一个例子。

在当地,落地梅 Lysimachia paridiformis Franch. 和及己 Chloranthus serratus (Thunb.) Roem. et Schult. 均有"四块瓦"的俗名,且都可用于治疗跌打损伤。"一枝箭经得练,四块瓦经得打"中的"四块瓦"多数民间药师认为是及己,也有些认为是落地梅。

侗族药师称清理蛇伤万不可用热水。治蛇伤前需要清理伤口,方法见"扛板归"条目。

福建观音座莲 *Angiopteris fokiensis* Hieron.

异名 马蹄壳。

形态特征 高大蕨类,高 1～2 m。根状茎块状,直立,下面簇生有圆柱状的粗根。叶基生,斜向上,二回羽状,叶柄粗壮,粗 1～4 cm,1/3 高处起生出羽状小叶,羽状小叶互生,向两侧平展;二回小叶呈狭长的心形,末梢偏向一侧,对生,向两侧平展。叶脉开展,在阴面明显,相距不到 1mm。叶为草质,阳面绿色,阴面淡绿色,两面光滑。叶轴光滑,腹部具纵沟,羽轴基部粗约 3.5 mm,顶部粗约 1mm,向顶端具狭翅,宽不到 1mm。孢子囊群棕色,着生于叶阴面,沿小叶边缘整齐排列,距叶缘 0.5～1mm。生于林下、溪沟边。

▲ 福建观音座莲野生植株

用药经验 以根状茎入药,研成粉服用,可治胃病、难产。

▲ 福建观音座莲孢子囊群

▲ 福建观音座莲根状茎

▲ 福建观音座莲标本

海金沙 *Lygodium japonicum*（Thunb.）Sw.

异名 金杆错。

形态特征 多年生攀援藤本,植株长达数米。叶纸质,异形,干后颜色变深,主脉明显,侧脉纤细。能育羽片卵状三角形,长宽近乎相等,二回羽状,互生,羽状深裂。孢子囊穗稀疏排列于叶被顶端,长2～5 mm,暗褐色,无毛。不育羽片尖三角形,长宽近乎相等,二回羽状,互生,掌状三裂。叶轴正面有两条狭边,羽片多数,平展地对生于叶轴两侧。分布较广,生于林下、林缘、田边或路边。

用药经验 以全草入药,煎水内服,用于治疗结石、支气管炎、尿频尿急等;与钩藤、石松一同煮水后熏蒸或泡脚,可治疗风湿痹痛;妇女产后出月子时,常用海金沙煮水洗浴,以帮助产后恢复。苗族认为海金沙有软硬两种,分别称软筋藤和硬筋藤。软者叶黄、藤细软;硬者叶绿、藤较粗硬。软筋藤,煮水泡澡,可治疗手脚僵硬;硬筋藤,民间用于泡澡洗浴,可治骨软无力。

附注 煮水洗浴是当地多个民族常用的治疗皮肤病、风湿等的用药方法。海金沙、千里光、樟树叶等药材均常用此法。

▲ 海金沙能育叶

▲ 海金沙孢子囊

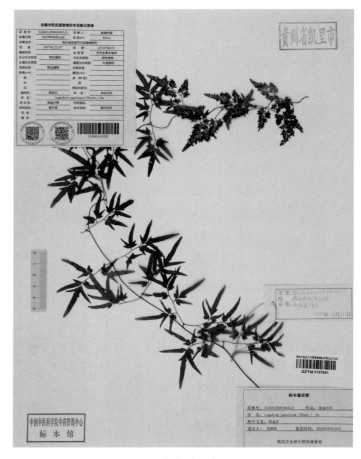

▲ 海金沙标本

金毛狗 *Cibotium barometz*（L.）J. Sm.

形态特征 多年生蕨类植物,根状茎粗大卧生,密被金黄色长绒毛,顶端生出一丛大叶呈树状。老熟叶柄长1m以上,叶片大,革质或厚纸质,有光泽,两面光滑,阳面深绿色,阴面白色;干后阳面褐色,阴面为灰白或灰蓝色,长宽近相等,三回羽状分裂,阔卵状三角形。孢子囊群生于羽状叶背部顶端,囊群盖质硬,棕褐色,长圆形,成熟时张开如蚌壳。孢子为三角状的四面形,透明。喜阴湿,生于林下、山沟间、背阴的陡坡。

用药经验 苗族以根状茎入药,去毛,洗净,煎水内服,用于调节五脏。侗族以根状茎阳面的绒毛入药,锐器划伤,外敷于伤口,可止血、促进伤口愈合。

▲ 金毛狗野生植株

▲ 金毛狗黄色绒毛

▲ 金毛狗标本

乌蕨 *Odontosoria chinensis* J. Sm.

异名 金鸡尾。

形态特征 陆生中型蕨类植物,株高 20～90 cm,根茎横走,密被褐色钻状鳞片。主茎基部紫色,上部绿色,光滑。叶近生,叶柄与主茎上部同色,叶片草质,长圆状披针形或狭卵形,长 5～40 cm,宽 3～12 cm,羽片 15～20 对,有柄,基部的对生,其余互生,先端长渐尖至近尾状;二回羽片小,6～10 对,互生,倒披针形,基部楔形。孢子囊群小,在每个小裂片边缘着生 1～2 枚,呈小杯状。生于林下、林缘、田边、路边、水沟边。

用药经验 侗族以地上部分入药,捣烂敷于患处,可止血并促进伤口愈合。用于治疗刀伤,或锐器、尖刺等划伤、刺伤形成的新鲜伤口。

▲ 乌蕨野生植株

▲ 乌蕨孢子囊群

▲ 乌蕨标本

铁线蕨 *Adiantum capillus-veneris* L.

异名 蜘蛛草。

形态特征 多年生蕨类。株高 15～50 cm,根茎横走,茎基部和根密被棕色披针形鳞片。茎黑色,有光泽,硬而纤细。叶柄与主茎颜色相同。叶片薄,草质,中部以下多为二回羽状,中部以上为一回奇数羽状;羽片 3～5 对,互生,斜向上,小羽片近扇形或斜方形,具 2～4 个不同程度的裂片;不育裂片先端钝圆形,边缘具阔三角形或具啮蚀状的小齿;能育裂片先端截形,全缘或两侧有小齿。孢子囊群横生于末回小羽片的上缘,平均 3～10 枚;囊群盖肾形至椭圆形,全缘初为淡黄绿色,老熟后变棕色,宿存。生于疏林下干燥处。

用药经验 以根茎或全草入药,有清热、止咳、利尿、止血、止痛、消痈散结、舒筋活络等功效。泡酒服用,或煎水内服,用于治疗肺热咳嗽、血淋、尿闭、遗精、劳伤疼痛、乳腺炎等;捣烂敷于患处,有止血功效,可治刀伤;以根茎煎水内服,可治疗尿路结石。

▲ 铁线蕨植株

▲ 铁线蕨孢子囊群

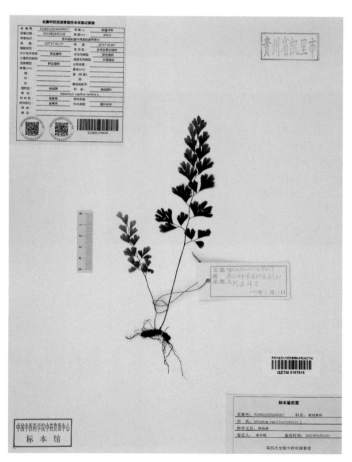

▲ 铁线蕨标本

附注 铁线蕨和扇叶铁线蕨 *Adiantum flabellulatum* L. 相似,较难区分。扇叶铁线蕨生境与铁线蕨相近,根状茎短而直立,茎基部与根同样密被棕色、有光泽的钻状披针形鳞片。叶簇生;柄长 8～25 cm,紫黑色,光滑;叶片扇形,长 9～20 cm,二至三回不对称的二叉分枝,通常中央的羽片较长,两侧的与中央羽片同形而略短,奇数一回羽状;小羽片 8～15 对,互生,平展,具短柄。叶干后近革质,绿色或常为褐色;各回羽轴及小羽柄均为紫黑色,有光泽,阳面均密被红棕色短刚毛,阴面光滑。孢子囊群横生于裂片上缘和外缘,平均 2～5 枚,以缺刻分开;囊群盖半圆形或长圆形,革质,褐黑色,全缘,宿存。孢子具不明显的颗粒状纹饰。

▲ 扇叶铁线蕨植株

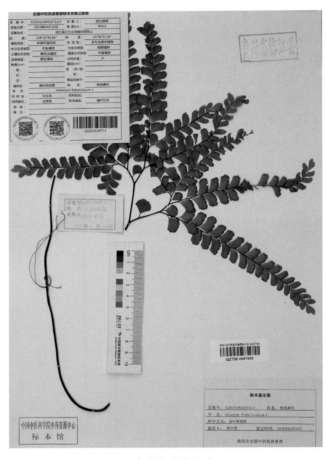

▲ 扇叶铁线蕨孢子囊群

▲ 扇叶铁线蕨标本

长叶铁角蕨 *Asplenium prolongatum* Hook.

异名 仙人搭桥、仙人架桥。

形态特征 多年生草本。根状茎短,直立,先端密被黑褐色,有光泽的披针形鳞片。叶簇生;肉质;初淡绿色,干后草绿色;线状披针形。阳面有纵沟;嫩叶通体长有褐色的纤维状小鳞片,老叶光滑;叶脉明显,略隆起,每小羽片或裂片有小脉 1 条,先端有明显的水囊,不达叶边。叶轴顶端常延展成鞭状并生根。深棕色的孢子囊群呈线形排列,每小羽片的中部上侧边有 1 枚;囊群盖狭线形,灰绿色,膜质,全缘,开口对着叶缘,宿存。附生,常见于林中树干上或潮湿岩石上。

用药经验 苗族以全草入药,煎水内服,治疗胃窦炎、胃溃疡,亦用于不孕症。配金不换、虎杖、十大功劳、朱砂莲,用于治疗幽门螺杆菌引起的胃痛(结合西医检查结果治疗),两个月可治愈。侗族捣烂外敷,用于接骨。

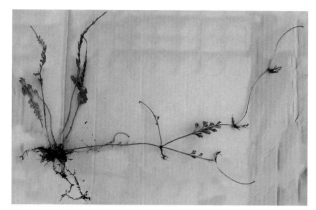

▲ 长叶铁角蕨植株

▲ 长叶铁角蕨叶形

▲ 长叶铁角蕨孢子囊群

▲ 长叶铁角蕨标本

贯众 *Cyrtomium fortunei* J. Sm.

形态特征 多年生蕨类植物。株高 20～60 cm。根茎直立,密被黑棕色披针形鳞片。叶簇生,坚纸质,阳面光滑,阴面疏生棕色披针形小鳞片;叶柄黄色,阳面有浅纵沟,基部密生带齿的鳞片,上部光滑;侧生叶片矩圆披针形或矩圆形,顶生羽片卵形或菱状卵形,基部均有向上挑出的钩;一回羽状;羽片呈奇数互生,斜向上。叶轴腹面有浅纵沟,疏生鳞片。孢子囊群不规则的散生于羽片阴面;囊群盖圆形,盾状,边缘有齿。喜阴湿,生于林下、岩壁下。

用药经验 侗族以全草入药,加枇杷叶、岩豇豆一同煎水内服,治咳嗽、感冒;加石韦、玉米须、穿破石一同煎水内服,治结石。

附注 当地除贯众外,同属的刺齿贯众 *Cyrtomium caryotideum* (Wall. ex Hook. et Grev.) Presl 亦常见。形态相近,较难分辨;同时,民间认为这些物种的药性、药效相似,可以相互替代。故这几个物种在当地民间药用中常混用。据《中华本草》记载,以这几种物种为基原的药材,其性味、功效和用法多有交叉。

▲ 刺齿贯众植株和孢子囊群　　　　　　▲ 贯众植株和孢子囊群

▲ 贯众标本

肾蕨 *Nephrolepis cordifolia* （Linnaeus）C. Presl

异名 天鹅抱蛋。

形态特征 多年生蕨类植物。茎直立,基部有粗铁丝状匍匐茎向四周伸展,茎干密被淡棕色的长钻形鳞片,不分枝;匍匐茎上生有指头大小、近圆形的块茎,密被茎秆上同样的鳞片。叶簇生,暗褐色,略有光泽,基部密被淡棕色线形鳞片;叶片草质,线状披针形或狭披针形,一回多数羽状,互生,先端钝圆或急尖头,基部心脏形,不对称。叶脉明显,顶端具纺锤形水囊。肾形的孢子囊群呈两行整齐排列于主脉两侧,位于主脉与叶缘之间;囊群盖棕褐色,边缘颜色渐淡。生于岩壁罅隙间、乱石中。

用药经验 侗族以全草入药,煎水内服,用于治疗黄疸、痢疾、疝气;捣烂外敷,用于治疗烫伤、刀伤等。

附注 锦屏一带侗族认为肾蕨地下块茎形似羊睾丸,故当地侗名称"给列",为羊睾丸之意。

▲ 肾蕨野生群落

▲ 肾蕨植株

▲ 肾蕨孢子囊群

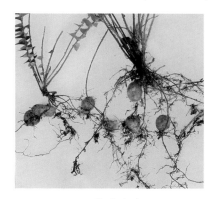

▲ 肾蕨块茎

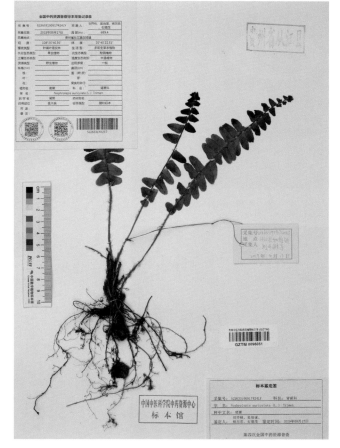

▲ 肾蕨标本

槲蕨 *Drynaria roosii* Nakaike

▲ 槲蕨野生群落

异名 骨碎补、爬岩姜。

形态特征 匍匐生长,螺旋状攀援。根状茎直径1~2 cm,密被斜生且边缘有齿的盾状鳞片。叶二型,基生黄绿色或枯棕色的圆形不育叶,基部心形,浅裂至叶片宽度的1/3,边缘全缘,阴面有疏短毛。能育叶叶柄长4~13 cm,具明显的狭翅;深裂到距叶轴2~5 mm处,披针形裂片多对,斜向上互生,边缘有不明显的疏钝齿,顶端急尖或钝;叶脉两面均明显。孢子囊群圆形至椭圆形,叶阴面全部分布,沿裂片中肋两侧各排列成2~4行,成熟时相邻2侧脉间有圆形孢子囊群1行,或幼时成1行长形的孢子囊群,混生有大量腺毛。常附生于崖壁上或树干上。

用药经验 以全草入药。煎水内服或捣烂敷于患处,治疗跌打损伤,或用于接骨。取全草与水龙骨一同煎水内服,可治沙眼。在治疗骨折时,先将骨折处复位用槲蕨鲜品与杜仲皮、姜黄一同捣烂,敷于患处,再用杜仲皮固定,防止错位,收效甚捷。

▲ 药材"骨碎补"

▲ 槲蕨叶形及孢子囊群

▲ 槲蕨标本

附注 以上治疗骨折的方法，以杜仲皮固定，是就地取材，体现侗医灵活便捷的特点。侗医认为杜仲皮透气性好，且不似石膏其性寒凉，有助于保持血气通畅，比用石膏固定效果更好。

抱石莲 *Lemmaphyllum drymoglossoides*（Baker）Ching

异名 小石韦。

形态特征 根状茎细长横走，被有棕色的钻状带齿披针形鳞片。叶远生，二型；不育叶长圆形至卵形，叶尖圆或钝圆，全缘；能育叶舌状或倒披针形，稀与不育叶同形，肉质，干后革质，阳面绿色无毛有光泽；阴面白绿色，疏被鳞片。孢子囊群圆形，在主脉两侧呈两行排列，位于主脉与叶缘之间。常附生于石上。

用药经验 以全株入药，泡酒服用，用于治疗腰肌劳损；与乌骨鸡的血同蒸食用，可治不孕不育。与菝葜根、淫羊藿根、赶山鞭根一同煎水内服，用于治疗跌打损伤、风湿关节痛。

▲ 抱石莲野生植株

▲ 抱石莲叶形、孢子囊群

▲ 抱石莲标本

植物药资源

瓦韦 *Lepisorus thunbergianus*（Kaulf.）Ching.

异名　青竹标、石韦。

形态特征　根状茎横走,密被褐棕色披针形鳞片,株高 10～30 cm。叶柄金黄色,叶片厚纸质,线状披针或狭披针形,两端渐尖中部宽;阳面深绿色,阴面绿白色,干后黄绿色或褐色;主脉隆起,小脉不见。孢子囊群近圆形,着生于叶片上部,在主脉两侧呈两行紧密排列,位于主脉与叶缘之间,成熟后扩展成密接,幼时被圆形褐棕色的隔丝覆盖。常附生于石上。

用药经验　苗族以全株入药,有利尿、利水、排石等功效。侗族取叶片煎水内服,用法与石韦类似。

附注　瓦韦、书带蕨 *Haplopteris flexuosa*（Fée）E. H. Crane 和石韦 *Pyrrosia lingua*（Thunb.）Farwell 形态较接近,多数民间草医常区分不清,都当作石韦。又有部分药农把江南星蕨 *Lepisorus fortunei*（T. Moore）C. M. Kuo、庐山石韦 *Pyrrosia sheareri*（Baker）Ching 等形态类似石韦者也归入石韦一类,并将江南星蕨等植株较大的称为"大石韦",书带蕨、石韦等形态较小者称为"小石韦"。

▲ 瓦韦孢子囊群

▲ 瓦韦野生植株

▲ 瓦韦标本

江南星蕨 *Lepisorus fortunei* （T. Moore）C. M. Kuo

异名　凤尾草、大石韦、三十六扣。

形态特征　株高 30～80 cm。根状茎长而横走，淡绿色，顶部被棕褐色鳞片，有疏齿。叶远生，叶片线状披针形至披针形，顶端长渐尖，基部渐狭，有软骨质的边；中脉明显隆起，侧脉不明显，小脉网状略可见；叶厚纸质，两面无毛，阴面淡绿色或灰绿色。孢子囊群大，圆形，呈整齐的两行排列于中脉两侧，位于主脉与叶缘之间。常附生在林下、石岩上或树干上。

用药经验　苗族以全株入药，揉烂，加米、茶叶，拌匀，放于筛子上，在盆上筛，使其产生的气体熏眼睛，可使眼睛明亮，俗称"秋燕子"。侗族以全株或基部红色绒毛入药，全株煎水内服，有清热解毒功效，可用于治疗尿路感染、肠炎、胃出血；小孩子肝火重，出现口腔起泡、溃疡，取江南星蕨基部红色绒毛，捣烂，兑淘米水，搽口腔内壁。

▲ 江南星蕨植株和孢子囊群

▲ 江南星蕨野生居群

▲ 江南星蕨标本

石蕨 *Pyrrosia angustissima*（Giesenh. ex Diels）C. M. Kuo

异名　小石韦。

形态特征　株高 6～12 cm。根状茎细长横走,密被红棕色至淡棕色且边缘有细齿的卵状披针形鳞片。叶远生,无柄,基部着生于根关节处;叶片线形,长 3～9 cm,宽 2～3.5 cm,基部渐狭,头钝尖;主脉明显,阳面凹陷,阴面隆起,小脉网状,沿主脉两侧各构成一行长网眼,无小脉,近叶边的细脉分离,先端有一膨大的水囊。孢子囊群线形,沿主脉两侧各一行,位于主脉与叶缘之间,幼时被反卷的叶边覆盖,成熟时外露;孢子椭圆形,单裂缝,周壁上面具有分散的小瘤,外壁光滑。附生于背阴处石壁上或树干上。

▲ 石蕨孢子囊群

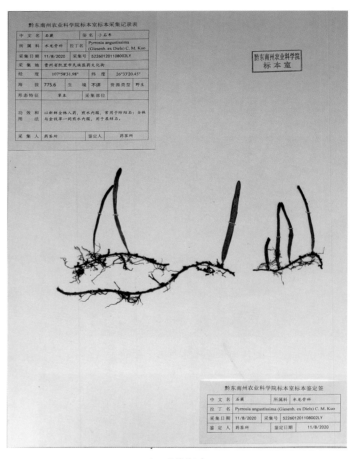

▲ 石蕨标本

用药经验　以全株入药,煎水内服,常用于排结石;全株与过路黄一同煎水内服,用于尿路结石。当地草医经验:石蕨除尿道结石药效迅猛,若结石较多,男性用药宜缓,少量多次下药,否则结石一涌而出,易造成下段尿道堵塞。

石韦 *Pyrrosia lingua*（Thunb.）Farwell

形态特征　株高达 10～30 cm。根状茎长而横走,密被淡棕色披针形鳞片,边缘有毛。叶革质,远生,有能育叶和不育叶均略长于叶柄。不育叶片长圆或长圆披针形,基部楔形,下部宽,向上渐狭,全缘,叶阳面灰绿色,近光滑无毛,阴面淡棕色或砖红色,被星状毛;能育叶常比不育叶长得高 1/3、窄 1/3～2/3。阴面主脉稍隆起,侧脉明显隆起,小脉不显。孢子囊群近椭圆形,呈多行整齐排列于侧脉间,布满整个叶背,初时为星状毛覆盖而呈淡棕色,成熟后孢子囊开裂外露呈砖红色。常见于林下,或腐朽的老树上。

用药经验 苗族以带孢子的叶片入药,煎水内服,用于治疗结石等。侗族以叶入药,煎水内服,用于治疗尿血、尿路结石、肾炎、痢疾、慢性气管炎等。

附注 与石韦近似的物种较多,有同属植物石蕨 *Pyrrosia angustissima* (Giesenh. ex Diels) C. M. Kuo、相近石韦 *Pyrrosia assimilis* (Baker) Ching、光石韦 *Pyrrosia calvata* (Baker) Ching、有柄石韦 *Pyrrosia petiolosa* (Christ) Ching 等,这些物种在当地常被称为小石韦。此外,同属的庐山石韦和水龙骨科盾蕨属的江南星蕨在当地称为大石韦。多种小石韦常有混用。

▲ 石韦野生居群

▲ 石韦孢子囊群

▲ 相近石韦

▲ 石韦标本

庐山石韦 *Pyrrosia sheareri* （Baker）Ching

▲ 庐山石韦野生植株

异名 大石韦、牛呀吧。

形态特征 株高 20～50 cm。粗壮的根状茎横卧，密被棕色线状鳞片，着生处鳞片近褐色。叶近生，一型；叶柄粗壮，基部密被鳞片，向上疏被星状毛，黄色至淡棕色；叶片椭圆状披针形，基部近圆截形或心形，向上渐狭，叶尖钝圆，全缘；阳面绿色，光滑无毛，但布满洼点；阴面棕色，被厚层星状毛。主脉粗壮，两面均隆起，纵贯于整片叶中部，侧脉呈肋条状排列于主脉两侧。孢子囊群呈不规则的点状排列于侧脉间，布满基部以上的叶片阴面，无盖，幼时被星状毛覆盖，成熟时孢子囊开裂而呈砖红色。常生于林间空隙处乱石堆上。

用药经验 苗族以全草入药，煎水内服，可生津止渴。侗族煎水内服，用于治疗尿血、尿路结石、肾炎、崩漏、痢疾、慢性气管炎等。

▲ 庐山石韦孢子囊群

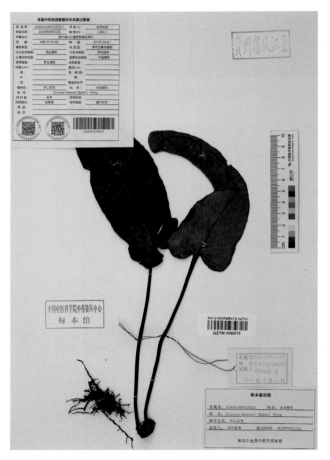

▲ 庐山石韦标本

银杏 *Ginkgo biloba* L.

▲ 银杏植株

▲ 银杏果

异名 白果。

形态特征 高大乔木,株高可达 40 m,胸径可达 4 m;幼树树皮浅纵裂,成年树皮呈灰褐色,深纵裂,粗糙;幼年及壮年树冠圆锥形,老则广卵形;枝条斜向上轮生;一年生枝条淡褐黄色,二年生以上变为灰色,并有细纵裂纹。叶扇形,有长柄,淡绿色,无毛,有浅纵沟,秋季落叶前变为黄色。球花雌雄异株,单性,风媒传粉。种子具长梗,下垂,常为椭圆形、纺锤形,外种皮肉质,熟时黄色或橙黄色,外被白粉,有臭味。花期 3~4 月,种子 9~10 月成熟。

用药经验 苗族以种子入药,称"白果"。炖肉食用,有滋补功效。

附注 当地各地均有做绿化树栽培,作药材栽培分布在凯里、黄平等地。

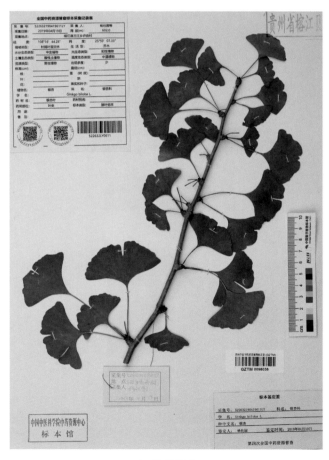

▲ 银杏标本

植物药资源

039

马尾松 *Pinus massoniana* Lamb.

异名 枞木。

形态特征 高大乔木,株高达 45 m;树皮下部灰褐色,上部红褐色,裂成不规则的鳞状块片;枝平展或斜展,树冠伞状,除广东南部枝条每年生长两轮外,其余地区每年生长一轮,淡黄褐色,稀有白粉,无毛;冬芽为褐色卵状圆柱形,顶端尖,芽鳞边缘丝状。针叶常 2 针一束,长 12～20 cm,微扭曲,边缘有细锯齿。雄球花淡红褐色,圆柱形,弯垂,聚生于新枝下部苞腋,穗状;雌球花单生或 2～4 个聚生于新枝近顶端,淡紫红色。球果卵圆形或圆锥状卵圆形,有短梗,下垂,成熟前绿色,熟时深褐色,陆续脱落。种子长卵圆形。花期 4～5 月,球果次年 10～12 月成熟。生长在山坡林地。

用药经验 以松节煎水内服,可治疗胃痛、腰肌劳损。麻江、凯里一带流传一个传统偏方:将大量松皮、松针、松枝放于大坑中焚烧成炭,用小便淋湿,搭架,人躺在架上,盖棉被发汗,有祛风除湿、消炎利尿的功效,用于治疗风湿、伤寒。

▲ 马尾松植株

▲ 马尾松球果

▲ 马尾松标本

附注 当地草医介绍,以上偏方对重度风湿、伤寒有特效,在过去医疗资源严重匮乏的条件下,发挥了重要作用。随着条件的改善,此方在现代人的观念中难以接受,已成为历史。这种观念的变迁,其背后是当地社会经济的极大进步和医疗卫生资源的极大改善。

杉木 *Cunninghamia lanceolata*（Lamb.）Hook.

异名 杉树。

形态特征 高大乔木,高达 30 m。幼树树冠尖塔形,大树树冠圆锥形,树皮灰褐色,裂成长条片脱落,内皮粉红色;大枝平展,小枝对生或互生成二列状,幼枝绿色,无毛;叶片梳齿状平展地排列在枝条两侧;叶常微弯、呈镰状、坚硬,阳面深绿色,有光泽,阴面绿白色。雄球花圆锥状,有短梗,常几个簇生枝顶;雌球花单生或 2～4 个集生,绿色,苞鳞椭圆形,先端急尖,有不规则细齿,长宽几相等。球果卵圆形;熟时苞鳞革质,棕黄色,三角状卵形,有坚硬的刺状尖头,边缘不规则锯齿。花期 4 月,球果 10 月下旬成熟。

用药经验 以球果、乳状浆液、树皮、嫩梢、油脂入药,球果晒干捣成粉,加白糖,冲水内服,治胃痛、胃溃疡。杉木皮划伤的伤口处流出的乳白色浆液,可治男性摆白(男性精液在没有性刺激的情况下自动流出)。杉木皮内层,即刮掉红色表层后剩下的白色树皮,醋泡服用,可降血压。杉木嫩梢可治蜈蚣蜇伤,但不同地区用法不同:锦屏县高坝、皮所一带,捣烂后敷于伤口处;天柱县坌处镇一带,取杉木嫩梢煨水,滴入公鸡血,内服。杉树嫩叶有消炎功效,发生轻微外伤,捣烂擦患处,可防止伤口溃烂。老杉木树芯的油脂有特殊气味,可用于驱虫。以老杉木芯材制成的书柜,有防虫蛀功能。熬制药浴汤时加入少量老杉木树芯,有通经活络功效。

附注 以杉木嫩梢治蜈蚣蜇伤的方法,各地有差异。此类情况在当地甚为常见。杉木是当地主要林用树种,锦屏、黎平一带号称"杉木之乡",为我国杉木主产地。杉木在侗族的生产生活中扮演着重要的角色。杉木的各部位均可入药,生动反映了杉木对于侗族人的重要性。

▲ 杉木植株

▲ 杉木嫩梢

▲ 杉木球果

▲ 杉木标本

侧柏 *Platycladus orientalis*（L.）Franco

异名 松柏。

形态特征 乔木，株高超过 20 m；浅灰褐色的树皮薄纸状，纵裂成条片；幼树树冠宝塔状，老树树冠广圆形。枝条向上伸展或斜展；小枝条细且生鳞叶，扁平，排成一平面。叶鳞形，长 1～3 mm，互生，先端微钝。雄球花卵圆形，黄色；雌球花近球形，蓝绿色，被白粉。球果近卵圆形，成熟前近肉质，蓝绿色，被白粉，成熟后木质，开裂，红褐色；种子卵圆形或近椭圆形。花期 3～4 月，球果 10 月成熟。常用于造林。

用药经验 苗、侗族均以叶和种子入药，叶和种子烧成炭，磨成粉，用水冲服，可用于胃出血、子宫出血、鼻出血等出血症的止血。此用法中，侗族认为配合大蓟煎水内服效果更好。苗族还以种子入药，与生姜（姜）、何首乌、透骨香（滇白珠）、巴岩姜（槲蕨）、皂荚一同熬制汤汁，用于洗头，可使头发乌黑、变粗。

▲ 侧柏雌球花

▲ 侧柏标本

▲ 侧柏植株

三尖杉 *Cephalotaxus fortunei* Hooker

异名 岩杉果。

形态特征 高大乔木,株高超过 20 m。树皮褐色或红褐色,裂成片状脱落;枝条较细长,稍下垂;树冠广圆形。羽状复叶,小叶披针状条形,稍微弯,长 4～13 cm,宽 3～5 mm,在主轴两侧排成两列;基部楔形,上部渐窄,末端有尖头;阳面深绿色,中脉隆起,阴面带白色。多个雄球花成头状聚生,直径约 1 cm。种子椭圆状卵形,长约 2 cm,假种皮成熟时紫色或红褐色,顶端有小尖头。花期 4 月,种子 8～10 月成熟。常生于林间。

用药经验 苗、侗族以种子、叶、皮或根入药,煎水内服,可用于抗肿瘤,各种肿瘤均可用;侗族认为配

▲ 三尖杉植株

043

猕猴桃根使用效果更佳。

　　附注　三尖杉、篦子三尖杉 *Cephalotaxus oliveri* Mast. 和粗榧 *Cephalotaxus sinensis*（Rehder & E. H. Wilson）H. L. Li 形态接近,当地均产。其辨别特征在叶形:三尖杉小叶披针形,显得细而长,上部明显比下部窄;篦子三尖杉小叶短而硬,排列在主轴两侧,通常中部以上向上方微弯,稀直伸;粗榧小叶线形,成两列排列,质地较厚,通常直,稀微弯,长 2～5 cm,宽约 3 mm,基部近圆形,几无柄,上部通常与中下部等宽或微窄,先端通常渐尖或微急尖,阳面中脉明显。

▲ 篦子三尖杉和三尖杉叶形比较

▲ 粗榧花穗

▲ 粗榧果实

红豆杉　*Taxus wallichiana* var. *chinensis*（Pilger）Florin

　　形态特征　高大乔木,株高超过 30 m。树皮灰褐或红褐色,裂成条片脱落。大枝开展,枝条颜色随时间由淡绿色向红褐色变化,有光泽。叶条形,叶表深绿色,叶背淡黄绿色,长 2～3 cm,沿中脉成两列相对排开,微弯或直,形如双面梳。中脉上均匀密生微小的圆形乳头状突起点。种子生于杯状红色肉质的假种皮中间或未发育成肉质假种皮的珠托之上,黄豆大小,卵圆形。

　　用药经验　主要以根、皮、果、叶入药,常用于治疗癌症、调节五脏。以煎水内服或泡酒服用为主,全株各部位泡酒服用,可防癌、治癌;根皮煎水内服,可调节五脏。果实外层肉质假种皮可生吃,其味酸甜爽口。

　　附注　粗榧植株形态与红豆杉相似。二者主要鉴别特征在果实:粗榧果实比红豆杉大,不可食,食用易引发头晕。本种在当地有较大规模栽培,主要分布在黎平、丹寨、雷山等地。

▲ 红豆杉植株

▲ 红豆杉叶形

▲ 红豆杉果实

▲ 红豆杉标本

毛杨梅 *Myrica esculenta* Buch. -Ham.

异名 野杨梅。

形态特征 常绿小乔木,高3～8 m,树皮灰色。叶革质,长椭圆状倒卵形或披针状倒卵形,长4～16 cm,宽1.3～4 cm,顶端钝圆或急尖,全缘,稀在中部以上有少数不明显的圆齿,基部楔形;阳面深绿色,无毛,阴面浅绿色。雌雄异株。雄花序由许多小穗状花序复合成圆锥状花序,常生于叶腋,直立或顶端稍俯垂。雌花序单生于叶腋,直立。核果常椭圆状,成熟后变红,外阳面具乳头状凸起,长1～2 cm,外果皮肉质,多汁液;核与果实同形,具厚而硬的木质内果皮。花期9～10月,次年3～4月果实成熟。常生于稀疏杂木林内或山坡高燥处。

用药经验 侗族以树皮入药。牙痛,取树皮煮水,趁热倒入搪瓷缸,以棉毛巾覆缸口,张嘴对缸口,用嘴呼吸,口中流出涎水,汤水温度降低后,换热汤水,重复3～5次,即愈。

▲ 毛杨梅植株

▲ 毛杨梅花穗

▲ 毛杨梅标本

山核桃 *Carya cathayensis* Sarg.

形态特征 乔木，株高 10～20 m。树皮平滑，灰白色；新枝初密被橙黄色盾状腺体，后渐稀疏，新枝紫灰色。复叶，每叶轴有小叶 5～7 枚；小叶披针形或倒卵状披针形，对生，边缘有细锯齿。雄性葇荑花序 3 条成 1 束，花序轴被柔毛及腺体。雌性穗状花序直立，具 1～3 朵卵形或阔椭圆形且密被橙黄色腺体的雌花。果实倒卵形，向基部渐狭；外果皮干燥后革质，沿纵棱裂开成 4 瓣；果核椭圆状卵形，有时侧扁，内果皮硬，淡黄褐色，隔膜内及壁内无空隙。花期 4～5 月，果实 9 月成熟。见于深山林间。

▲ 山核桃植株和果实

▲ 山核桃果核

用药经验 以树皮或果仁、果仁隔层入药。树皮煮水洗发，可使头发增黑、增加光泽；果仁煎水内服，可补脑；果仁隔层具有滋补作用，可用于治疗多梦、遗精。亦可食用。

杜仲 *Eucommia ulmoides* Oliver

形态特征 乔木，高达 20 m。树皮厚，灰褐色，折断拉开有细丝。嫩枝有黄褐色毛，后秃净，老枝有明显的皮孔。叶片薄革质，椭圆形或卵形，边缘有锯齿；叶片撕裂亦有细丝；叶柄阳面有槽，有长毛。雄花苞片汤匙形，顶端圆形，边缘有睫毛，雄蕊药隔突出，无退化雌蕊。雌花单生，苞片倒卵形，子房 1 室，扁长。翅果扁平，长椭圆形，基部楔形，周围具薄翅；坚果位于中央，稍突起。种子扁平、线形，两端钝圆。早春开花，秋后果实成熟。

用药经验 苗、侗族以树皮入药，苗族用法：将树皮与猪背柳肉同炖或将杜仲皮打成粉后抹在猪腰上蒸，具补肾功效（注：此用法中不能用铁刀、钢刀切肉，否则影响疗效）；取树皮，刮净外皮，捣烂，敷于患处，可止血。侗族用法：骨折，敷药后取生杜仲皮包裹骨折部位，起到固定扶正作用，同时兼有药效，效果优于石膏。

　　附注　当地有小规模栽培，主要分布在凯里、丹寨、施秉等地。

▲ 杜仲植株

▲ 杜仲翅果

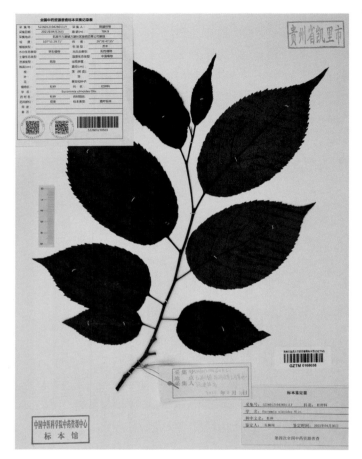

▲ 杜仲标本

地果 *Ficus tikoua* Bur.

　　异名　地枇杷、地瓜。

　　形态特征　木质藤本。匍匐茎上生细长不定根，节膨大。叶硬厚纸质，叶形变异较大，常见有卵形、椭圆形、琴形、舟形等；主脉从中部纵贯全叶，侧脉 3～5 对，常对生，阳面绿色或黄绿色，质地粗糙，叶脉内凹，有短刺毛或无毛；阴面绿白色，叶脉隆起，脉网较阳面更显眼，被柔毛或无毛；叶柄长 1～2 cm；托叶披针形。榕果常成对或簇生于匍匐茎上，半埋于土中，球形至卵球形，成熟果实朝阳一面深红色，多圆形瘤点；背阳一面白色。花期 5～6 月，果期 7 月。常生于荒地、草坡、田边、路边。

　　用药经验　苗族以果及叶入药，果、嫩叶生吃，可治嗝食饱胀；叶捣烂敷患处，可止血。侗族以茎叶及果入药，与淫羊藿一同煎水内服，治咳嗽；取果生吃，补虚。果实亦食用。

▲ 地果成熟榕果

▲ 地果标本

▲ 地果植株

荨麻 *Urtica fissa* E. Pritz.

异名　火禾麻、红禾麻。

形态特征　多年生草本，高 40～150 cm。全株疏生细刺，蜇人则引起过敏反应，疼痛异常。根状茎横走，茎自基部多出，四棱形。叶近膜质；宽卵形、椭圆形、五角形等；有掌状 3 深裂，裂片自下向上增大；边缘有牙齿状锯齿；基出脉 5 条；托叶卵圆形至圆形。雌雄同株，叶腋上部生雌花，下部生雄花；花序圆锥或穗状。雄花具短梗，花被片 4，裂片常矩圆状卵形；雌花小，退化后呈碗状，无柄，常白色透明；瘦果近圆形，稍向两侧凸出，芝麻大小，阳面有带红褐色的细疣点；花期 8～11 月，果期 9～12 月。常生于山沟、林缘或路旁阴湿处。

用药经验　苗族以根或根茎入药，常用于治疗上火、风湿等。根与甜酒同煮后食用，可治疗嘴角上火；根茎煮水泡脚、泡澡，用于风湿痹痛。侗族主要以全株入药，煎水内服，用于治疗糖尿病。荨麻的鲜嫩芽叶在南部侗族地区亦作食用，多清炒或涮火锅。

▲ 荨麻花穗

▲ 荨麻植株

▲ 荨麻标本

川桑寄生 *Taxillus sutchuenensis*（Lecomte）Danser

▲ 川桑寄生野生植株

异名 寄生、桑寄生。

形态特征 灌木。高 40～120 cm；嫩枝和叶密被褐色或红褐色星状毛，稀具叠生星状毛；小枝黑色，无毛，具散生皮孔。叶对生或互生，革质，卵形或椭圆形，基部近圆形，顶端钝圆，阳面无毛，阴面有绒毛。1～3 个总状花序密集呈伞形，生于小枝已落叶腋部或叶腋，花序和花均密被褐色星状毛；苞片卵状三角形；花红色，花托椭圆状。果椭圆形，两端钝圆，黄绿色，果皮具颗粒状体，被疏毛。花期 6～8 月。寄生于多种树上，多见于栎属、水青冈属树上，偶见于杉树上。

用药经验 侗族以全株入药，有舒筋活络、补肾强身功效。煮水擦洗患处，可用于关节屈伸不利等。

▲ 川桑寄生果实

▲ 川桑寄生叶

▲ 川桑寄生标本

金荞麦 *Fagopyrum dibotrys*（D. Don）Hara

异名 野荞麦、开心锁。

形态特征 多年生草本。根状茎木质化，黑褐色。茎直立，高 40～110 cm，有分枝，具纵棱，无毛。叶膜质，三角形，基部近戟形，顶端渐尖，边缘全缘，两面具乳头状突起或被柔毛。伞房状花序，顶生或腋生；苞片卵状披针形，每苞内具 2～4 花；花被长椭圆形，5 深裂，白色，花柱柱头头状。瘦果宽卵形，具 3 棱，长 6～8 mm，黑褐色，无光泽。花期 7～9 月，果期 8～10 月。常生于溪沟边、路旁或撂荒的耕地旁边。

用药经验 以根茎入药，用于治疗乳腺包块、咽喉肿痛、痈疮、瘰疬、肝炎、肺痈、筋骨酸痛、胃痛等。

附注 金荞麦和苦荞麦 *Fagopyrum tataricum*（L.）Gaertn. 形态相似，在当地药市偶有混用。

▲ 金荞麦野生植株

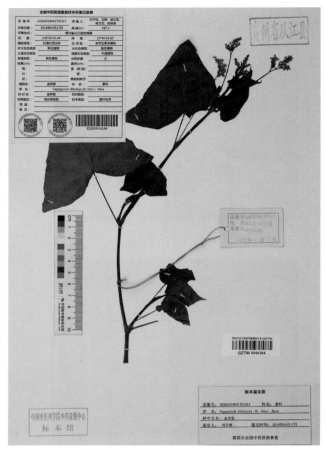

▲ 金荞麦标本

▲ 金荞麦茎秆

苦荞麦 *Fagopyrum tataricum*（L.）Gaertn.

▲ 苦荞麦植株

异名 野荞麦。

形态特征 一年生草本。茎直立，高 20～80 cm，有分枝，绿色或微呈紫色，有细纵棱，一侧具乳头状突起。叶宽三角形，两面沿叶脉具乳头状突起，下部叶具长叶柄，上部叶较小具短柄；托叶膜质，黄褐色，长约 5 mm。总状花序，顶生或腋生，花排列稀疏；苞片卵形，长 2～3 mm，每苞内具 2～4 花，花梗中部具关节；花被 5 深裂，白色或淡红色，花被椭圆形，长约 2 mm。瘦果长卵形，长 5 mm，具 3 棱及 3 条纵沟，上部棱角尖锐，下部钝圆或具波状齿，黑褐色，无光泽。花期 6～9 月，果期 8～10 月。常生于溪沟边、路旁或撂荒的耕地旁边。

用药经验 苗族常以根入药，煎水内服，有行气活血、清热解毒功效。用于治疗跌打损伤、蛇虫咬伤、腰腿痛等。治疗跌打损伤时，常同时取鲜品捣烂外敷。

▲ 苦荞麦花　　　　　　　　　　　　　　　　　▲ 苦荞麦果实

何首乌　*Fallopia multiflora*（Thunb.）Harald.

异名　野红薯。

形态特征　多年生草质藤本。块根肥厚，长椭圆形或不规则形，黑褐色。茎缠绕，多分枝，具纵棱，无毛，下部木质化。叶卵形或长卵形，基部心形或近心形，顶端渐尖，两面粗糙，全缘；有叶柄，托叶膜质。圆锥状花序，顶生或腋生，苞片三角状卵形，每苞内具 2～4 花；花被 5 深裂，白色或淡绿色。瘦果卵形，具 3 棱，黑褐色，有光泽，包于宿存花被内。花期 8～9 月，果期 9～10 月。生于山谷灌丛、山坡林下、沟边石隙。

用药经验　透骨香（滇白珠）、旱莲草（喜旱莲子草）、侧柏叶、桑叶、艾叶、黄精（包括当地产的多种黄精属植物，如多花黄精、黄精、滇黄精、湖北黄精等）、槲蕨、姜片，一同打粉后制成洗发水，有生发、乌发、防脱发等功效。侗族以块根入药，鲜品切片煮水后泡脚，可治脚臭、烂脚丫；取块根鲜品，煎水内服，有泄下作用，可治便秘；可用于治疗秃顶，用法：切片，晒干，煨水，取药汁煮甜酒吃，连续 1 个月左右，可长出头发。

本品有小毒，不可多食。炮制后无毒。

附注　当地大规模栽培，主要分布在从江、黎平、黄平等地。

▲ 何首乌植株　　　　　　　　　　　　　　　　▲ 何首乌块根

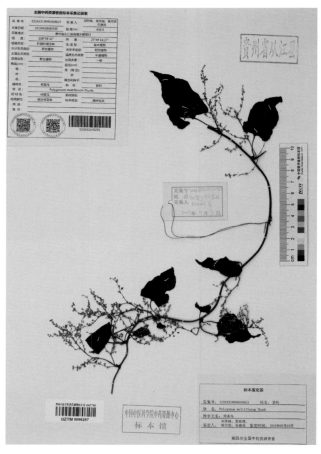

▲ 何首乌标本

萹蓄 *Polygonum aviculare* L.

▲ 萹蓄植株

▲ 萹蓄花

形态特征 一年生草本。茎平卧或直立,自基部多分枝,具纵棱。叶椭圆形或披针形,全缘,无毛;托叶鞘膜质,下部褐色,上部白色。花单生或数朵簇生于叶腋,遍布于植株;花被绿色,边缘白色或淡红色。瘦果卵形,具3棱,黑褐色,密被由小点组成的细条纹,无光泽。花期5～7月,果期6～8月。生于田边、路边或沟边湿处。

用药经验 侗族以全株入药,煎水内服,有利尿、排结石功效;捣烂外敷,可治疖疮。

头花蓼 *Polygonum capitatum*（Buch. -Ham. ex D. Don）H. Gross

异名 四季红。

形态特征 多年生草本。茎匍匐，丛生，多分枝，疏生腺毛或近无毛。叶卵形，基部楔形，顶端尖，全缘，边缘具腺毛，两面疏生腺毛，阳面有时具黑褐色新月形斑点；在短叶柄外有带腺毛的鞘筒状托叶。成熟花为红粉色，头状花序单生或成对于枝顶；花序梗具腺毛。瘦果长卵形，具3棱，黑褐色。花期6～9月，果期8～10月。常成片生长，生于山坡、山谷湿地。

用药经验 苗族以全草入药，有清热解毒功效。煎水内服，可治胰腺炎、肠炎；加甜酒捣烂，外敷，可治毒蛇咬伤；捣烂取汁，外搽，可治蚊虫叮咬、包块。

附注 当地有零星栽培，分布在丹寨和施秉等地。"施秉头花蓼"于2013年获得国家地理标志认证。

▲ 头花蓼野生植株

▲ 头花蓼花序

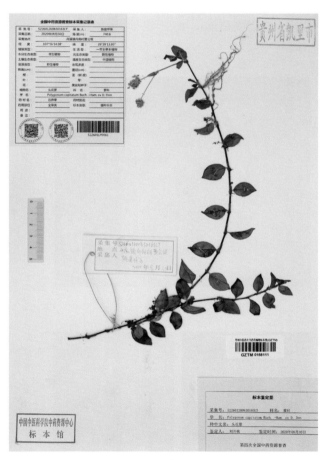

▲ 头花蓼标本

植物药资源

火炭母 *Persicaria chinensis* (L.) H. Gross

异名 花蝴蝶。

形态特征 多年生草本,株高50～90 cm。根状茎粗壮。茎直立,基部近木质。叶卵形或长卵形,基部截形或宽心形,顶端短渐尖,红色主脉明显凸起,边缘全缘,两面无毛,下部叶具叶柄;托叶鞘膜质,无毛,具脉纹,顶端偏斜。头状花序顶生或腋生,花序梗疏被腺毛;苞片宽卵形,花被5深裂,白色或淡粉色,裂片卵形,果时呈肉质,蓝黑色。瘦果宽卵形,具3棱,黑色,无光泽,宿存于花被。花期7～9月,果期8～10月。生于山谷湿地、山坡草地,或溪沟边。

用药经验 以芽头和根入药,芽头切细吞服,用于突发疼痛,如腹痛等。根炖肉食,可补气;根泡酒服用,可治跌打损伤;根捣烂外敷,用于治疗水火烫伤;与金银花(忍冬的花)一同煎水内服,有清热解毒功效。

附注 本种与赤胫散 *Polygonum runcinatum* var. *sinense* (Hemsl.) Bo Li 形态相近,难于分辨,在苗族地区,均称作"花蝴蝶",常混用。此类现象在当地民族药中很常见,我们称之为"药材基原的混用"。除因形态相近而造成混用外,也有因药效相近而混用的,也有因名称(当地俗名或中文名)相同或相近而混用的。

▲ 火炭母植株

▲ 火炭母花

▲ 火炭母果实

▲ 火炭母标本

基原的混用现象,不仅在少数民族用药中存在,在中药中也存在,但少数民族混用的数量比中药更多,范围也更广。对凯里市药材市场的调查统计发现,存在混用现象的药材在常见药材中占比达35.81%。

　　在侗族聚居的黎平县,认为"花蝴蝶"是特指一种形态类似火炭母,但叶片上有艳丽花斑、状若蝴蝶翅膀的植物。"花蝴蝶"还是黎平当地治疗跌打损伤常用药,用法为捣烂外敷兼煎水内服。

　　据《中国植物志》(1998)记载,火炭母有清热解毒、散瘀消肿功效;赤胫散有清热解毒、活血止血功效,与当地苗医的观点不尽相同。

▲ "花蝴蝶"植株

▲ 赤胫散植株

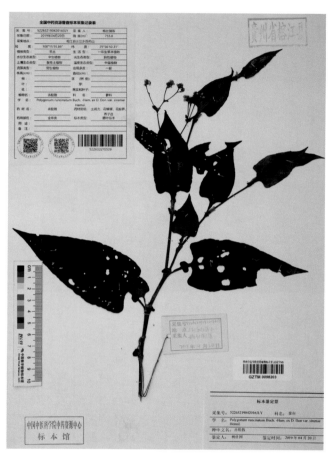

▲ 赤胫散标本

扛板归　*Polygonum perfoliatum*(L.)H. Gross

　　异名　水稻穗、蛇倒退。

　　形态特征　一年生草本。攀援茎长 50～200 cm,多分枝,具纵棱,棱上有倒生皮刺。叶三角形,薄纸质;叶阳面绿色,无毛,叶脉羽状;阴面绿白色,沿叶脉疏生皮刺。叶柄与叶片近等长,生皮刺。托叶圆形或近圆形,常见茎干从中穿过。短穗状总状花序不分枝,顶生或腋生;花被 5 深裂;白色或淡红色;花被片在果时增大呈肉质,深蓝色。瘦果为黑色球形;略小于黄豆;有光泽;宿存于花被内。花期6～8月,果期7～10月。常生于林缘、路边灌丛中。

▲ 扛板归花序

▲ 扛板归果穗

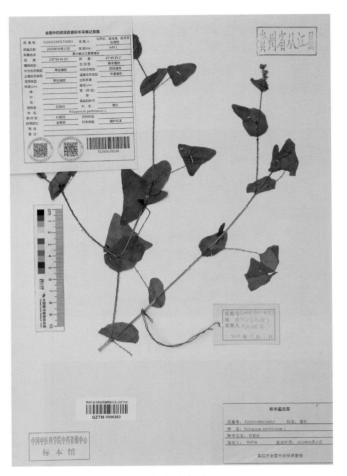

▲ 扛板归标本

用药经验 苗族以全株入药,有清热功效。煮水洗浴,或全株晒干后打成粉用茶油调匀搽拭患处,有清热、止痒功效,可治疗皮肤瘙痒、蛇丹疮、疱疹等。

▲ 扛板归"母株"

在锦屏县一些侗族村寨,本种加八角莲 *Dysosma versipelli*（Hance） M. Cheng ex Ying.、半边莲 *Lobelia chinensis* Lour.、独角莲（七叶一枝花 *Paris polyphylla* Smith)一起捣烂外用,用以治蛇伤。在锦屏县皮所村一带(侗族村寨)流传扛板归治蛇伤方子:被蛇咬伤后,急取绳索或软的植物茎藤捆住伤口以上靠心脏部位(用长头发捆效果最好),减缓血液向心脏流动,然后取扛板归鲜药捣烂外敷。若有老烟斗,同时取烟斗内烟垢内服兼外敷,效果更佳。

附注 本种在侗族地区是治蛇伤要药。

本种植株常有变异,最常见的变异是植株颜色,有红、青(白)两种。茎叶颜色偏红者为"公株",偏青(白)者为"母株"。以上两种治蛇伤的用法,皆用公株。又有药师认为公株专治五步蛇咬伤,母株专治烙铁头和眼镜蛇咬伤。还有药师认为红者为蛇倒退，青（白）者为扛板归。对扛板归的这些不同认识，生动反映了黔东南地区各地群众对药物认识的差异性。

用药方法上，扛板归治蛇伤时可用单味药，亦可单味药加老烟垢，还可以与八角莲、半边莲、七叶一枝花进行较复杂的配伍。若时间紧急或条件不具备，对伤口作简单清理即用药；若条件和时间允许，则会先对伤口进行仔细清理：先清除伤口异物，看看有无断牙；再将伤口置于流水中，扩展牙口，用力挤出毒血；最后用绳索捆扎伤口近心端约 20 cm 处。这种用药配伍的灵活性，以及实施救治时的灵活性，是当地民族药的重要特征。因而，经验丰富的老侗医在治病救人中常常因人、因病、因时而异，一人一方，一病一方，一时一方，灵活应对，绝不呆板和教条。

▲ 扛板归"公株"

在过去，当地交通条件差，医院就医条件差，出现蛇伤一般都是当地民间草医救治，现代则一般送医院救治。据锦屏有多年治蛇伤经验的一位草医介绍，在 20 世纪七十年代后期至八九十年代，他治疗蛇伤近 200 例。但近年来治蛇伤的病案越来越少，多时一年一两例，少时几年没有一例。这种情况，使得民间草医的临床经验越来越难积累，年轻人接触实际病例的机会十分稀少，一些治蛇伤的方剂面临失传。

虎杖 *Reynoutria japonica* Houtt.

▲ 虎杖野生植株

异名　酸汤杆、酸筒杆、活血莲、阴阳莲。

形态特征　多年生草本，根状茎粗壮，表皮和横切面黄色，横走，有节。根表皮红色，横切面黄色，向地底下伸长，中部常膨大。株高常 1～3 m，偶见 4 m 以上者；茎直立，空心，无毛，散生红色或紫红色不规则斑点。叶宽卵形或卵状椭圆形，草质、纸质，或近革质，顶端渐尖，截形或近圆形，基部宽楔形，边缘全缘，疏生小突起，两面无毛；具叶柄。雌雄异株，花序圆锥状，腋生。瘦果卵形，具 3 棱，黑褐色，有光泽。花期 8～9 月，果期 9～10 月。虎杖适应性强，喜阴湿，也耐旱。

用药经验　以根状茎入药，有清热解毒功效。煎水内服，可治蛇伤、肝炎、胆囊炎；过劳造成筋骨酸痛、乏力时，取虎杖根、地棯根、山莓根，洗净，加猪蹄一只，炖烂食用，有助于体力恢复。妇女坐月子期间用其炖鸡、炖肉食，可帮助产后恢复，并预防产后后遗症。又是侗族治蛇咬伤要药，用法为煎水内服兼捣烂外敷。侗族古法配制的染料，其主料为蓝靛，易腐败变质（称"死靛"）。在未发生"死靛"前加入虎杖根，可预防"死靛"；"死靛"发生的初期加入虎杖，可使"死靛""复活"。

▲ 虎杖果穗　　　　　　　　　　　▲ 虎杖茎

附注　当地侗族以勤俭持家、吃苦耐劳著称，自古善于耕种、造林，长时间从事高强度体力劳动，因而侗医在强筋骨、恢复体力，以及护理产妇和幼儿等方面有丰富经验，在民间公开流传和使用的相关药方亦较多，虎杖即常用配伍药之一。

虎杖嫩梢在当地多个民族中除药用外，亦作食用。有生津功效，口渴时剥皮食用，可解渴；又可当野菜炒食，味微酸。

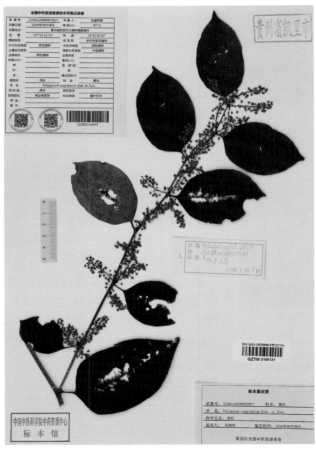

▲ 虎杖标本

商陆 *Phytolacca acinosa* Roxb.

异名 香萝卜。

形态特征 多年生草本,株高 50～170 cm,全株无毛。肉质根肥大,倒圆锥形,外皮淡黄色或灰褐色,剥面黄白色。茎圆柱形,多分枝,肉质,直立,有纵沟,绿色或红紫色。叶片薄纸质,椭圆至披针状椭圆形,大小不等,多数似成人手掌大小,基部楔形,渐狭,顶端急尖或渐尖,阴面中脉凸起;叶柄长 1.5～3 cm,粗壮,阳面有槽,阴面半圆形,截面似月牙。总状花序直立,顶生或与叶对生,密生多花呈圆柱状;花被片白色,椭圆形、卵形或长圆形。果序直立;浆果扁球形,熟时黑色;种子肾形,黑色,具 3 棱。花期5～8 月,果期 6～10 月。生于山坡林下、林缘、路旁等。当地分布稀少。

用药经验 侗族以根入药,精神不振、羸弱、消瘦,取根炖鸡食用,有滋补功效。本品有小毒,可能引起腹泻甚至导致人体脱水,孕妇禁用。

▲ 商陆植株

▲ 商陆花穗

▲ 商陆果穗

▲ 垂序商陆植株

附注 当地产商陆和垂序商陆 *Phytolacca americana* L.,形态极相似,当地一般不做区分,都作为药材"香萝卜"的基原。鉴别特征:垂序商陆心皮连合,果序成熟后下垂;商陆心皮分离,果序成熟后仍直立。垂序商陆分布甚多,商陆极少见。商陆和垂序商陆均存在形态变异,有茎秆为紫红色者,当地称为"红萝卜";有茎秆为白绿色者,当地称为"白萝卜"。当地一些民间药师认为"红萝卜"有毒,不可内服;"白萝卜"毒性较小,可适量内服。

▲ 垂序商陆花穗

▲ 垂序商陆果穗

▲ 垂序商陆标本

紫茉莉 *Mirabilis jalapa* L.

异名 胭脂花、水耗子。

形态特征 一年生草本,株高 50～120 cm。黑色或黑褐色根肥粗,倒圆锥形。茎直立,圆柱形,多分枝,无毛,节稍膨大。叶片卵形或卵状三角形,基部截形或心形,顶端渐尖,全缘,两面均无毛,脉隆起。花常数朵簇生枝端,高脚杯状,花被白色、紫色、红色、黄色或杂色,以白色和紫色最常见;一般午后开放,次日午前凋萎。瘦果球形,革质,黑色,阳面具皱纹;种子胚乳白粉质。花期 6～10 月,果期 8～11 月。常作绿化植物栽培于各地。

用药经验 苗、侗族皆以根入药,苗族煎水内服,用于治疗妇女白带过多。侗族煎水内服,有和血调经功效,可用于治疗月经不调;磨醋外搽,可治感染性皮肤过敏。

▲ 紫茉莉植株

▲ 紫茉莉肉质根

▲ 紫茉莉各色花

植物药资源 »»»»»

马齿苋 *Portulaca oleracea* L.

异名 马齿汗、红马齿。

形态特征 一年生草本,光滑无毛。茎圆柱形,伏地铺散,多分枝,全绿或带暗红。叶柄粗短。叶互生,稀对生,叶片扁平,肥厚,形似马齿,基部楔形,顶端圆钝,全缘,阳面深绿色,阴面颜色同于茎秆且中脉微隆起。花无梗,常3～5朵簇生枝端,午时盛开;花瓣黄色,倒卵形,顶端微缺,基部合生。蒴果卵球形;种子细小,多数。花期5～8月,果期6～9月。喜肥沃土壤,适应性强,耐旱亦耐涝,生于菜园、农田及路旁,为田间常见杂草。

用药经验 以茎叶或全株入药,茎叶切碎后与鸡蛋清拌匀蒸食,可治小儿疳证;全株与藿香煎水内服,可用于排瘀血和内气;全株捣烂后敷于患处,可治跌打损伤、接骨。侗族亦常用本种,以全草入药,煎水内服,治腹泻。

附注 本种与凹叶景天 *Sedum emarginatum* Migo.、费菜 *Phedimus aizoon* (Linnaeus)'t Hart. 均常用于治疗跌打损伤,故常相互替代。这是民族药中基原混用的又一个例子。

马齿苋和凹叶景天形态接近,在当地均称为"马齿汗",易混淆。其分辨特征主要在花和叶。马齿苋叶互生，有时近对生，叶片扁平，肥厚，倒卵形，似马齿状，顶端圆钝或平截，中脉微隆起；凹叶景天叶对生，匙状倒卵形至宽卵形，先端圆，有微缺。马齿苋花瓣倒卵形，顶端微缺，基部合生；凹叶景天花瓣线状披针形至披针形，顶端锐尖，基部合生。

▲ 马齿苋花形

▲ 马齿苋植株

土人参 *Talinum paniculatum*（Jacq.）Gaertn.

▲ 土人参植株

形态特征 一年生或多年生草本，全株无毛，高 50～110 cm。主根粗壮，膨大成细长的块状，形似不规则的细长胡萝卜，块根表皮黑褐色，断面乳白色。茎直立，肉质，基部近木质，多少分枝，圆柱形，有时具槽。叶互生或近对生，稍肉质，倒卵形或倒卵状长椭圆形，长 6～12 cm，宽 2～7 cm，顶端急尖，有时微凹，具短尖头，基部狭楔形，全缘；具短柄或近无柄。圆锥花序顶生或腋生，较大形，常二叉状分枝，具长花序梗；花小；总苞片绿色或近红色，圆形，顶端圆钝；苞片 2，膜质，披针形，顶端急尖；花梗较短；萼片卵形，紫红色，早落；花瓣粉红色或淡紫红色，长椭圆形、倒卵形或椭圆形，顶端圆钝，稀微凹；雄蕊多数，比花瓣短；花柱线形，基部具关节；柱头 3 裂，稍开展；子房卵球形。蒴果近球形，3 瓣裂，坚纸质；种子多数，扁圆形，黑褐色或黑色，有光泽。花期 6～8 月，果期 9～11 月。常生于阴湿地。

用药经验 苗族以全株入药，捣烂敷于患处，用于治疗跌打损伤。其幼嫩地上部分亦可当蔬菜食用。

▲ 土人参块根

▲ 土人参花

孩儿参 *Pseudostellaria heterophylla*（Miq.）Pax

异名 太子参。

形态特征 多年生草本，高 10～25 cm。块根长纺锤形；白色，略灰黄。茎直立；单生，下部常为红色，上部常为绿色。叶对生，卵形或纺锤形；两面绿色，主脉明显，从中部纵贯全叶，沿脉疏生柔毛。花有开放花和闭锁花两种形态。开花受精花腋生，单生或成聚伞花序，花梗长 1～2 cm，被柔毛；萼片 5，披针形，长约 5 mm，疏被柔毛，具缘毛；花瓣 5，白色，长圆形或倒卵形，长 7～8 mm，全缘，顶端微凹；雄蕊 10 个；花柱 3 枚，柱头头状。闭花受精花具短梗；萼片 4，疏被柔毛；无花瓣；雄蕊 2 个，花柱 3 枚；聚伞花序腋生或顶生；花梗、萼片疏生短柔毛；萼片 5，狭披针形；花瓣 5，白色，长圆形或倒卵形；雄蕊 10，短于花瓣；花柱 3，微长于雄蕊；柱头头状。蒴果宽卵形，内含种子。种子褐色，扁圆形，具疣状凸起。花期 2～7 月，果期 5～8 月。

▲ 孩儿参植株

用药经验 以块根入药，有益气健脾，生津润肺功效。煎水内服或用以熬粥食用，可治疗脾气虚弱、

▲ 孩儿参闭锁花

▲ 孩儿参闭锁花发育而成的种子

▲ 孩儿参开放花发育而成的种子

胃阴不足引起的厌食、口渴、体弱等。当地少数民族亦作食用,熬粥或炖鸡、炖肉食用,有消食、滋补等功效。

附注 孩儿参原产于江苏、安徽和山东等地。当地大约于1991年首次引进种植,适应性好,品质优,逐渐成为全国主产区,年产量和产值均占到全国的三分之一,其种植面积在当地栽培中药材品种中排名第二,产值排名第一。主要分布在施秉、黄平、岑巩、镇远等地。"施秉太子参"于2012年获国家地理标志认证。

▲ 孩儿参药材

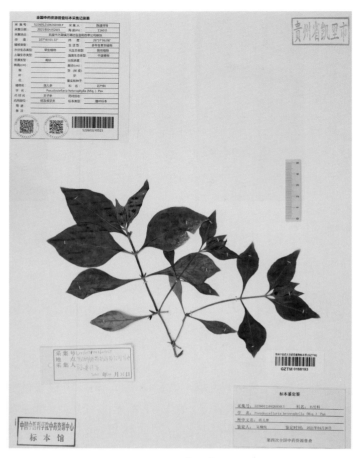

▲ 孩儿参标本

红柳叶牛膝 *Achyranthes longifolia* f. *rubra* Ho

异名 红牛膝。

形态特征 多年生草本;根圆柱形,淡红色至红色;茎分枝对生,有棱角,或四方形,绿色或带紫色。叶片披针形或宽披针形,顶端尾尖,阳面深绿色,阴面紫红色至深紫;叶柄有柔毛。穗状花序顶生及腋生,花序带紫红色;总花梗有白色柔毛;花多数,密生。胞果矩圆形,黄褐色,光滑。种子矩圆形,黄褐色。花果期9~11月。生于山坡林下。

用药经验 以根入药,泡酒服用或外擦,可用于跌打损伤、风湿关节炎;根捣烂敷于患处,用于摔伤、打伤。取根炖猪肘,有滋补功效,用于产后恢复。

附注 本种与牛膝 *Achyranthes bidentata* Blume 形态相近,在当地常混用,或相互替代。二者的分辨特征主要在根和叶。红柳叶牛膝根淡红色至红色;叶片阳面深绿色,阴面紫红色至深紫色。而牛膝根土黄色;叶片阳面绿色,阴面绿色或浅绿色。

▲ 红柳叶牛膝

形态相似的药材,在当地常被认为有相似的药效,红柳叶牛膝与牛膝是其中一例。

当地包括苗族和侗族在内的多个少数民族,在用药中均有偏爱红色的观念,即形态相似的植物,若其中某种或某几种带有红色,则被认为药效更强。因此,相比于牛膝,红柳叶牛膝在当地被认为是更好的药材。这是过去在缺乏科学检测手段的情况下,当地少数民族用感官评价药材质量的一种方法。

▲ 药材"红牛膝"

▲ 牛膝花序

▲ 红柳叶牛膝花序

▲ 牛膝植株

喜旱莲子草 *Alternanthera philoxeroides*(Mart.)Griseb.

异名 水花生、旱莲草。

形态特征 多年生草本;茎基部匍匐,上部上升,管状,表面有浅的槽和棱,长 20～110 cm,具分枝,茎老时无毛。茎上有节,节上着生对生的两片叶,茎中下部的节上同时生白色的根。叶片纺锤形,两端急尖或圆钝,长 2～5 cm,宽 0.7～2 cm,基部渐狭,全缘,两面无毛;叶柄长 3～10 mm,无毛或微有柔毛。花单生,一般着生于茎顶端倒数第二节的叶腋,密生成具总花梗的头状花序,球形,直径 0.8～1.5 cm;苞片及小苞片白色,顶端渐尖,具 1 脉。花期 5～10 月。生于水塘边、田边,或路边、林缘阴湿处。

▲ 喜旱莲子草花、叶

用药经验 侗族以全草入药,捣烂外敷或绞汁外搽患处,可治疗疮。嚼烂敷伤口,可止血、治刀伤。

因<u>止血</u>效果显著，号称"止血王"。

▲ 喜旱莲子草全株

鸡冠花 *Celosia cristata* L.

形态特征　一年生草本，高1.5～2 m。茎干红色，直立有纵纹。叶片卵形、卵状披针形或披针形，长4～20 cm，宽2～9 cm；绿色、红色或略带红色；阳面主脉清晰，不凸出，阴面有清晰的脉网凸出。穗状花序常成鸡冠状、卷冠状或羽毛状，大花序下面有数个圆锥状小分枝，表面羽毛状；花被片有红、紫、白、橙或红黄相间等色。花期4～9月，果期7～10月。各地均有零星栽培。

▲ 鸡冠花植株

▲ 鸡冠花药材

用药经验　以花或全株入药，煎水内服，治疗女性月经不调、下体异味，或痢疾引起的便血等。与当归、熟地、川芎、白芍一同煎水内服，具有补血养颜功效。

▲ 鸡冠花标本

黑老虎 *Kadsura coccinea*（Lem.）A. C. Smith

异名 大血藤、布福娜。

形态特征 藤本，全株无毛。叶革质，绿色有光泽，近肉质，长圆形，长 5～20 cm，宽 3～10 cm，先端钝或短渐尖，基部宽楔形或近圆形，全缘，侧脉每边 5～7 条，网脉不明显；叶柄长 1～3 cm。花单生于叶腋，稀成对，雌雄异株；雄花：花被片红色，中轮最大 1 片椭圆形；花托长圆锥形。雌花：花被片与雄花相似，花柱短钻状，顶端无盾状柱头冠，心皮长圆体形。聚合果近球形，未成熟时绿色，随着成熟度加深，颜色由粉红到深红到紫红色依次变化。花期 4～7 月，果期 7～11 月。生于林中或林缘。

用药经验 苗、侗等少数民族以茎木和根入药，有行气活血、舒筋活络等功效。可治风湿骨痛、跌打损伤。果成熟后味甜，可食。在从江、黎平、锦屏等地作为水果栽培，人工培育产出的聚合果称"布福娜"。"布福娜"为苗语音译，意为"美容长寿之果"。

▲ 黑老虎花形

▲ 黑老虎果实

　　附注　在锦屏、剑河和天柱交界的侗族地区,冷饭藤 *Kadsura oblongifolia* Merr.、南五味子 *Kadsura longipedunculata* Finet et Gagnep. 和黑老虎的聚合果都是当地常见的野果。当地人称冷饭藤和南五味子的聚合果为"老阳",称黑老虎的聚合果为"老阳老"。"老阳"的"老"和"老阳老"的第一个"老"可能是语气词,而"老阳老"的第二个"老"为大之意,"老阳老"意为大"老阳"。可见当地人认为这三个物种有近亲关系,在食用和药用中常相互代替。

　　药材黑老虎和药材大血藤 *Sargentodoxa cuneata*（Oliv.）Rehd. et Wils. 在当地常以整段茎木的形式上市销售,从整段茎木的外观看,两种药材相近,故缺乏经验者容易混淆。看横切面可以区分:大血藤茎部横切面有放射状的红色花纹,而黑老虎没有。

▲ 黑老虎茎部横切面

▲ 大血藤茎部横切面

南五味子 *Kadsura longipedunculata* Finet et Gagnep.

　　异名　小血藤、五香血藤。
　　形态特征　藤本。叶长圆状披针形、倒卵状披针形或卵状长圆形,先端渐尖或尖,基部狭楔形或宽楔

▲ 药材"五香血藤"

▲ 南五味子果实

形,边有疏齿;阳面绿色有光泽,主脉明显,具淡褐色透明腺点,阴面淡绿色,叶柄长 0.6～2.5 cm。藤条红褐色有纵纹。花单生于叶腋,雌雄异株;雄花:花被片白色或淡黄色,中轮最大 1 片椭圆形;花托椭圆体形;雌花:花被片与雄花相似。聚合果球形,小浆果倒卵圆形,外果皮薄革质,干时显出种子。花期 6～9 月,果期 9～12 月。生于山坡、溪沟、林中。

用药经验 苗族以全株入药,煮水洗浴,有通经络、祛风湿、止痒、安神等功效。侗族以根入药,用于散气镇痛;妇女产后"痛空肚子",取根煎水,滴入公鸡血内服,可止痛。

猴樟 *Camphora bodinieri*（H. Lév.）Y. Yang, Bing Liu & Zhi Yang

异名 香樟。

形态特征 乔木,高达 12 m;树干和树枝圆柱形,表皮粗糙,灰黑色,无毛,嫩时绿色。叶互生,卵圆形或纺锤形,先端短渐尖,基部宽楔形;小者有 3 指长,2 指宽,大者 4 指长,3 指宽;坚纸质,阳面绿色,光亮,阴面绿白色;两面脉网清晰,侧脉每边 4～6 条,最基部一对近对生,其余互生;叶柄长 2～3 cm,腹凹背凸。圆锥花序在幼枝上腋生或侧生,长 5～15 cm,总梗圆柱形,长 4～7 cm,无毛。花绿白色,甚小,花冠整体直径约 5 mm,

▲ 猴樟花

▲ 猴樟果实

▲ 猴樟植株

花瓣在同一平面开张成圆形,有八瓣,四长四短相间。果球形,直径 6～8 mm,先为绿色,后转乌黑色,表面光滑;果托浅杯状,顶端宽 6 mm。花期 4～6 月,果期 7～10 月。生于路旁、疏林间或灌丛中,当地多作行道树栽培。

用药经验 侗族以枝叶入药,煎水内服,可治头痛。瑶族以枝叶入药,是药浴必备配方药之一,有增香提神解表等功效。

附注 当地樟属植物除猴樟外,还有樟 *Camphora officinarum* Nees ex Wall.、黄樟 *Camphora parthenoxylon* (Jack) Nees、尾叶樟 *Camphora foveolatum* (Merrill) H. W. Li & J. Li、云南樟 *Camphora glanduliferum* (Wall.) Nees 等多种。这些物种形态相近,唯叶片大小差异较明显。内服时,一般限用樟、黄樟和猴樟;药浴时都可使用。

山胡椒 *Lindera glauca* (Siebold et Zucc.) Blume

异名 雷公槁、春天雷。

形态特征 落叶灌木,高 1.5～6 m;茎、枝表皮土灰色、土黄色或灰白色;多分枝,从最低分枝处以上,主茎不明显。叶互生,纸质,宽椭圆形或椭圆形,长 4～10 cm,宽 2～6 cm;嫩时黄绿色或稍带红色,两面被短柔毛,质地柔软;老时阳面深绿色,光滑、有光泽,阴面淡绿色或白色,质地脆硬;羽状脉,阳面主脉清晰、不凸出,阴面有细而清晰的脉网凸出;叶枯后转红色,当年不落,翌年新叶萌出时方落。伞形花序腋生,花被片黄色。果球形,表面光滑、有光泽;先为绿色、有白色斑点,熟时乌黑色。花期 3～4 月,果期 7～9 月。生于林缘灌丛中、荒坡上、路边。

▲ 山胡椒果实

▲ 山胡椒嫩梢

▲ 山胡椒老叶

用药经验　侗族以根入药,有祛风散气功效,加石菖蒲煎水内服,治顽固性头痛。

▲ 山胡椒标本

山橿　*Lindera reflexa* Hemsl.

异名　大果木姜、米槁。

形态特征　落叶灌木,高1~3m。地上部分生长2~3年后干枯又从根部萌出新植株。茎下部表皮棕褐色,有纵裂及斑点;茎上部及枝条表皮绿色,光滑、无皮孔。冬芽长角锥状,芽鳞红色。叶纸质,互生,通常卵形或倒卵状椭圆形,有时为狭倒卵形或狭椭圆形,不同植株的叶片大小差异较大,长5~16cm,宽2.5~10cm,先端渐尖,基部圆或宽楔形,阳面绿色,阴面绿白色,羽状脉。小叶型植株的叶片质地较硬,光滑;大叶型植物的叶片质地较软,常两面密生短绒毛。花先于展叶前开放,伞形花序着生于叶芽两侧各一,具总梗,长约3mm,红色。花被片黄色,椭圆形。果球形,未成熟时为绿色,熟时红色。花期3~4月,果期5~8月。生于山谷、山坡林下或灌丛中。

用药经验　侗族以果入药,煎水内服,有散气功效,治气喘、胸闷、气急。亦食用,果或枝条常作调料,可去油腻、增香味、增食欲。

附注　当地较大规模栽培,分布在从江、榕江、锦屏等地。

▲ 山楂花、果及植株

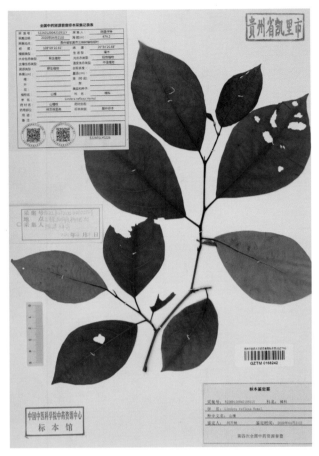

▲ 山楂标本

山鸡椒 *Litsea cubeba*（Lour.）Pers.

异名 木姜子。

形态特征 落叶灌木或小乔木。幼树树皮黄绿色，光滑，老树树皮灰褐色。小枝细长，绿色，枝、叶具芳香味。叶纸质，互生，披针形或长圆形，先端渐尖，基部楔形，阳面深绿色，阴面绿白色，羽状脉纤细，中脉、侧脉在两面均突起；有叶柄，纤细。不同植株叶片大小差异较大，宽2～5 cm，长5～10 cm；小叶型植株的叶片质地较硬，光滑无毛；大叶型植株的叶片质地较软，双面密生短绒毛。伞形花序单生或簇生，总梗细长；苞片边缘有睫毛；每一花序有花4～6朵，先叶开放或与叶同时开放。果近球形，幼时绿色，成熟时黑色，先端稍增粗。花期2～3月，果期7～8月。常生于灌丛中、林缘、溪边。百姓田间地头、房前屋后多有栽种。

用药经验 以果实入药，生吃果实，可用于治疗胃病。作药用时，可以用鲜果，亦可用干燥果实。

附注 山鸡椒在当地为药食两用，除药用外，多作调料用。制作凉拌或当地传统美食酸汤时必用；烹制其他菜肴时，加入山鸡椒果实，可去腥增香。作调料用时，或用鲜果，或用干燥果，视菜品而定。

▲ 山鸡椒果实

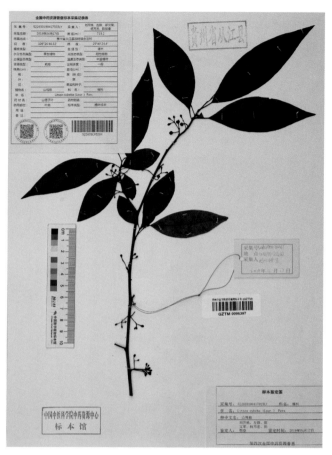

▲ 山鸡椒植株

▲ 山鸡椒标本

乌头 *Aconitum carmichaelii* Debeaux

异名 耗子头。

形态特征 草本,块根倒圆锥形,表皮黄色略带黑色,末端细长似老鼠尾巴。茎中部之上疏被反曲的短柔毛,等距离生叶,分枝。茎下部叶在开花时枯萎。茎中部叶有长柄;叶片薄革质或纸质,五角形,基部浅心形三裂达或近基部,中央全裂片宽菱形,有时倒卵状菱形或菱形,急尖,有时短渐尖近羽状分裂;叶柄疏被短柔毛。顶生总状花序;萼片蓝紫色,花瓣无毛,通常拳卷。菁葖果;种子三棱形,只在2面密生横膜翅。9～10月开花。生于山地草坡或灌丛中。

▲ 乌头块根

用药经验 苗族以块根入药,用于跌打损伤、消食不通,外用于风湿麻木。侗族以块根入药,用生品磨出浆,涂于淋巴处,可治淋巴结;涂抹于皮肤上,有局部麻醉作用。取鲜块根捣烂放入茅坑内,可杀粪蛆。

生品有大毒。

附注 用其泡酒,7 日后才可入药,3 年后才可饮用。苗族认为乌头的毒性主要作用于喉部,有封喉作用。不切开直接吞到胃部,有毒成分不与喉管接触,则不中毒;侗族认为此物久煮则变为无毒。以现代观点解释,久煮后乌头中有毒的乌头碱被分解,毒性消失。

▲ 乌头植株

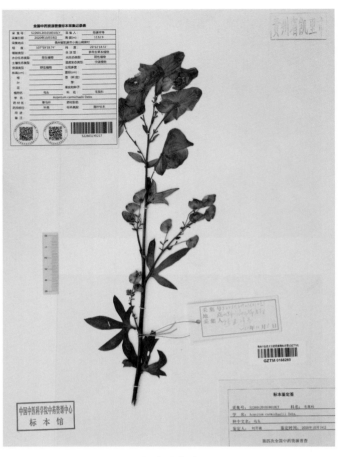

▲ 乌头标本

打破碗花花 *Anemone hupehensis* Lem.

异名 野棉花、白杆野棉花菜。

形态特征 多年生草本,株高可达 1.2 m。根状茎斜或垂直,粗壮,表皮偏黑色。茎被白色柔毛,有分枝。基生叶 3～5,有长柄,叶柄下半部常带紫红色,上半部绿色,常为三出复叶;小叶卵形,不分裂或 3～5 浅裂;边缘有锯齿,两面有疏糙毛。聚伞花序,苞片有柄;花梗长,有密或疏柔毛;紫红色或粉红色,倒卵形;雄蕊长约为萼片长度的 1/4;花药黄色,椭圆形;花丝丝形;柱头长方形。聚合果球形。花期 7～10 月。常生于疏林下、林缘及路旁杂草间。

用药经验 苗、侗族以全株或叶片入药,常用于消毒、止痛。煮水清洗患处,可治疗皮肤瘙痒。取叶片,揉碎,搽患处,可解蜂毒。取叶片捣烂包敷于手腕,可治牙痛(治牙痛

▲ 打破碗花花和野棉花植株

时,左侧牙痛包右手腕,右侧牙痛包左手腕)。植株有小毒,使用时需控制用量和用药时间。

　　附注　野棉花 *Anemone vitifolia* Buch. -Ham. 和打破碗花花为同属植物,形态相似,极难分辨,当地又将二者均称为野棉花,故常混用。两种药材均有毒,如服用过量会出现中毒现象。二者的鉴别特征:野棉花有 2～5 片基生叶,叶单生,萼片白色或带粉红色;打破碗花花常为三出复叶,萼片紫红色或粉红色。

　　野棉花以根入药,煎水内服或以温水冲服,可治疗痢疾。切取小片置口中咀嚼,可治腹痛。

▲ 打破碗花花和野棉花叶片

▲ 打破碗花花标本

威灵仙　*Clematis chinensis* Osbeck

　　形态特征　木质藤本。干后变黑色。全株近无毛或疏生短柔毛。一回羽状复叶有 5 小叶,有时 3 或 7;小叶片纸质,卵形至卵状披针形,或为线状披针形、卵圆形,顶端锐尖至渐尖,偶有微凹,基部圆形、宽楔形至浅心形,全缘;叶片阳面绿色,阴面白绿色。常为圆锥状聚伞花序,多花,腋生或顶生。瘦果扁,卵形至宽椭圆形,有柔毛,有宿存花柱。花期 6～9 月,果期 8～11 月。生于疏林下、灌丛中或沟边、路旁草丛中。

　　用药经验　苗族以根及藤茎入药,有通经活络功效,煎水内服或泡酒后服用,用于活血化瘀、治疗腰椎间盘突出。侗族以根入药,取根煎水内服,有舒筋活络、散血止痛的功效。取根配柴胡、郁金香、虎杖 *Reynoutria japonica* Houtt. 、大黄、黄栀子(栀子 *Gardenia jasminoides* Ellis)、穿破石等,煎水内服,用于治疗胆石症。

▲ 威灵仙叶序和花形

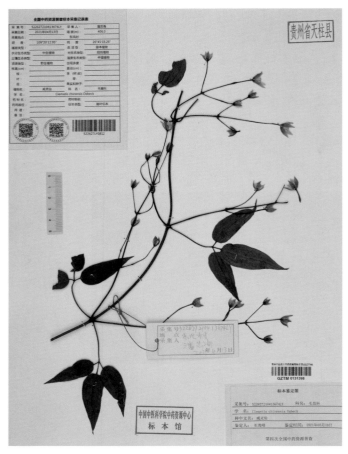

▲ 威灵仙茎藤

▲ 威灵仙标本

天葵 *Semiaquilegia adoxoides*（DC.）Makino

异名 耗子屎、千年耗子屎。

形态特征 多年生草本,株高 10～35 cm,根状茎外皮棕黑色,椭圆形。茎有分枝,被稀疏白柔毛。基生叶为掌状三出复叶,有长叶柄,小叶菱形或扇形,3 深裂,深裂片又有 2～3 个小裂片;叶片阳面绿色,阴面紫色。白色小花顶生或腋生,萼片白色或带淡紫色,椭圆形,花瓣匙形,雄蕊线状披针形,与花丝近等长。种子卵状椭圆形,褐色至黑褐色,形状像芝麻,表面有许多小瘤状突起。花期 3～4 月,果期4～5 月。生于疏林下、田野荒地、路旁或山谷中。

用药经验 苗族以全草或块茎入药,全草煎水内服,用于治疗胃痛、消化不良、胆结石等胃肠道疾病。取块茎捣烂敷于患处,用于治疗九子疡、跌打扭伤、骨折、毒蛇咬伤、惊风等;块茎用盐水泡一夜,研末,用开水吞服,可治胃痛、消化不良、胆石症等胃肠道疾病。

▲ 天葵根

贵州黔东南药用资源图志

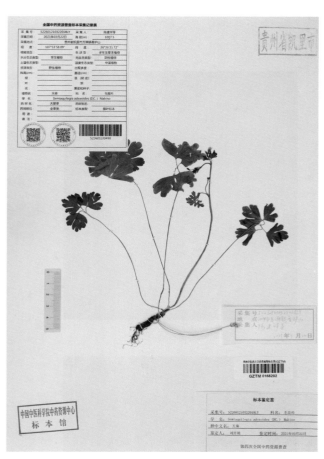

▲ 天葵植株　　　　　　　　　　　　▲ 天葵标本

多枝唐松草　*Thalictrum ramosum* Boivin

异名　水黄莲。

形态特征　多年生草本,高 15～70 cm。全株无毛。根皮黄色。茎有纵槽,自基部之上分枝。基生叶数个,与茎下部叶有长柄,为二至三回三出复叶;叶片长 7～15 cm;小叶草质,宽卵形、近圆形或宽倒卵形,顶端钝,有短尖,基部圆形或浅心形,不明显三浅裂,边缘有疏钝齿,阳面叶脉不凸出,阴面叶脉稍隆起,网脉明显,基部有膜质短鞘。复单歧聚伞花序圆锥状;花梗细长,长约 1 cm。瘦果狭卵形或披针形,无柄。花期 4 月,果期 5～6 月。生于山地草坡、溪沟旁或林缘。

▲ 多枝唐松草花

　　用药经验　苗族以根入药,有清热解毒、利湿退黄、利水消肿、清肝明目等功效。煎水内服,用于治疗黄疸、肝炎、脱水、水肿、红眼病、痢疾、肾虚腰痛等;捣烂外敷,用于治疗痈疽肿毒。侗族以全草入药,煎水内服,用于治疗痢疾、肠炎、传染性肝炎、感冒、结膜炎等;捣烂外敷,用于治疗麻疹、痈肿、疮疖等。

附注 当地有唐松草 *Thalictrum aquilegiifolium* var. *sibiricum* Linnaeus、盾叶唐松草 *Thalictrum ichangense* Lecoy. ex Oliv.、多枝唐松草等物种,形态近似,常有混用。

▲ 多枝唐松草果实

▲ 多枝唐松草植株

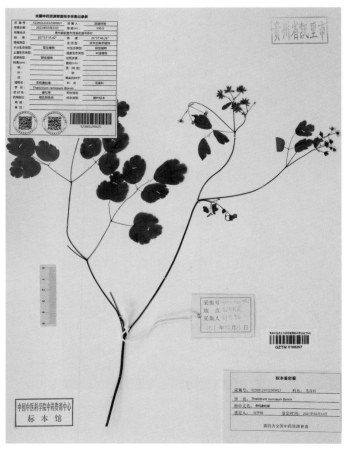

▲ 多枝唐松草标本

豪猪刺 *Berberis julianae* Schneid.

▲ 豪猪刺植株

异名 三颗针。

形态特征 常绿直立灌木,高 1.5～3 m。老枝黄褐色或灰色,幼枝淡黄色,具条棱和稀疏黑色疣点;茎刺粗壮、细长、尖锐,三分叉,与枝同色,腹面具槽。叶革质,2～3 片对生或簇生,长椭圆形、披针形或倒披针形,先端渐尖,基部楔形,阳面深绿色,中脉凹陷,侧脉微显,阴面淡绿色,中脉隆起,侧脉微隆起或不显,叶缘平展。花 10～20 朵簇生,黄色,花瓣长圆状椭圆形,先端缺裂,基部缢缩呈爪。浆果长圆形,蓝黑色,被白粉。花期 3 月,果期 5～11 月。生于山坡、林缘、灌丛中。

用药经验 苗族以全株入药,煎水内服,用于消炎、解蛊。

▲ 豪猪刺花

▲ 豪猪茎刺

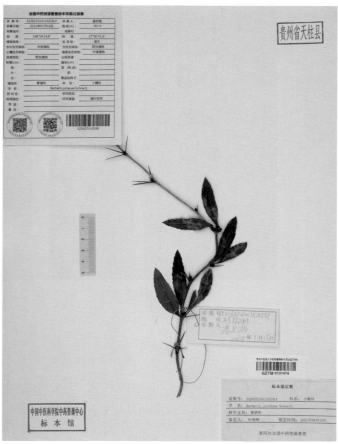

▲ 豪猪标本

八角莲 *Dysosma versipelli*（Hance）M. Cheng ex Ying

异名 旱八角。

形态特征 多年生草本。根状茎粗壮，横生，多须根；茎直立，不分枝，无毛，淡绿色。茎生叶 2 枚，薄纸质，互生，盾状，掌状浅裂；阳面绿色，或绿带黄，无毛，叶脉凹陷；阴面被柔毛，绿白色，叶脉明显隆起，边缘具细齿；花梗纤细被柔毛；花玫红色或深红色，5～8 朵，下垂；浆果椭圆形；种子多数。花期 3～6 月，果期 5～9 月。生于山坡林下。

用药经验 以根茎或全草入药，根茎泡酒或煎水内服，可治疗跌打损伤、咽喉肿痛、癌症、疔疮、腰酸背痛、劳伤、风湿关节痛等；根茎切片与杜仲、羊（猪）腰同蒸食用可补肾；全草捣烂敷于患处可治蛇虫咬伤。

附注 当地有些秋海棠属植物亦称"八角莲"，因生于湿处，为了与八角莲区分，称"水八角"，而八角莲则称"旱八角"。

▲ 八角莲栽培品

▲ 八角莲花　　　　　　　　　　　　　　　　　　▲ 八角莲植株

直距淫羊藿　*Epimedium mikinorii* Stearn

▲ 直距淫羊藿植株

异名　铁脚杆、乱头发、铁打杵。

形态特征　多年生草本,株高 30～60 cm。根状茎粗短有结节;质硬;须根发达。有长叶柄;常对生二回三出复叶;小叶纸质、卵形;阳面常有光泽,网脉明显;阴面有白色柔毛,基出 7 脉,叶缘具刺齿。圆锥花序;花白色或淡黄色;萼片 2 轮;外萼片卵状三角形,暗绿色;内萼片披针形,白色或淡黄色;花瓣短于内萼片,呈圆锥状。蒴果长椭圆形。花期 4～5 月,果期 5～7 月。生于山坡林下、林缘。

用药经验　苗族以叶和根入药,叶煎水或泡酒内服,用于补肾壮阳;用根泡酒或打粉服用,可治疗跌打损伤。侗族以叶入药,煎水内服,可降血压。

附注　小檗科淫羊藿属有较多物种,据《中国植物志》记载"(淫羊藿属植物)中国约有 40 种,是该属的现代地理分布中心"。贵州出产多种,不同文献记载的种数不一,据罗扬、邓伦秀主编的《贵州维管束植物编目》记载,贵州产淫羊藿属植物 24 种。因形态相似,物种数量众多,故中药材淫羊藿的基原相当复杂。据药典记载,淫羊藿的基原为"淫羊藿 *Epimedium brevicornu* Maxim.、箭叶淫羊藿 *Epimedium sagittatum* (Sieb. et Zucc.) Maxim.、柔毛淫羊藿 *Epimedium pubescens* Maxim. 或朝鲜淫羊藿 *Epimedium koreanum* Nakai."四种。据《中药大辞典》(南京中医药大学编著,2006)和《中华本草(第三册)》(国家中药管理局编委会,1999)记载,淫羊藿的基原均为"淫羊藿、箭叶淫羊藿、巫山淫羊藿 *Epimedium wushanense* Ying.、朝鲜淫羊藿或柔毛淫羊藿等"。由此可知在不同的中药文献对淫羊藿的基原有不同看法。而在民间,药材淫羊藿的基原也来自不同的淫羊藿属植物,且受各地资源分布情况影

▲ 直距淫羊藿花　　　　　　　　　　　　　▲ 直距淫羊藿根状茎

响。从我们调查的情况看,历次调查所见药材淫羊藿的基原确实存在差异,但因该属植物鉴定极难,无法确定每次调查所遇物种的准确名称。本书图片展示的可能是直距淫羊藿,采集自从江县东朗镇孔明山。

　　当地大规模栽培,种植品种以箭叶淫羊藿为主,主要分布在雷山、从江、锦屏等地。自 2020 年来,从江县种植规模发展迅速。

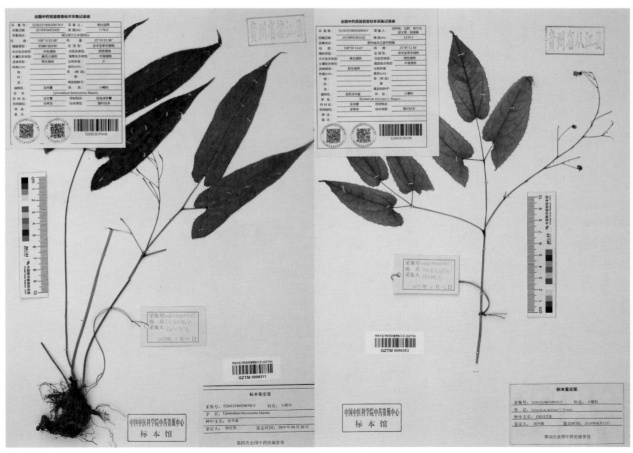

▲ 箭叶淫羊藿和直距淫羊藿标本

阔叶十大功劳 *Mahonia bealei* (Fort.) Carr.

▲ 阔叶十大功劳植株

异名 十大功劳、老鼠刺、鸟不站树。

形态特征 灌木或小乔木,高达5 m。茎表皮粗糙,常呈断裂状,不分枝,茎芯黄色。奇数羽状复叶,小叶边缘每边具2至7枚刺齿,顶生小叶较大,具柄。总状花序,6至8枚簇生枝顶。花黄色,外萼片卵形,长约2.5 mm,花瓣倒卵状,先端微凹。浆果卵球形,深蓝色,被白粉。花期1月,果期4~5月。生于山坡林下、林缘、路旁或灌丛中。

用药经验 以茎木入药,切碎煎水内服,用于治疗支气管炎、胃痛、脑膜炎;切碎煎水,沥尽杂质,取药水洗眼,可治眼睛红痒;将茎木的黄色芯材切片泡水,取药液滴入眼中可治疗火眼(即目赤);切片泡酒饮用兼擦拭患处,用于治疗跌打损伤。以茎皮入药,煎水内服,可治暴热(即来势猛、体温高的高烧);取茎皮内侧黄色形成层,捣烂外敷,可治淋巴结。治淋巴时,要注意淋巴结发病有寒热之分,患处皮肤发红者为热性,不发红者为寒性,热性可用此方。

附注 小檗科十大功劳属有较多物种,据《中国植物志》记载:"(十大功劳属植物)中国约有35种,主要分布四川、云南、贵州和西藏东南部。"据罗扬、邓伦秀主编《贵州维管束植物编目》记载,贵州产十大功劳属植物19种。调查中遇到的十大功劳属植物亦有多种形态,但除阔叶十大功劳 *Mahonia bealei* (Fort.) Carr.、小叶十大功劳 *Mahonia microphylla* Ying et G. R. Long、十大功劳 *Mahonia fortunei* (Lindl.) Fedde. 和沈氏十大功劳 *Mahonia shenii* W. Y. Chun外,未能一一鉴定种名。在当地民间,阔叶十大功劳和小叶十大功劳是入药最多的物种,偶见其他同属植物入药的情况。药用部位均以茎木、茎木心材和树皮内层为主,药材均称作"十大功劳"。

以同属的多个物种,或同个物种的不同部分作为同一药材的基原,这是当地民族药基原混用的另一种表现形式。亦是民族药用药灵活的一种体现。

▲ 阔叶十大功劳标本

▲ 小叶十大功劳　　　　　　　　　　　　　　▲ 小果十大功劳

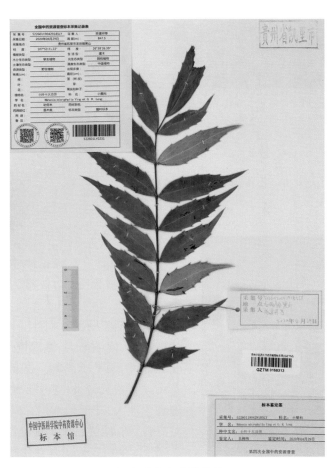

▲ 小叶十大功劳标本

▲ 沈氏十大功劳及其标本

南天竹 *Nandina domestica* Thunb.

▲ 南天竹植株

异名 黄连。

形态特征 常绿小灌木。茎常丛生而少分枝,高1～3 m,光滑无毛,幼枝常为红色,老后呈灰色。叶互生,无毛,集生于茎的上部,三回羽状复叶,长30～50 cm;二至三回羽片对生;小叶薄革质,椭圆形或椭圆状披针形,顶端渐尖,基部楔形,全缘,阳面深绿色,冬季变红色,阴面叶脉隆起。圆锥花序直立,长20～35 cm;花小,白色,具芳香;萼片多轮,外轮萼片卵状三角形,向内各轮渐大;花瓣长圆形。浆果球形,表面光滑,未成熟时绿色,熟时鲜红色,稀橙红色。种子扁圆形。花期3～6月,果期5～11月。生于山地林下沟旁、路边或灌丛中;或用作观赏植物栽培。

用药经验 苗族以茎木入药,与鬼箭羽(栓翅卫矛 *Euonymus phellomanus* Loesener)一起泡酒内服或外搽,用于跌打损伤、风湿关节炎。

▲ 南天竹花形

▲ 南天竹果穗

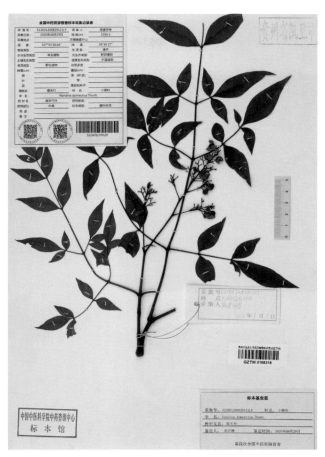

▲ 南天竹标本

大血藤 *Sargentodoxa cuneata*（Oliv.）Rehd. et Wils.

异名 黑老虎、鸡血藤、五花血藤。

形态特征 落叶木质藤本,茎表皮粗糙,灰棕色至黑棕色,外皮常呈鳞片状剥落,剥落处呈红棕色,无毛。三出复叶,小叶卵圆形,绿色,全缘;叶片革质,侧脉每边 6～7 条,网脉不明显。雌雄同株,总状花序下垂,心皮多数,花瓣 6。浆果聚合,种子单生。花期4～5 月,果期 6～9 月。常生于疏林、林缘和山坡灌丛等。

用药经验 以晒干的茎木入药,煎水内服或泡酒服用,可用于治疗风湿痹痛、月经不调等。治月经不调时,有些地区加益母草。亦可用于治疗阑尾炎。

附注 大血藤茎木横切面有放射状花纹,成五瓣向外放射状展开,状若绽开的花,故民间称为"五花血藤"。

▲ 大血藤聚合果

当地将本种称为鸡血藤,而豆科植物密花豆 *Spatholobus suberectus* Dunn 以晒干的茎木入药,亦称鸡血藤。两种药材,俗名相同,采集之后药材的形态相似,需要注意区分。

药材黑老虎 *Kadsura coccinea*(Lem.）A. C. Smith 和药材大血藤在当地常以整段茎木的形式上市销售,从整段茎木的外观看,两种药材相近。区分方法见"黑老虎"条目。

▲ 大血藤叶形

▲ 大血藤药材

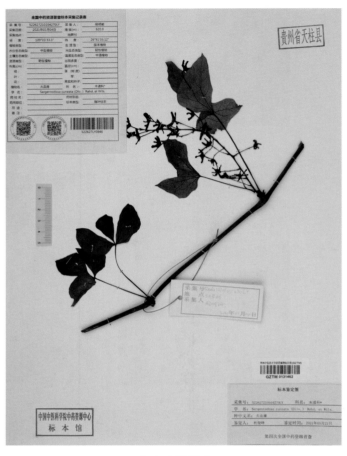

▲ 大血藤标本

野木瓜 *Stauntonia chinensis* DC.

▲ 野木瓜植株

异名 八月瓜、八月炸。

形态特征 木质藤本。茎绿色,具线纹,老茎土灰色或浅灰褐色,皮厚,粗糙,纵裂。掌状复叶有小叶 5～9 片;小叶革质,长圆形、椭圆形或长圆状披针形,先端渐尖,基部钝、圆或楔形;叶片阳面绿色,阴面浅绿色,主脉凸出。花雌雄同株,通常 3～4 朵组成伞房花序式的总状花序;总花梗纤细,基部为大型的芽鳞片所包托;果长圆形,长 7～18 cm,直径 3～6 cm;种子近三角形,长约 1 cm,种皮深褐色至近黑色,有光泽。花期 3～4 月,果期 6～10 月。常生于深谷、溪沟边悬崖下,或林中、灌丛中。

用药经验　苗族以果实、藤茎及根入药，果实煎水内服，具有补肾功效；茎木泡酒后擦于患处，具有活血化瘀功效，常用于跌打损伤；根与玉米须一同煎水内服，可用于治疗不孕不育；根和果实一同煎水内服，可用于难产时助产。

　　附注　木通科木通属和野木瓜属有多个物种形态相似，均为掌状复叶，皆在八月前后果实成熟，如木通 *Akebia quinata*（Thunb. ex Houtt.）Decne.、三叶木通 *Akebia trifoliata*（Thunb.）Koidz.、白木通 *Akebia trifoliata* subsp. *australis*（Diels）T. Shimizu.、野木瓜、西南野木瓜 *Stauntonia cavalerieana* Gagnep. 等。民间将这些物种都称为"八月瓜"，而小叶数不同的"八月瓜"在药用时各有其侧重，九片叶的用于祛风除湿，五片叶和三片叶的用于跌打损伤。木通在当地有较大规模种植。

▲ 野木瓜果实

▲ 野木瓜花

▲ 野木瓜标本

木防己　*Cocculus orbiculatus*（L.）DC.

　　异名　防己、青藤香。

　　形态特征　木质藤本；小枝被绒毛至疏柔毛，有条纹。叶片纸质至近革质，形状变异极大，线状披针形或阔卵状近圆形，顶端短尖或钝而有小凸尖，两面被密柔毛至疏柔毛；掌状脉 3 条，在阴面微凸起；叶柄被稍密的白色柔毛。聚伞花序少花,腋生,或排成多花,狭窄聚伞圆锥花序,顶生或腋生,被柔毛;花瓣6。核果近球形,红色至紫红色;果核骨质,背部有小横肋状雕纹。生于灌丛、村边、林缘等处。

　　用药经验　苗族以根入药,煎水内服或切片含于口中,可用于治疗积食、消化不良、发痧等。

▲ 木防己叶

▲ 木防己花

▲ 木防己未成熟果实

▲ 木防己植株

▲ 木防己成熟果实

地不容 *Stephania epigaea* Lo

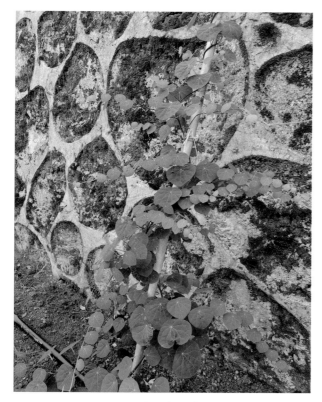

▲ 地不容植株

▲ 地不容块根

异名 山乌龟。

形态特征 藤本,全株无毛;块根硕大,常浮于土表,故称"地不容";块根暗灰褐色,常为扁球状,表面凹凸不平。嫩枝稍肉质,紫红色,有白霜,干时现条纹。叶扁圆形,末端急尖,基部通常圆形;阳面绿色,叶脉掌状,明显,向上 3 条,向下 5～6 条;阴面稍粉白。单伞形聚伞花序腋生,稍肉质,常紫红色而有白粉。果梗短而肉质,核果红色;果核倒卵圆形。花期春季,果期夏季。常生于石山,亦偶见栽培。

▲ 地不容花

▲ 地不容果实

用药经验　苗族以块根入药,煎水内服,有消食散气功效,用于治疗嘈食饱胀;块根切细生吃可用于胃痛和肠胃炎;块根捣烂敷于患处可治无名肿痛(打疱)。

青牛胆　*Tinospora sagittata*（Oliv.）Gagnep.

▲ 青牛胆叶形

异名　地苦胆、金果榄。

形态特征　草质藤本。根部间断膨大,成不规则块状,形如红薯块茎而个小,黄色,串连于根上成连珠状。藤纤细,有条纹,常被柔毛。叶纸质至薄革质,披针状、箭头形或披针状戟形,长 7～15 cm,宽 2～5 cm,基部弯缺,常很深,先端渐尖;掌状脉 5 条,连同网脉均在阴面凸起;叶柄长 2.5～5 cm,被柔毛或近无毛。花序腋生,常数个或多个簇生,聚伞花序或分枝成疏花的圆锥状花序,总梗、分枝和花梗均丝状;花瓣 6,肉质,常有爪。核果粉红色,近球形。花期 4 月,果期秋、冬季。生于林下、林缘、竹林及草坡,野外分布稀少。

用药经验　苗族以块根入药,磨成粉,煎水内服,用于治疗发痧发症、腹痛、消化不良等。侗族以干品块根入药,用刀刮成粉末,以开水冲服,用于治疗扁桃体炎、咽炎、腮腺炎、肠炎、胃痛等。

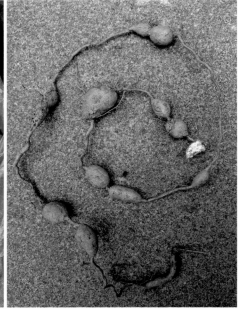

▲ 青牛胆块根

　　附注　药典收录本种，与植物金果榄 *Tinospora capillipes* Gagnep. 一起作为药材金果榄的基原。

▲ 青牛胆果穗

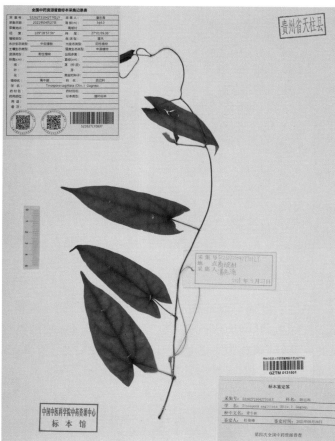

▲ 青牛胆标本

裸蒴　*Gymnotheca chinensis* Decne.

　　异名　白折耳。

　　形态特征　草本；全株无毛。茎纤细匍匐，节上生根。叶纸质，肾状心形，顶端阔短尖或圆；叶脉 5～7 条，均自基部发出，在阴面凸起；叶柄与叶片近等长；托叶膜质，与叶柄边缘合生，基部扩大抱茎，叶鞘长为叶柄的 1/3。花序单生；总花梗与花序等长或略短；花序轴压扁，两侧具阔棱或几成翅状；苞片倒披针形，有时最下的 1 片略大而近舌状。花期 4～11 月。生于水旁、林下、山谷中。

　　用药经验　苗族以全株入药，捣烂敷于患处，可用于治疗跌打损伤；全株煎水内服，可治疗跌打损伤、肝炎、肺炎。

▲ 裸蒴植株　　　　　　　　▲ 裸蒴花序　　　　　　　　▲ 裸蒴果穗

附注　裸蒴与蕺菜 *Houttuynia cordata* Thunb. 的植株形态相似，但植株颜色和花穗形态不同。裸蒴茎秆绿色，叶两面绿色；蕺菜茎秆多为紫红色，叶阳面绿色，阴面多为紫红色。裸蒴花序呈穗状，未见明显的花瓣；蕺菜花为短穗状，基部有四片硕大的马齿形花瓣。在当地，两者均入药，而功效和用法不同；蕺菜为药食两用，但裸蒴未发现有食用的情况。

蕺菜 *Houttuynia cordata* Thunb.

异名　折耳根。

形态特征　多年生草本，高 25～60 cm；茎下部伏地，节上轮生小根，上部直立，无毛或节上被毛，有时带紫红色。叶薄纸质，有腺点，阴面尤甚，卵形或阔卵形，长 4～10 cm，宽 2.5～6 cm，顶端短渐尖，基部心形，两面有时除叶脉被毛外余均无毛，阴面常呈紫红色；托叶膜质，顶端钝，下部与叶柄合生而成长 8～20 mm 的鞘，常有缘毛，基部扩大，略抱茎。花序长约 2 cm，宽 5～6 mm；总花梗长 1.5～3 cm，无毛；总苞片长圆形或倒卵形，顶端钝圆。花期 4～7 月。生于路边、林下、林缘、田边、荒地、溪沟、竹林中。

用药经验　苗族以根或全草入药，根煎水内服或生吃，有排气功效，用于治疗肺病；全草炒肥肉食用，可治疗久咳不止；全草捣烂外敷，可治无名肿毒、痈疽等。侗族以根、叶入药，根煎水内服，有消炎、利尿、解毒等功效，用于治疗肺炎、肝炎、泌尿系统感染、抗癌；吃错东西引起不适，取叶煎水内服，可解。

附注　蕺菜在当地为药食两用，根常用于制作凉拌，亦用作佐料；叶可涮火锅。当地有大规模栽培，主要分布在雷山、锦屏、黄平等地。

▲ 蕺菜植株

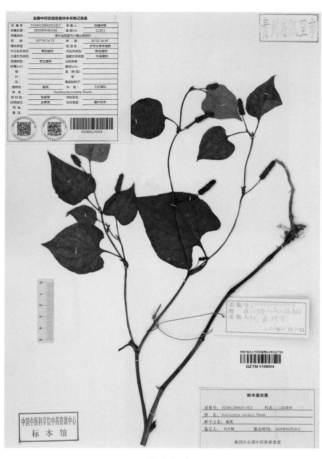

▲ 蕺菜标本

▲ 蕺菜花

三白草 *Saururus chinensis*（Lour.）Baill

异名 白面菇、塘边藕。

形态特征 多年生草本,高约1m;茎粗壮,有纵长粗棱和沟槽;下部伏地,常带白色,上部直立,绿色。叶纸质;阔卵形至卵状披针形;两面无毛;茎顶端的叶较小,在花期常为白色,呈花瓣状;有5～7条基出脉,网状脉明显。花序白色,苞片近匙形,上部圆,下部线形。果近球形,芝麻大小,表面多疣状凸起。花期4～6月。常生于低洼潮湿处,山溪、水沟边、池塘边常见。

用药经验 苗、侗族以全草入药,苗族作为治疗癌症的配药;侗族煎水内服,用于治疗妇女白带过多。

▲ 三白草植株

▲ 三白草花穗

▲ 三白草根

▲ 三白草标本

及己 *Chloranthus serratus*（Thunb.）Roem. et Schult.

异名 四块瓦。

形态特征 多年生草本。根状茎横生,粗短,生多数土黄色须根;茎直立,单生或数个丛生,具明显的节,无毛,下部节上对生2片鳞状叶。叶对生,4～6片生于茎上部,纸质,椭圆形、倒卵形或卵状披针形;叶脉明显,在阴面微微凸起;鳞状叶膜质,三角形。穗状花序顶生,偶有腋生;花白色。核果近球形或梨形,绿色。花期4～5月,果期6～8月。生于山地林下湿润处和山谷溪边草丛中。

用药经验 苗族以全株入药,泡酒后外擦于患处或内服,可用于跌打损伤。苗族民间认为本种治跌打损伤有奇效,故有"打得一身垮,离不得四块瓦"和"四块瓦,经得打"之说。

附注 本种与落地梅 *Lysimachia paridiformis* Franch. 因俗名相同而常被混淆。详见"狭叶落地梅"条目。

▲ 及已植株

▲ 及已标本

▲ 及已花序

草珊瑚 *Sarcandra glabra*（Thunb.）Nakai

异名 九节茶、接骨茶。

形态特征 常绿半灌木，高 0.5～1.5 m；茎与枝均有膨大的节，这是草珊瑚的主要鉴别特征之一。叶革质，对生，椭圆形、卵形至卵状披针形，顶端渐尖，基部尖或楔形，边缘具粗锐锯齿，两面均无毛。穗状花序顶生，多分枝，近似圆锥花序状；苞片三角形；花黄绿色。核果球形，直径 3～4 mm，熟时亮红色。花期 6 月，果期 8～10 月，次年 1 月偶见。生于山坡、沟谷林下、林缘阴湿处。

用药经验 草珊瑚在当地多个民族均常用。以根和叶入药，根与外敷的接骨类药配合使用，可用于

▲ 草珊瑚果实

接骨。草珊瑚在侗族地区亦作茶饮，用法多。用法一：烹制当地传统美食"油茶"时加入草珊瑚枝叶，可使油茶滋味醇厚，有特殊的香气。用法二：取草珊瑚枝叶放入水中熬煮，取汤汁作茶饮，称为"九节茶"，有提

神醒脑、除腥臭等功效。以上两种用法，可用鲜品，亦可用干品。苗族以根和叶入药，根泡酒服用，可用于治疗跌打损伤。瑶族以全株入药，是药浴的重要配方之一。

  附注 在侗族地区，"九节茶"既是日常茶饮，亦与信仰关联。在部分侗族地区，祭祀或办丧事时，所用器皿须经"九节茶"洗涤，认为可祈福瑞、避邪障。

▲ 草珊瑚标本

▲ 草珊瑚植株茎部

▲ 草珊瑚叶片形态

背蛇生 *Aristolochia tuberosa* C. F. Liang et S. M. Hwang

  异名 九月生。

  形态特征 草质藤本，全株无毛；块根呈不规则纺锤形，表皮有不规则皱纹；茎有纵槽纹，攀援于灌木枝条上。叶膜质，三角状心形，生于茎下部的叶常较大，上部长渐尖，顶端钝，基部心形，阳面绿色，有时有白斑，阴面粉绿色；基出脉5~7条；叶柄具槽纹。花单生或2~3朵聚生或排成短的总状花序；舌片长圆形，顶端钝或具小凸尖，黄绿色或暗紫色。蒴果倒卵形；种子卵形。花期11月至翌年4月，果期6~10月。生于石灰岩山上或山沟两旁灌丛中。

用药经验 苗族以块根入药,与胡豆莲、鸡爪黄连一同煎水内服,有消炎、止血功效,可治疗肠胃出血;块根切小片炖肉食用,有滋补功效。有小毒。

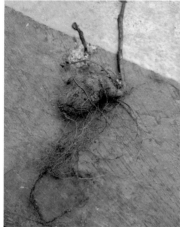

▲ 背蛇生果实　　　　　　▲ 背蛇生块根　　　　　　▲ 背蛇生植株

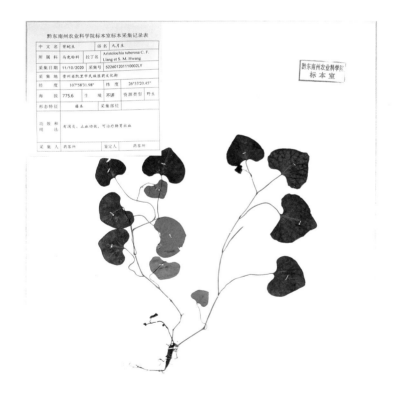

▲ 背蛇生标本

油茶 *Camellia oleifera* Abel.

异名 茶油、山茶油。

形态特征 灌木或中乔木。有分枝,茎皮常呈黄色,嫩枝被白色绒毛。叶革质,椭圆形、长圆形或倒卵形,先端尖而有钝头,有时渐尖或钝,基部楔形,阳面深绿色,发亮,中脉有粗毛或柔毛,阴面浅绿色,无毛或中脉有长毛,侧脉在阳面能见,在阴面不很明显,边缘有细锯齿,有时具钝齿,有粗毛。花顶生,花瓣白色,5~7片,倒卵形;蒴果球形或卵圆形,3室或1室,每室有种子1粒或2粒。花期冬春间。常生于林缘、灌丛中、路边,各地多有栽培。

▲ 油茶植株

▲ 油茶花

▲ 油茶果实

用药经验 油茶籽榨取的油脂称茶油。以茶油入药,少量服用,有润肠通便功效;涂抹于患处,可治疗疮、疖、癣、痈、疽等皮肤病;用牛尾巴连毛一起砍碎,在旧瓦片上焙干,然后研成粉,用茶油调成膏,涂抹患处,可治牛皮癣。以上用法侗族与苗族相仿,但侗族还以茶油沉淀物入药,涂抹患处,可治疗疮、疖、癣等皮肤病。在锦屏县流传一种用法:在炎热季节,初生婴儿护理不当时在腋窝、两腿之间容易发炎。用干净鹅毛蘸取干净的纯茶籽油,涂搽患处即可消炎消肿。油茶籽榨取油脂后的剩余物称油枯,侗族妇女常用于洗头,可使头发增黑、增亮。

附注 除直接作药用外,茶油在侗族地区还是多种药品的辅剂。尤其是治疗皮肤病的外敷类药,捣烂后掺入茶油,调成膏状或糊状后使用,可改善其药性,增强药物对人体的贴服度,促进药力发挥。以上治牛皮癣的方子是其中一例。

除药用外,茶油是传统食用油之一,古法手工压榨的茶油是过去当地的重要油料来源。现代研究发现,茶油不饱和脂肪酸含量高达90%,长期食用,有滋补保健功效,是营养价值很高的食用植物油。

山茶科山茶属植物物种较多,当地亦有多种,群众难以分辨,通常看叶片大小,笼统分为大叶种和小叶种。在食用和药用时,大叶种和小叶种不做区分。

▲ 油茶标本

▲ 大叶种(下)和小叶种(上)油茶

茶 *Camellia Sinensis*（L.）Kuntze

异名 茶叶。

形态特征 灌木或小乔木,高达6 m。茎、枝无毛,表皮粗糙。叶革质,无毛,凹凸起伏,长圆形或椭圆形,长4～18 cm,宽2～8 cm,先端钝或尖锐,基部楔形;阳面绿色,光洁发亮,阴面绿白色,侧脉5～7对,边缘有锯齿。花1～3朵腋生,白色;花白色,花瓣5～6片,阔卵形。蒴果3球形或1～2球形,直径1.1～1.5 cm,每球有种子1～2粒。花期10月至翌年2月。生于溪沟旁、林缘。当地中、北部有多种中小叶种野生茶树,南部从江县西山镇有大叶种古大茶树,叶片硕大如手掌。

用药经验 苗、侗族以叶入药,煎水内服,用于解毒。侗族取茶树枝最顶部叶单数(3、5或7片),加7

粒完整的米粒,给小孩"背红",可祛邪气。

　　附注　当地是茶树原产地之一,各地多有野生古茶树分布,其中凯里香炉山云雾茶、黄平回龙茶、镇远天印茶、岑巩思州绿茶和从江滚郎茶是传统名茶,在这些名茶产地均保存有较多的古大茶树。茶叶在当地大规模栽培,是我国茶叶主产地之一。

▲ 茶植株

▲ 茶花苞

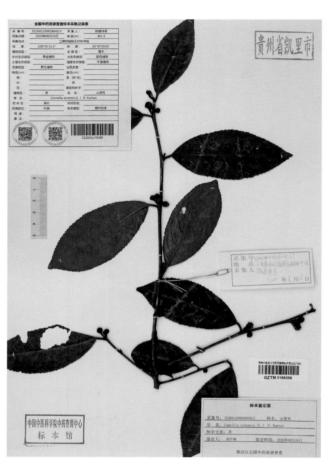

▲ 茶标本

元宝草　*Hypericum sampsonii* Hance

　　形态特征　多年生草本,无毛。茎圆柱形,上部分枝,枝条对生。叶对生,无柄,其基部完全合生为一体而茎贯穿其中,先端钝形或圆形,全缘,坚纸质,阳面绿色,阴面淡绿色。花序顶生,多花,伞房状。花近扁平,基部为杯状。花瓣黄色。蒴果宽卵珠形至或宽或狭的卵珠状圆锥形,种子黄褐色,长卵柱形,两侧无龙骨状突起,表面有明显的细蜂窝纹。花期5~6月,果期7~8月。喜湿,常生于疏林下路边。

　　用药经验　苗、侗族均以全草入药,苗族煎水内服,用于治疗月经不调、血热吐衄;捣烂外敷,用于治疗跌打损伤、疮痈疔毒、毒蛇咬伤。侗族煎水内服或捣烂外敷,治疗吐血、月经不调、跌打损伤等。

▲ 元宝草植株

▲ 元宝草花

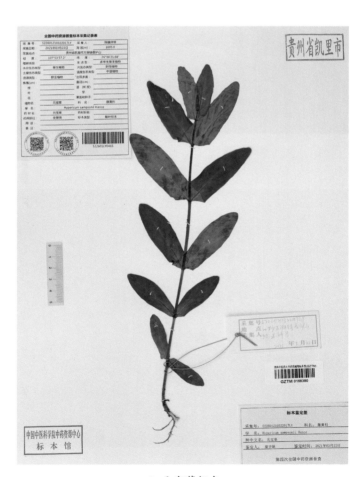

▲ 元宝草标本

石生黄堇 *Corydalis saxicola* Bunting

异名 岩黄莲。

形态特征 多年生草本，具粗大主根和单头至多头的根茎，根黄色、味苦。茎偶有分枝，枝条与叶对生，花葶状。基生叶长 10～20 cm，具长柄，叶片与叶柄近等长，二回至一回羽状全裂，小羽片楔形或倒卵形，长 2～5 cm。总状花序，多花，先密集，后疏离，花金黄色，平展。蒴果线形、镰形、下弯，具 1 列种子。本种对生境要求极为苛刻，常生于多雾且雨水不能淋湿的悬崖峭壁下，靠山间雾气补充水分，因而极为稀少且珍贵。植株采集后极易萎软。

用药经验 苗、侗族均以全株入药，煎水内服、打粉冲服或生吃叶片，有消炎、止痛功效，常用于治疗发痧腹痛、肝硬化等。

▲ 石生黄堇花

▲ 石生黄堇叶

▲ 石生黄堇植株/兰才武

博落回 *Macleaya cordata*（Willd.）R. Br.

异名 喇叭杆、号筒秆。

形态特征 多年生高大草本,株高可达 4 m。茎基部木质化,具乳黄色浆汁。茎秆绿色,光滑,多白粉,中空,上部多分枝。叶片大,呈卵形或近圆形;常 7 或 9 深裂,裂片半圆形、三角形等,边缘波状或齿状。圆锥花序顶生和腋生,苞片狭披针形;花芽棒状,近白色;萼片舟状,黄白色;花丝丝状;花药条形,与花丝等长。蒴果狭倒卵形,种子卵珠形,生于缝线两侧,种皮具整齐排成行的蜂窝状孔穴。花期 6～11月,果期 6～12月。适应性广,各地路边、沟渠边、田地边、草丛间常见。

用药经验 苗、侗族常以种子和根入药,用于治疗无名肿毒。苗族用法是将根捣烂后敷于患处;侗族用法是取根或种子,捣烂后用米醋浸泡,七天后取出涂擦患处。侗族还将全草捣烂,放入茅坑内,可杀粪蛆。

全草有大毒。

▲ 博落回植株

▲ 博落回花穗

▲ 博落回果穗

▲ 博落回标本

▲ 荠花序

▲ 荠植株

▲ 荠茎部特写

异名 地菜。

形态特征 一年或二年生草本。茎直立，单一或从下部分枝。基生叶丛生呈莲座状，大头羽状分裂，顶裂片卵形至长圆形；茎生叶窄披针形或披针形，边缘有缺刻或锯齿。总状花序顶生及腋生，花瓣白色，卵形，有短爪。短角果倒三角形或倒心状三角形，扁平，无毛，顶端微凹，裂瓣具网脉。种子2行，长椭圆形，浅褐色。花果期4～6月。常见于山坡、菜园间和路旁，是常见杂草。

用药经验 苗族以全草入药，煎水内服或与蛋同炒食用，可治肾炎、水肿、肺热咳血、经血过多、肝热目赤、外感发热等；煮水洗浴，治麻疹不透。除药用外，亦可食用，取嫩株涮火锅或清炒，均美味可口。

▲ 荠标本

萝卜 *Raphanus sativus* L.

▲ 萝卜块根

异名 青皮萝卜。

形态特征 二年或一年生草本。直根长圆柱形、球形或圆锥形，肉质，外皮白色、绿色或红色。茎有分枝，有毛或无毛。基生叶和下部茎生叶大头羽状半裂，长 8～40 cm，宽 3～8 cm，长圆形，有钝齿，疏生粗毛，上部叶长圆形，有锯齿或近全缘。总状花序顶生或腋生；花白色、紫色或粉红色。角果圆柱形，在相邻种子间处缢缩，并形成海绵质横隔；果梗长 1～1.5 cm；顶端喙状。种子 1～6 个，卵形，微扁，未成熟时绿色，成熟时红棕色。花期 4～5 月，果期 5～6 月。各地区普遍栽培，亦偶见逸为野生者。

用药经验 在侗族地区，萝卜为药食两用。药用时，以撂荒地块采集的绿皮萝卜药效更佳，有润肺功效。感冒初起时，取萝卜膨大根切薄片，煎水内服，可防止感冒加重。天柱县润松、凤城一带侗族群众取萝卜膨大根，挖空中部，将土蜂蜜灌入其中，封口，放在火边烤软、烤熟，使蜂蜜浸入萝卜肉中，食用，可治感冒。萝卜叶亦药用，治积食：进食油腻食物过多导致消化不良、积食、腹胀，取萝卜叶，用清水煮熟，喝汤吃叶。

附注 当地为多山高原地区，湿气重，为减少"邪气"侵害身体，平时生活中常常通过药膳、药酒、药浴等方式防病治病、保健强身。萝卜是当地药膳的重要药材之一。

▲ 萝卜花

▲ 萝卜植株

植物药资源

枫香树 *Liquidambar formosana* Hance

异名 路路通。

形态特征 乔木,高达 40 m。树皮灰褐色,块状剥落。叶薄革质,阔卵形,掌状 3 裂,基部心形,边缘有锯齿,有 3~5 条明显的掌状脉。雄花多数,为总状花序,花药比花丝略短;雌性头状花序偶有皮孔,无腺体。头状果序圆球形,木质,蒴果下半部藏于花序轴内,有宿存花柱及针刺状萼齿。种子多数,褐色,多角形。当地广泛分布。

用药经验 苗族以果实和嫩芽入药,取果实煎水内服,治疗风湿关节炎、抽筋及胃痛;取嫩芽煎水内服,可用于治疗痢疾。侗族取果实泡软后置于洗脚盆中,用于足底按摩,有舒筋活络功效。

附注 在苗族创世神话中,一切生命的起源来自于一棵枫香树。因而当地一些苗族支系有崇拜枫香树的传统,故黔东南各地传统苗族村寨常有古大枫香树。

▲ 枫香树植株

▲ 枫香树球果

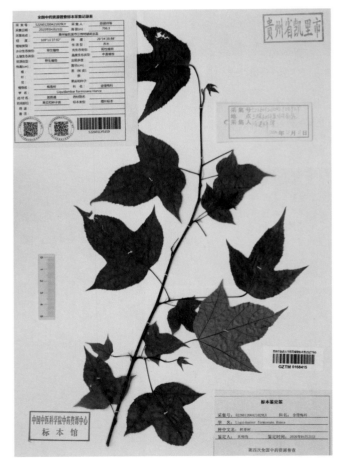

▲ 枫香树标本

半枫荷 *Semiliquidambar cathayensis* Chang

▲ 半枫荷植株

异名 过冬枫。

形态特征 常绿乔木,树皮灰色,稍粗糙;芽体长卵形,略有短柔毛;当年枝干后暗褐色,无毛;老枝灰色,有皮孔。叶簇生于枝顶,革质,异型。不分裂的叶片卵状椭圆形,长8~13 cm,宽3.5~6 cm;先端渐尖,尾部长1~1.5 cm;基部阔楔形或近圆形,稍不等侧。分裂的叶片掌状,3裂,中央裂片长,两侧裂片短,斜行向上,有时为单侧叉状分裂;边缘有具腺锯齿;掌状脉3条,两侧的较纤细,网状小脉在阳面明显,在阴面突起;叶柄长3~4 cm,较粗壮,上部有槽,无毛。不论是否分裂,老叶阳面均深绿色,发亮,阴面浅绿色,无毛;嫩叶常紫红色。雄花常数个排成总状;雌花为头状花序,单生。头状果序直径2.5 cm,有蒴果22~28个,宿存萼齿比花柱短。生于山腰向阳处或山谷空旷处。

用药经验 苗族、侗族和瑶族均以枝叶或根皮入药。枝叶煎煮,洗浴或熏蒸,有温经镇痛、祛风除湿、舒筋活络等功效,常用于治疗风湿、类风湿、腰腿疼痛、中风后遗症等。与大叶风沙藤(五香血藤)、黑老虎、大血藤、钻地风(小血藤)、扶芳藤(接筋藤)、青竹标(大叶软筋藤)等配伍,水煎服,并用其药水熏蒸或洗患处,可治中风后遗症(偏瘫)、风湿、五十肩(肩周炎)、腰腿疼痛等。与追风藤、搜山虎配伍,水煎服,并用其药水熏蒸,或毛巾蘸药水敷头部或颈部,令稍微表汗,可治头风(头疼)。

▲ 半枫荷叶形

附注 洗浴或熏蒸是当地各少数民族常用的治病保健方法,著名的"瑶族药浴"是其中的代表。"瑶族药浴"由多种植物药配制,经过烧煮成药水,将药水放入杉木桶,人坐桶内熏浴浸泡,让药液渗透五脏六腑、全身经络,有祛风除湿、活血化瘀、排汗排毒的功效。半枫荷正是配制药浴的主药。从江县的瑶族医药"药浴疗法"于2008年经国务院批准列入国家级非物质文化遗产名录。以传统药浴配方为基础开发的外用制剂"枫荷沐浴液",具有祛风除湿、舒筋通络、活血止痛、解毒杀菌、强身健体之功效,其主要成分也是半枫荷。除瑶族外,当地其他各少数民族也有药浴习俗,但一般是患病后才用药浴,而瑶族人使用药浴则是一种日常习惯。

本种野生资源极稀有,从江、黎平等地有零星人工栽培。

落地生根 *Bryophyllum pinnatum*（L.f.）Oken

异名 打不死。

形态特征 多年生肉质草本。茎有分枝,叶边缘有圆齿,圆齿底部容易生芽,芽长大后落地即成一新植株。圆锥花序顶生;花下垂,花萼圆柱形;花冠高脚碟形,基部稍膨大,向上成管状,淡红色或紫红色。蓇葖包在花萼及花冠内;种子小,有条纹。花期1~3月。各地多作为观赏植物栽培。

▲ 落地生根叶缘上生出的新芽

▲ 落地生根植株

用药经验 以全草入药,是一种刀口药,捣烂敷于刀伤处,可止血;捣烂外敷患处,可治疗跌打损伤。

费菜 *Phedimus aizoon*（Linnaeus）'t Hart

▲ 费菜植株

异名 土三七、打不死、土人参。

形态特征 多年生肉质草本,全株无毛。根状茎短。茎直立,不分枝。叶互生,狭披针形、椭圆状披针形至卵状倒披针形,先端渐尖,基部楔形,边缘有不整齐的锯齿;叶坚实,近革质。聚伞花序有多花,花瓣5,黄色,长圆形至椭圆状披针形。蓇葖星芒状排列;种子椭圆形。花期6~7月,果期8~9月。生于林缘、路边阴湿处。

用药经验 苗族以茎叶入药,侗族以全草入药,捣烂敷于患处,可治疗跌打损伤。

▲ 药材"土三七"　　　　　　　　　▲ 费菜花

凹叶景天 *Sedum emarginatum* Migo

▲ 凹叶景天植株

异名　马齿汗、打不死、土三七、养鸡草。

形态特征　多年生草本。全株光滑无毛。茎高10～15 cm,呈绿色或紫红色,下部常匍匐而节上生根。叶对生,匙状倒卵形至宽卵形,先端圆,有微缺,此为凹叶景天重要的特点之一,基部渐狭,有短距。花序聚伞状,顶生,有多花,常有 3 个分枝;花无梗;花瓣 5,黄色,线状披针形至披针形;种子细小,褐色。花期 5～6 月,果期 6 月。生于田边、路边或山坡阴湿处。

用药经验　苗族以茎叶或全株入药,茎叶切碎后与鸡蛋清拌匀,蒸食,可治疗小儿疳证;全株加藿香,煎水内服,可排淤血、除内气;为刀口药,亦有接骨功效,全株捣烂后敷于患处,可治刀伤、摔伤、跌打损伤。

附注　本种与马齿苋 *Portulaca oleracea* L.、费菜 *Phedimus aizoon* (Linnaeus)'t Hart. 均常用于治疗跌打损伤,故常相互替代。本种和马齿苋形态相近,易混淆,鉴别特征见"马齿苋 *Portulaca oleracea* L."条目。

▲ 凹叶景天叶和花

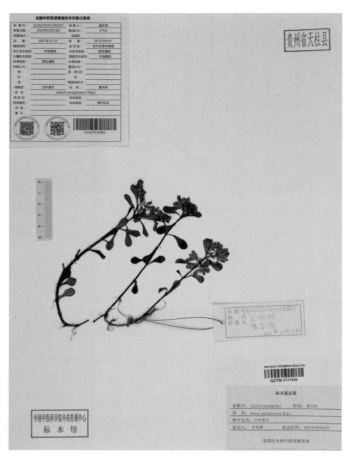

▲ 凹叶景天标本

垂盆草 *Sedum sarmentosum* Bunge

异名 瓜米菜、马齿苋。

形态特征 多年生肉质草本。根部不发达，但生命力极强。不育枝及花茎细，匍匐而节上生根，直到花序之下，长 10～25 cm。3 叶轮生，叶倒披针形至长圆形，先端近急尖，基部急狭，有距。聚伞花序，有 3～5 分枝，花少，宽 5～6 cm；花无梗；萼片 5，披针形至长圆形，先端钝，基部无距；花瓣 5，黄色，披针形至长圆形，先端有稍长的短尖。种子卵形，长 0.5 mm。花期 5～7 月，果期 8 月。生于山坡阳处或石上。

用药经验 苗族以全株入药，煎水内服，有消炎、止咳功效，可用于治疗支气管炎；全株烤软后捣烂，敷于患处，用于治疗跌打损伤。侗族以全株入药，与车前草、七叶一枝花一同捣烂，敷于患处，可治痈疽。

附注 本种和马齿苋 *Portulaca oleracea* L. 的药材均称"马齿苋"。有时用药者认为二者药效同，有时因为识别有误，故常混用。本种三叶轮生，叶细长，顶端锐尖；花被片细长、渐尖。马齿苋叶互生，有时近对生，叶形似马齿；花被片短而钝。这是两者主要的鉴别特征。

▲ 垂盆草植株

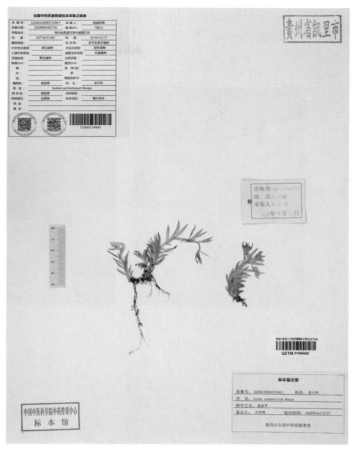

▲ 垂盆草花序

▲ 垂盆草标本

大落新妇 *Astilbe grandis* Stapf ex Wils.

异名 落新妇。

形态特征 多年生草本,高 0.4～1.2 m。根状茎粗壮。茎通常不分枝,被褐色长柔毛和腺毛。二至三回三出复叶或羽状复叶;叶轴长 3.5～32.5 cm,与小叶柄均多少被腺毛,叶腋近旁具长柔毛;小叶片卵形、狭卵形至长圆形,顶生者有时为菱状椭圆形,长 1.3～9.8 cm,宽 1～5 cm,先端短渐尖至渐尖,边缘有重锯齿,基部心形、偏斜圆形至楔形,阳面被糙伏腺毛,阴面沿脉生短腺毛,有时亦杂有长柔毛;小叶柄长 0.2～2.2 cm。圆锥花序顶生,通常塔形,长 16～40 cm,宽 3～17 cm;下部第一回分枝长 2.5～14.5 cm,与花序轴成 35°～50°角斜上;花序轴与花梗均被腺毛;花瓣 5,白色或紫色。花果期 6～9 月。生于山谷林缘、山坡杂草中、沟边和路边等。

▲ 大落新妇植株

113

用药经验　苗族和侗族均以根状茎入药。台江南宫镇一带苗族泡酒外敷内服,用于治疗跌打损伤。侗族捣烂敷或泡酒内服,用于治疗跌打损伤。

▲ 大落新妇花

▲ 大落新妇根状茎

▲ 大落新妇标本

鸡肫梅花草 *Parnassia wightiana* Wall. ex Wight et Arn.

异名　水折耳。

形态特征　多年生草本。根状茎粗大，块状，着生多数须根。基生叶，具长柄；叶片宽心形，阳面深绿色，阴面淡绿色；有茎生叶，仅一片，无柄，抱茎，与基生叶同形，边缘薄而形成一圈膜质。花单生于茎顶；花瓣常五片，长圆形、倒卵形或似琴形，基部绿色，上部约 2/3 白色；花瓣向四周开张生长成梅花状，边缘上半部波状或齿状，稀深缺刻状，爪长 1.5～2.5 mm，下半部（除去爪）具流苏状长毛。蒴果倒卵球形，褐色，具有多数种子；种子长圆形，褐色，有光泽。花期 7～8 月，果期 9 月。生于山谷疏林下、山坡杂草中、沟边和路边等。

用药经验　苗族以全株入药，煎水内服，用于治疗跌打损伤、肝炎、肺炎等。

▲ 鸡肫梅花草植株

▲ 鸡肫梅花草花

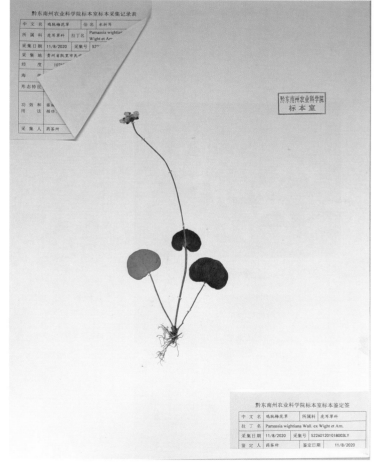

▲ 鸡肫梅花草标本

虎耳草 *Saxifraga stolonifera* Curt.

形态特征　多年生草本,株高5~40 cm。茎匍匐或上升,细长,密被卷曲长腺毛。基生叶具长柄,叶片近心形或圆形,有浅裂,边缘具不规则齿牙和腺睫毛,叶阳面绿色,密被卷曲长腺毛;阴面绿色,散生红紫色斑点;茎生叶披针形。圆锥状聚伞花序,花两侧对称;萼片卵形,长是宽的2倍,花瓣白色且中上部具紫红色斑点、基部具黄色斑点,极易脱落;雄蕊花丝棒状,花盘半环状,围绕于子房一侧,边缘具瘤突,子房卵球形。花果期4~10月。生于林下、灌丛、草甸和荫湿岩隙。

用药经验　侗族以全株入药,有清热解毒、消炎等功效。捣烂后,将汁液滴入耳中,可治疗中耳炎(锦屏县平秋镇);煎水内服,用于治中耳炎、腮腺炎、肺炎、哮喘(天柱县坌处镇);煎水内服,可用于治疗肺炎、肺结核等肺部疾病。除药用外亦可食用,取虎耳草嫩叶与蛋同炒食用,有清肺降火功效。

▲ 虎耳草植株

▲ 虎耳草花

▲ 虎耳草叶形

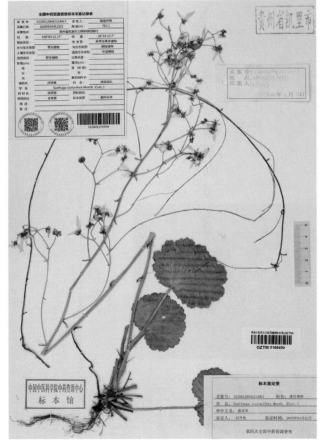

▲ 虎耳草标本

光叶海桐 *Pittosporum glabratum* Lindl.

异名 山枝茶。

形态特征 常绿灌木,高可达 2.5 m。叶聚生于枝顶,薄革质,二年生,窄椭圆形,先端尖锐,基部楔形,基部略窄于上部,呈倒披针形,长 4~16 cm,宽 1.3~3.8 cm;叶阳面绿色,发亮,阴面淡绿色,两面无毛。花序伞形,1~5 枝簇生于枝顶叶腋,多花;苞片披针形,长约 3 mm;花梗长 4~9 mm;萼片卵形,通常有睫毛;花瓣分离,倒披针形。蒴果椭圆形,直径有鹌鹑蛋大小,果柄长,与果柄相对的一头常有尖锐突起;种子近圆形,红色。常生于疏林下、林缘灌丛中、路边。

▲ 光叶海桐花

▲ 光叶海桐果实

用药经验 苗、侗族以果实入药,苗族煎水内服,用于治疗风湿痹痛、坐骨神经痛、跌打损伤等。侗族煎水内服,种子用于治疗咽痛、泻痢;根用于治疗咽痛、泻痢、风湿痛、劳伤等。

附注 当地民间使用的药材山枝茶有两个来源,一种树干皮黑,一种皮白,皮白者药效好,多用。据

▲ 狭叶海桐果实

用药者描述，二者应同为海桐花属植物。野外调查发现，当地有海桐花属植物光叶海桐和狭叶海桐 *Pittosporum glabratum* var. *neriifolium* Rehd. et Wils.，均作药材山枝茶使用。

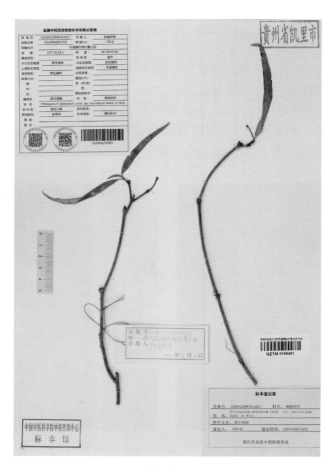

▲ 狭叶海桐标本

龙牙草 *Agrimonia pilosa* Ldb.

异名 仙鹤草、山疙瘩、路边黄。

形态特征 多年生草本，株高可达 1 m。根块茎状，多侧根。茎被疏柔毛，有分枝。叶为单数羽状复叶；小叶 6～8，椭圆状卵形，基部楔形，边缘有锯齿。顶生总状花序；苞片常深 3 裂；小苞片对生，卵形；萼片 5，三角卵形；花瓣黄色，长圆形。果实倒卵圆锥形，被疏柔毛，顶端有数层钩刺。花果期 5～12 月。常生于林下空地、路边、荒地杂草间。

用药经验 苗族以全株入药，煎水内服，用于止咳、治痢疾、除结石。侗族认为龙牙草有补气、健脾功效，治疗崩漏、腹泻等病症期间，以龙牙草作日常茶饮，有助于病情恢复；初愈后继续饮用龙牙草茶半个月左右，可固本培元、强身健体。

▲ 龙牙草植株　　　　▲ 龙牙草茎秆

▲ 龙牙草花果

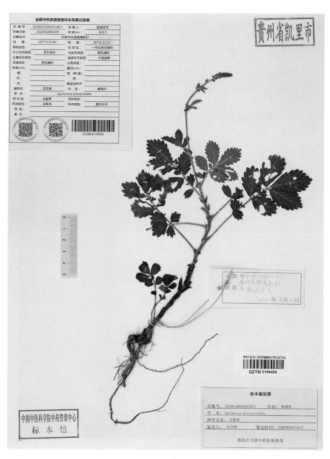

▲ 龙牙草标本

野山楂　*Crataegus cuneata* Sieb. et Zucc.

形态特征　落叶灌木,高约 1.5 m,分枝能力较强,枝条具细刺,小枝细弱,一年生枝紫褐色,老枝灰褐色,具少量皮孔。叶卵形,三指大小,叶缘锯齿,3～5 浅裂,阳面无毛,阴面具少量柔毛;叶脉显著。伞房花序具 5～7 朵花,花指头大小,花瓣白色,近圆形或倒卵形。果实为不规则的扁球形,指头大小,小核 3～5,内面两侧平滑。花期 5～6 月,果期 9～11 月。生于山坡灌丛中,或林缘、路边向阳处。

用药经验　侗族以根入药,煎水内服,消食化积、去疳积。

▲ 野山楂野生植株

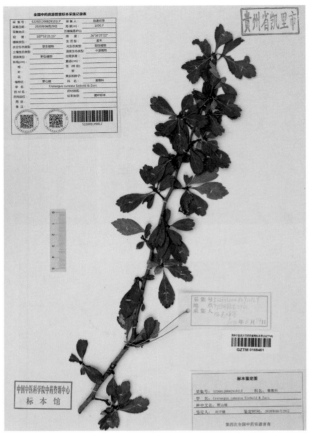

▲ 野山楂果实

▲ 野山楂标本

蛇莓 *Duchesnea indica*（Andr.）Focke

▲ 蛇莓植株

异名 三皮风、地蜂子。

形态特征 多年生草本。根茎粗短；有 30～100 cm 的匍匐茎，多数；匍匐茎、叶柄和叶片有柔毛。三出复叶，小叶片倒卵形或近菱形，先端圆钝，边缘有钝锯齿；小叶具柄，长 1～5 cm；托叶窄卵形，长 5～8 mm。花单生于叶腋；花梗长 3～6 cm，有柔毛；萼片卵形，长 4～6 mm，先端锐尖，外面有散生柔毛；副萼片倒卵形，比萼片稍长；花瓣黄色，先端圆钝，倒卵形，长 5～10 mm；雄蕊 20～30；花托在果期膨大，鲜红色，有光泽，海绵质，直径 10～20 mm。瘦果卵形，长约 1.5 mm，光滑或具不明显突起，鲜时有光泽。常生于草地、路边、林缘。

▲ 蛇莓叶　　　　　　　　　　　　　　　　　　　　▲ 蛇莓果实

用药经验　以全草入药，治小儿惊风（侗族称"斗半闷"）。

附注　本种在当地常称为三匹风，而蛇含委陵菜 *Potentilla kleiniana* Wight et Arn. 常称为五皮风，两者都用于治疗小儿惊风。锦屏县平秋镇一带的侗族将蛇含委陵菜称为"五叶蛇莓"（侗语义译），把"蛇莓 *Duchesnea indica*（Andr.）Focke"称为"三叶蛇莓"（侗语义译）。二者主要识别特征为：蛇莓基生叶主要为掌状 3 出复叶，而蛇含委陵菜的基生叶常为近似鸟足状 5 小叶。

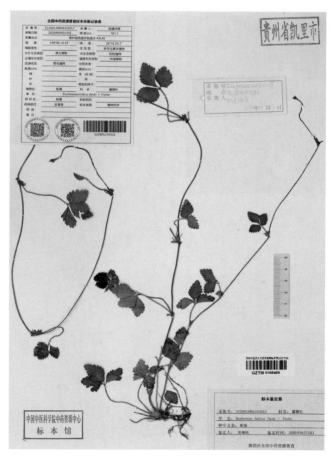

▲ 蛇莓标本

枇杷 *Eriobotrya japonica*（Thunb.）Lindl.

▲ 枇杷花

形态特征 小乔木,高可达 10 m;成熟树干表皮常密布不规则褐色斑点,小枝粗壮,黄褐色,密被锈色或灰棕色绒毛。叶片革质,上部边缘有疏锯齿,基部全缘,阳面光亮,多皱,阴面密生灰棕色绒毛。圆锥花序顶生,花瓣白色,有锈色绒毛;果实球形或长圆形,直径 2～5 cm,熟时黄色或橘黄色,外有锈色柔毛,不久脱落;种子 1～5 个,球形或扁球形,褐色,光亮,种皮纸质。花期 10～12 月,果期 5～6 月。各地多栽植,亦有野生者。

用药经验 苗族以花、叶和树皮入药,花和叶有止咳功效,常与红花龙胆、冰糖一起煎水内服,或与吉祥草、生姜(姜)、冰糖煎水内服,均可治疗感冒咳嗽;被烧伤感染时,取枇杷树皮与蒲儿根一同捣烂敷

▲ 枇杷果实

▲ 枇杷植株

▲ 枇杷标本

贵州黔东南药用资源图志

于患处。侗族以树皮内层和树叶入药,树皮内层用于治疗疮疖,捣烂围疮头敷一圈,挤出疮脓,即愈;树叶煎水内服,用于治疗咳嗽、感冒等。在感冒咳嗽初起时,采集枇杷叶,洗净煎水内服,可阻止病情发展。

柔毛路边青 *Geum japonicum* var. *chinense* F. Bolle

异名 蓝布正。

形态特征 多年生草本。簇生须根。茎直立,被黄色短柔毛及粗硬毛。基生叶为奇数羽状复叶,叶柄被粗硬毛及短柔毛,顶生小叶最大,卵形或广卵形,浅裂或不裂,边缘有粗大圆钝或急尖锯齿,绿色,被稀疏糙伏毛;另有小叶1～2对。下部茎生叶3小叶,上部茎生叶单叶,3浅裂。花序疏散,顶生数朵,花梗密被粗硬毛及短柔毛;花瓣黄色,近圆形。聚合果卵球形或椭球形,瘦果被长硬毛。花果期5～10月。常生于路边、荒地上。

▲ 柔毛路边青花

▲ 柔毛路边青植株

用药经验 苗族以全株入药,炖肉食用,有滋补功效;切碎后与绿壳鸭蛋拌匀,蒸食,可治疗头晕;与野菊、红牛膝一同煎水内服,可治疗高血压。侗族以全株入药,煎水内服,可降血压、治头晕。

附注 柔毛路边青与路边青 *Geum aleppicum* Jacq. 在当地均常见,且形态近似,难以分辨,故当地药用中一般不作区别。在一些传统中药文献中,也认为此二者的药效相同,常混用或替代使用。二者的鉴别特征:柔毛路边青常被柔毛或混生少数粗硬毛,路边青的茎部常被粗硬毛;柔毛路边青基生叶侧生小叶1～2对,路边青基生叶侧生小叶2～6对;柔毛路边青花托有黄色柔毛,长约2～3 mm,路边青花托上有白色短柔毛,长不超过1 mm。

委陵菜 *Potentilla chinensis* Ser.

▲ 委陵菜花

异名 白头翁、天青地白。

形态特征 多年生草本。根粗壮，呈圆柱形，弯曲，稍木质化。茎常分枝，密被柔毛。基生叶为羽状复叶，叶柄被短柔毛及绢状长柔毛；小叶片对生或互生，无柄，长圆形、倒卵形或长圆披针形，边缘羽状中裂，裂片三角卵形、三角状披针形或长圆披针形，顶端急尖或圆钝，边缘向下反卷，阳面绿色，阴面白色，被白色绒毛，沿脉被白色绢状长柔毛。花茎直立，被稀疏短柔毛及白色绢状长柔毛。伞房状聚伞花序，基部有披针形苞片，外面密被短柔毛；花瓣黄色，宽倒卵形，顶端微凹。瘦果卵球形，深褐色，有明显皱纹。花果期 4～10 月。常生于路边灌丛中、山坡杂草间。

用药经验 苗、侗族以全草入药，有清热解毒、止血、止痢、祛风除湿等功效。煎水内服，可治红白痢疾、风湿痹痛；捣烂外敷，可治疖疮肿毒。苗族认为此药治痢疾有特效，有"认得白头翁，痢疾无影踪"之说。侗族煎水内服，用于治疗腹痛、久痢不止；捣烂外敷，可治痔疮出血、痈肿疮毒。

有小毒。

▲ 委陵菜植株

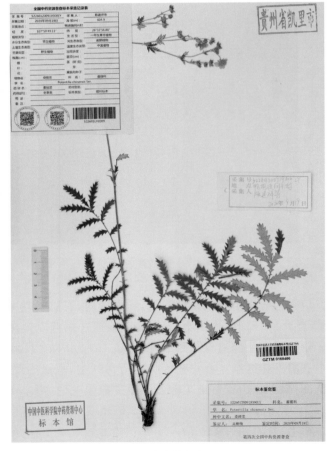

▲ 委陵菜标本

蛇含委陵菜 *Potentilla kleiniana* Wight et Arn.

异名 五皮风、五爪金龙。

▲ 蛇含委陵菜花

▲ 蛇含委陵菜叶形态

▲ 蛇含委陵菜植株

形态特征 多年生草本。多须根。匍匐茎丛生，常被柔毛。羽状复叶；基生叶为近似鸟足状，5小叶，小叶片卵形，基部楔形，边缘有锯齿，绿色，有毛；下部茎生叶有5小叶，上部茎生叶有3小叶；基生叶托叶膜质，淡褐色，茎生叶托叶草质，绿色，卵形披针形，全缘。聚伞花序生于枝顶；萼片三角卵圆形；副萼片披针形，花时比萼片短，果时略长或近等长；花瓣黄色，倒卵形；花柱圆锥形，基部膨大，柱头扩大。瘦果近圆形，具皱纹。花果期4～9月。常生于林缘、路边、田边。

用药经验 侗族以全草入药，煎水内服，用于治疗咳嗽、咽喉肿痛；嚼烂外敷，用于治疗蛇虫咬伤及皮肤各种包块。苗族以全草或根入药，煎水内服，可治疗眼底出血；切碎与绿壳鸭蛋同蒸食，用于小儿虚弱；捣烂敷于患处，用于刀伤止血；取根煎水内服，用于风湿关节炎。

附注 蛇含委陵菜和蛇莓形态相近，当地常将二者并用。其区分和使用习惯见"蛇莓"条目。

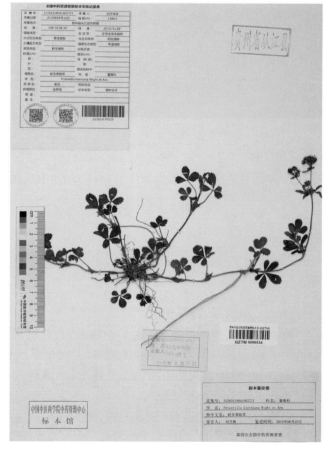
▲ 蛇含委陵菜标本

桃 *Prunus persica* L.

▲ 桃花

▲ 桃树植株

异名 桃树、桃子。

形态特征 乔木，树皮暗红褐色，老时粗糙呈鳞片状。叶片长圆披针形、椭圆披针形或倒卵状披针形，先端渐尖，基部宽楔形，有较粗叶柄。花单生，先于叶开放，花瓣长圆状椭圆形至宽倒卵形，粉红色，少数为白色。果实卵形、宽椭圆形或扁圆形，色泽淡绿、白色或橙黄色；果实外面密被短柔毛，阳面常具红晕；核大，椭圆形或近圆形，两侧扁平，顶端渐尖，表面具纵、横沟纹和孔穴。花期3～4月，果期8～9月。

用药经验 以叶片、桃胶和果实入药。取鲜叶，用手揉碎后放入米缸中，可防止生虫。桃胶煎水内服，用于治疗风湿、耳鸣耳炎、老人夜尿。以果入药，加软筋藤、桑枝、槐树枝，煮水外洗，可消肿、接骨。苗族民间认为新生儿出生后第三天、第七天是两个高风险的关口，容易发生夭折。又认为桃木有避邪功能，以桃为药，可以避免在这两个关口出现意外，称为"避三关""避七关"。其法为：取桃胶，或桃树上自然风干的果实，加百草霜（农村土灶上的黑色锅底灰），二者一同煮水给产妇和新生儿洗澡，可使母子康泰。这是"避三关""避七关"的药方之一。

附注 当地古代护理条件差，婴幼儿夭折率很高。因此而留传下"避三关""避七关"之类的习俗。这些药方既是古人应对恶劣条件的具体方法，也反映了古人对恶劣生存环境的敬畏心态。

火棘 *Pyracantha fortuneana*（Maxim.）Li

异名 沙浪果、救军粮。

形态特征 常绿灌木，高达3 m；侧枝短，先端成刺状，嫩枝外被锈色短柔毛，老枝暗褐色，无毛。叶片倒卵形或倒卵状长圆形，先端圆钝或微凹，边缘有钝锯齿，无毛。复伞房花序，花瓣白色，子房上部密生白色柔毛，初开时雄蕊花药为白色或嫩绿色，后期转为褐色。果实近球形，初期为绿色，成熟时为橘红色或深红色。花期3～5月，果期8～11月。生于山地、丘陵地阳坡灌丛草地及河沟路旁。

用药经验 以根入药，煎水内服，用于治疗消化不良、产后瘀血、痢疾等。

▲ 火棘植株

▲ 火棘果实颜色在不同
阶段的变化

▲ 不同色调的火棘花

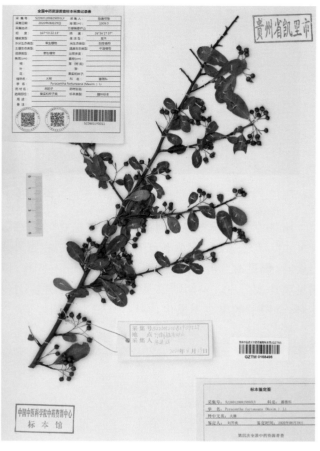

▲ 火棘标本

金樱子 *Rosa laevigata* Michx.

异名　刺梨、蜂糖罐、糖糖果。

形态特征　灌木,茎枝粗壮,茎和老枝表皮粗糙,新枝表皮光滑,多为绿色、白色或稍带红色;茎和枝有稀疏皮刺。多为三出复叶,偶见五小叶者;小叶卵形,革质,阳面绿色,有光泽,羽状叶脉;阴面黄绿色;叶脉在阳面稍凹陷,阴面凸起,阴面明显凸起的主脉和侧脉上疏生皮刺;叶柄及叶轴较短,有皮刺;单花腋生,花梗较短、被毛;花瓣白色,卵形。果卵球形,紫褐色,密生针刺、内含种子及瓤。花期 4～6 月,果期7～11 月。喜阳,常见于山野、田边、溪畔灌木丛中。

用药经验　苗族以果实及根入药,取果泡米酒,可以使米酒增香,还具有滋补功效;根炖肉有滋补作用,用于补肾、补虚;根煎水内服,用于老人夜尿多、高血压。侗族以根及叶入药,根配臭牡丹的根煎水内服,可治早泄;叶捣烂或嚼烂可治痈疽、疮疖,围疮头敷一圈,疮脓从疮头挤出即愈。

▲ 金樱子花　　　　　　　　　　　　　　　　　　▲ 金樱子果实

附注　金樱子与多种蔷薇科蔷薇属植物（如小果蔷薇 R. cymosa Tratt.、悬钩子蔷薇 R. rubus Lévl. et Vant.）形态相近，又生长于相似的生境中，在野外采集时较易混淆。区分的特征是看叶片：金樱子为三出复叶，偶见有 5 叶；小果蔷薇一般有小叶 3～5 片，以 5 片为多，偶有 7 片；悬钩子蔷薇通常是 5 片小叶，偶见 3 片或 7 片。果期则以果实形态分辨最明显：小果蔷薇、悬钩子蔷薇果为球形，攒生成一束，果实上无毛刺；金樱子的果实不攒生，卵球形，密生针刺。

▲ 金樱子标本

缫丝花 *Rosa roxburghii* Tratt.

▲ 缫丝花花

异名 刺梨、刺果。

形态特征 开展灌木，高可达 3 m。分枝多，枝条具成对皮刺。单数羽状复叶互生，有带刺短叶柄贴生托叶，椭圆形叶缘细锯齿，叶脉明显。花顶生，花梗短，苞片早落，花柱离生不外伸；花瓣淡红色或粉红色，倒卵形。果扁球形，果皮密被针刺，拇指大小，幼果绿色，成熟果黄色。花期 5～7 月，果期 8～10 月。常生于山坡灌丛中。喜阳，常见于山野、田边、溪畔灌木丛中。

用药经验 以果实和根入药，取根炖肉，有滋补功效；取根煎水内服，可治痢疾；取根与芒萁芽心一同煎水内服，可治疗男性性病。取果泡酒，常适量饮用，有强身健体功效。

▲ 缫丝花果实

▲ 缫丝花植株

▲ 缫丝花标本

果实为药食两用，药用外，可榨汁饮用，亦可用于酿酒。

附注 当地较大规模栽培，主要分布在黄平、从江等地。

粗叶悬钩子 *Rubus alceifolius* Poiret

▲ 粗叶悬钩子植株

异名 牛泡。

形态特征 攀援小灌木。主根粗壮、木质，藤条延伸达 5～6 m。枝被黄灰色至红褐色绒毛，具稀疏皮刺。单叶，近心形，掌状展开，如小儿手掌大小；阳面绿色，有囊泡状小凸点，凸点上生柔毛，阴面白绿色，密被绒毛，边缘锯齿，3～7 浅裂，具 5 条明显叶脉；叶脉在阳面稍凹陷，阴面明显凸起；叶柄拇指长短，被绒毛，具稀疏皮刺。圆锥花序顶生，花较短；花瓣白色，近圆形，与萼片近等长。聚合果果实近球形，小果红色，泡状，内含丰富汁液。花期 6～9 月，果期 9～11 月。生于沿溪林中、林缘、山谷。

用药经验 侗族以根入药，煎水内服，可治痢疾。果实可食用，味酸甜爽口。

▲ 粗叶悬钩子叶

▲ 粗叶悬钩子聚合果

▲ 粗叶悬钩子标本

山莓 *Rubus corchorifolius* L.f.

异名 三月泡。

形态特征 灌木,高达 4 m;具皮刺。单叶形似枫叶或心形、卵状披针形,婴儿手掌大小,顶端渐尖,基部微心形,羽状叶脉,阳面沿叶脉有细柔毛(偶有密被柔毛者),嫩叶阴面密被细柔毛,老叶近无毛,沿中脉疏生小皮刺;叶柄较短,幼时密生细柔毛,老时疏生小皮刺。两性花单生,白色,拇指大小;萼片卵形或倒三角卵形,花瓣长于萼片,长圆形,顶端圆钝。球形空心果由小核果组成,小核果间有红褐色细柔毛;近球形,如指尖大小,幼果绿色,成熟果红色。花期 2～4 月,果期 4～6 月。喜肥向阳,常生于山坡荒地、路边林缘。

▲ 山莓植株

用药经验 侗族以根入药,常与地棯根一同加猪蹄炖汤食用,可治腰肌酸痛、劳伤乏力等症。当地群众积劳成疾,造成腰腿酸痛、身体乏力等症状时常服此方。

在药用之外,山莓果是当地人常食用的野果。每年农历三月前后成熟,故称"三月泡"。

▲ 山莓花

▲ 山莓果实

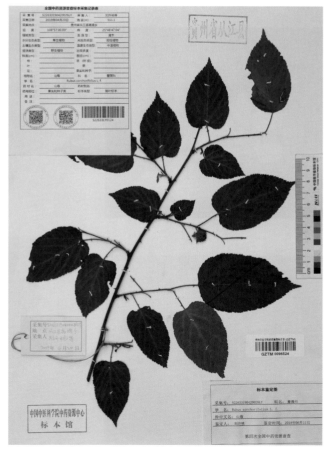

▲ 山莓标本

粉叶首冠藤 *Bauhinia glauca*（Wall. ex Benth.）Benth.

▲ 粉叶首冠藤植株

▲ 粉叶首冠藤花

▲ 粉叶首冠藤叶

异名 大夜关门。

形态特征 木质藤本。多生于山沟边或半山腰，植株可长达10 m，枝繁叶茂。叶纸质，为对称的心形，阳面无毛，叶脉基出，常为7～11条，对称分布，阴面疏被柔毛；叶柄纤细。总状花序顶生或与叶对生，具密集的花；总花梗被疏柔毛，渐变无毛；花托漏斗状，萼片分离；花瓣白色，倒卵形，各瓣近相等，具长柄，边缘皱波状。荚果形似扁豆角，无毛，不开裂，长12～25 cm，宽约3指；种子卵形，扁平。花期4～6月；果期7～9月。生于山腰或山谷林中或灌丛中。

用药经验 侗族以茎和叶入药，茎煎水内服或泡酒服用，用于治疗早泄；小儿夜啼，取叶晒干做枕头给小儿用，可使安睡。以根入药，文火慢煨，熬成浓汤，一日三服，可治盗汗。以根与猪尿泡（猪膀胱）同煮食用可治小儿夜尿、疝气；根炖肉食用有滋补功效。

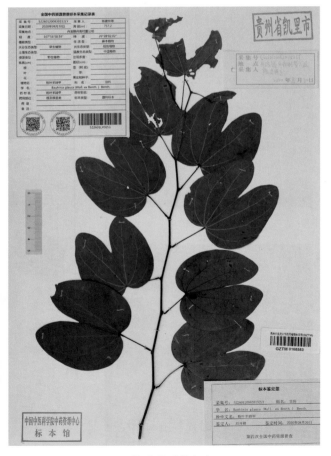

▲ 粉叶首冠藤标本

见血飞 *Mezoneuron cucullata*（Roxb.）Wight & Arn.

形态特征 藤本，茎上密生倒钩刺，钩刺木栓花形成凸起，叶轴也具黑褐色的倒生钩刺。二回羽状复叶，叶大革质，卵圆形，阳面深绿色，有光泽，阴面灰白色。圆锥花序顶生或总状花序侧生，对称花，花瓣5，黄色光滑，长圆形，最里面一片宽短具柄；荚果果翅状，长圆形，两侧对称，单果种子1～2粒。花期11月至翌年2月，果期3～10月。生于疏林下、灌丛中。

▲ 见血飞叶序

▲ 见血飞荚果

用药经验 苗族以根和茎入药，根皮和茎皮晒干后磨成粉，外敷患处，可用于刀伤止血；根和茎切片，与大血藤、小血藤、黑骨藤一同泡酒服用，用于治疗跌打损伤；根和茎切片，与刺五加、大血藤、小血藤、红牛膝（红柳叶牛膝）一同泡酒，亦用于治疗跌打损伤。侗族取根捣烂外敷，用于治疗跌打损伤。

▲ 见血飞药材

植物药资源

响铃豆 *Crotalaria albida* Heyne ex Roth

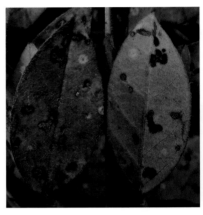

▲ 响铃豆叶形

▲ 响铃豆荚果

形态特征 多年生草本,基部木质;分枝细弱,植株紧贴短柔毛。有刚毛状细小托叶,单叶倒卵形,基部楔形;叶面粗糙;阳面绿色,近无毛;阴面淡绿色,具少量短柔毛;叶柄极短。总状花序顶生或腋生,花淡黄色,萼片稍短于花瓣或与之等长。荚果似豌豆角,单果种子10～30粒。花果期5月至12月间。生于荒地路旁及山坡疏林下。

用药经验 苗族以全株入药,煎水内服,可用于驱蛔虫;全株炖猪耳朵,吃肉喝汤,可治疗耳聋、耳鸣。

▲ 响铃豆药材

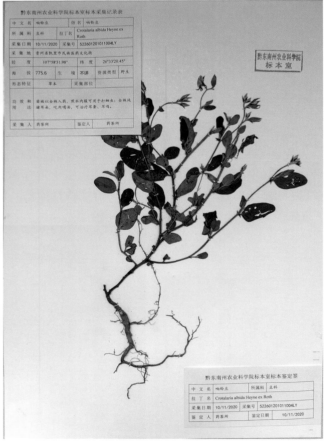

▲ 响铃豆标本

皂荚 *Gleditsia sinensis* Lam.

异名 天钉。

形态特征 落叶乔木，高可达 30 m；枝灰色至深褐色；茎和枝上均布满圆柱形棘刺，棘刺有分枝，小枝末端尖锐。一回羽状复叶，小叶 3～9 对，纸质，叶缘锯齿，阳面被短柔毛，阴面中脉上稍被柔毛，叶脉网不明显。花黄白色，杂性，呈总状花序；荚果长而厚，直或弯曲，单果内含多粒种子，种子长圆形、棕色、光亮，子房缝线处和基部被柔毛。花期 3～5 月，果期 5～12 月。生于山坡林中或谷地、路旁。

用药经验 以皂荚刺和荚果入药。以刺入药，用于治疗心脏病。用法：取新鲜猪心一个，用刀划开，挤掉死血（不可水洗），用三十六根皂荚刺插在猪心上，蒸熟，猪心连汤吃下。以刺入药，煎水内服，可消痰核、治疗咳嗽、痰喘等。鲜果荚煎水内服，治疗胃病；干果荚捣烂用于洗头发，可增黑、增亮头发。果荚在炭火中烧焦后搓成粉，可当洗衣粉使用。

附注 "以形补形"是当地各少数民族普遍持有的用药观念之一。此方以猪心治心脏病是其中一个实例。皂荚当地有零星栽培，主要分布在黄平县。

▲ 皂荚棘刺

▲ 皂荚花

▲ 皂荚果实

▲ 皂荚标本

截叶铁扫帚 *Lespedeza cuneata*（Dum.-Cours.）G. Don

▲ 截叶铁扫帚花序

异名 小夜关门。

形态特征 小灌木,高达2m。茎直立或斜升,被毛,上部分枝;分枝斜上举。三出复叶轮生,叶柄短;小叶楔形,具短叶柄,中间小叶的柄明显比两侧小叶长;阳面深绿色,近无毛;阴面绿色,密被白色伏毛。总状花序腋生,具2~4朵花,淡黄色或白色,龙骨瓣先端时有紫色,旗瓣基部有紫斑,冀瓣与旗瓣近等长,龙骨瓣稍长;闭锁花簇生于叶腋。荚果近球形,具伏毛。花期7~8月,果期9~10月。生于林缘、山坡、路旁杂草丛中。

用药经验 苗族以叶片或全株入药,叶片捣烂敷于患处有生肌功效,用于治刀伤;全株煎水内服用于排疝气。

▲ 截叶铁扫帚叶形与植株

▲ 截叶铁扫帚标本

厚果鱼藤 *Derris taiwaniana*（Hayata）Z. Q. Song

异名 苦坛子。

形态特征 攀援藤本,长达 15 m。褐色嫩枝密被黄色绒毛,黑色老枝散布褐色皮孔,茎中空。羽状复叶对生,草质,披针形,中脉在叶阴面隆起,密被褐色绒毛;托叶早落。新枝下部生总状圆锥花序,花 2～5 朵着生节上;苞片小,阔卵形;小苞片线形,离萼生;花萼杯状,萼齿短到不明显;卵形花冠淡紫色;雄蕊单体;无花盘。深黄褐色荚果肿胀,长圆形,密布疣状凸起;单荚果有种子 1～5 粒,种子黑褐色,肾形。花期 4～6 月。生于山坡常绿阔叶林下。

▲ 厚果鱼藤种子

▲ 厚果鱼藤花序

用药经验 苗族以种子入药,具杀菌功效,泡酒搽患处,可治疗烂疮、包块等皮肤病。有小毒,主要作外用。

油麻藤 *Mucuna sempervirens* Hemsl.

异名 常春油麻藤。

形态特征 常绿木质藤本。茎皮有皱纹,幼茎有纵棱和皮孔。三出复叶,托叶脱落;小叶纸质,形近念珠状;荚果长 30～60 cm,被红褐色短毛或脱落性长刚毛,单果种子 4～12 粒。种子红色至红褐色,内部隔膜木质,扁长圆形,种脐黑色,包围着种子的 3/4。花期 4～5 月,果期 8～10 月。生于灌木丛、溪谷、河边。

用药经验 苗族以茎木入药,切片后煎水内服,有调节五脏的功效,也用于治疗风湿关节痛、肝炎、肺炎。

▲ 油麻藤叶形

▲ 油麻藤茎　　　　　　　　　▲ 油麻藤花序

豆薯 *Pachyrhizus erosus*（L.）Urb.

异名　地萝卜、角苕。

形态特征　多年生草质藤本。茎藤稍被毛,基部稍木质。肉质根块状,纺锤形或扁球形,扁球形者常有圆棱,一般直径在 20～30 cm。三出复叶,托叶线状披针形,小托叶锥状,小叶菱形或卵形,中部以上不规则浅裂,侧生小叶不对称,阴面微被毛。总状花序,具脱落性刚毛状苞片,花冠浅紫色或淡红色,伸出萼外,旗瓣宽倒卵形,翼瓣长圆形,镰状,龙骨瓣钝而内弯,与翼瓣等长。荚果带状,单果种子 8～10 粒,近方形,扁平,种子间有下压的缢痕。种子卵形,种脐小。花期 8 月,果期 11 月。各地有栽培。

用药经验　侗族以花入药,泡温水内服,可解酒。豆薯块根可食用,可当水果生食,亦可作菜肴。

▲ 豆薯肉质根　　　　　　▲ 豆薯花序　　　　　　　▲ 豆薯果实

葛 *Pueraria montana* var. *lobata*（Willdenow）Maesen & S. M. Almeida ex Sanjappa & Predeep

异名　葛根。

形态特征　粗壮藤本，全体被黄色长硬毛，茎基部木质、毛脱落，块根膨大。三出复叶；叶背着生小托叶；小叶三裂，偶见全缘，顶生小叶宽卵形、先端长渐尖，侧生小叶斜卵形、稍小。总状花序，花冠紫色，旗瓣倒卵形。荚果长椭圆形，扁平。花期9～10月，果期11～12月。生于田埂边、灌木丛、林缘或溪谷边。

用药经验　苗族以块根入药，煎水内服，用于降血压。侗族以花和块根入药，取花泡水服用，用于解酒；根煎水内服，用于颈椎病；取根与姜黄一同煎水内服，用于治疗肩椎炎。

附注　本种在当地各县市均有分布，且有人工种植，"榕江葛根"于2016年获国家地理标志产品认证。当地葛和粉葛都称为葛根，且都作为葛根药材使用。据药典记载，药材葛根的基原为豆科植物野葛 *Pueraria lobata*（Willd.）Ohwi 的干燥根。药材粉葛的基原为豆科植物甘葛藤 *Pueraria thomsonii* Benth. 的干燥根。而《中国植物志》未收录野葛和甘葛藤，收录有葛和粉葛 *Pueraria montana* var. *thomsonii*（Bentham）M. R. Almeida。

▲ 葛植株

▲ 葛叶形

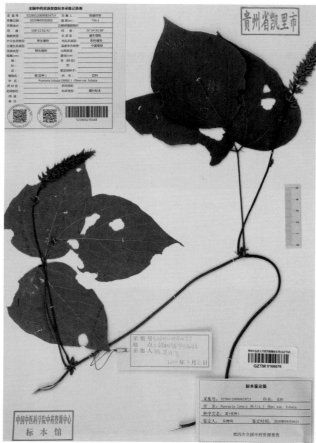

▲ 葛标本

苦参 *Sophora flavescens* Alt.

▲ 苦参植株

▲ 苦参花

▲ 苦参果实

异名 地槐。

形态特征 亚灌木,高可达 2 m。茎直立,多分枝,表皮绿色。奇数羽状复叶,小叶披针形,叶阳面无毛,阴面稀被柔毛。总状花序顶生,花冠淡黄色。荚果近四棱形,成熟后 4 裂,种子近球形,黑色。花期 5～7 月,果期 7～9 月。生于山坡、草坡、灌丛、田野附近。

用药经验 以晒干根段及新鲜茎皮入药,常用于治疗热痢便血、家畜痢疾。晒干的根段水煎服,治疗热痢便血。新鲜树皮水煎喂家畜,治疗家畜痢疾。

▲ 苦参标本

酢浆草 *Oxalis corniculata* L.

异名 酸咪咪。

形态特征 矮小草本,根茎稍肥厚。茎细弱,多分枝,全株被柔毛,直立或匍匐,匍匐茎节上生根。叶基生或茎上互生;叶柄长短,基部具关节;三出复叶无柄,小叶倒心形,先端凹入,两面被柔毛或表面无毛,沿脉被毛较密,边缘具贴伏缘毛,花腋生,单生或数朵集为伞形花序状,总花梗淡红色,与叶近等长;花梗短。种子长卵形,具横向肋状网纹,褐色或红棕色。花果期2~9月。常生于路边、沟边、荒地、乱石堆上。

用药经验 以全株入药,煎水内服,用于解渴、退烧。捣烂敷于患处,可治疗跌打损伤。天柱县润松一带有种用法:眼生"翳子"(翼状胬肉),取酢浆草全株,加车前,捣烂,塞入鼻孔中(左眼翳塞右鼻孔,右眼翳塞左鼻孔)。

▲ 酢浆草植株

▲ 酢浆草花、果实

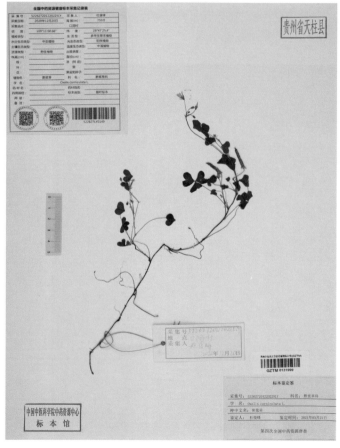

▲ 酢浆草标本/天柱县中医院

泽漆 *Euphorbia helioscopia* L.

▲ 泽漆花序

异名 五朵云、小狼毒、猫眼草。

形态特征 一年生草本。根纤细,下部分枝。茎直立,单一或自基部多分枝,分枝斜展向上,无毛。叶互生,倒卵形或匙形,先端渐窄,中部以下渐狭或呈楔形,具四枚盘状腺体。花序单生,总苞钟状,无毛。蒴果三棱状阔圆形,光滑,无毛;具明显的三纵沟;成熟时 3 裂。种子卵状,暗褐色,具明显的脊网;种阜扁平状。花果期 4～10 月。常生于荒地、田野、路边。

用药经验 苗族以全株入药,捣烂外敷,可治湿疹;煮水洗或泡酒后擦拭,可治脚气。侗族煎水内服,用于化痰止咳、解毒杀虫。

▲ 泽漆植株

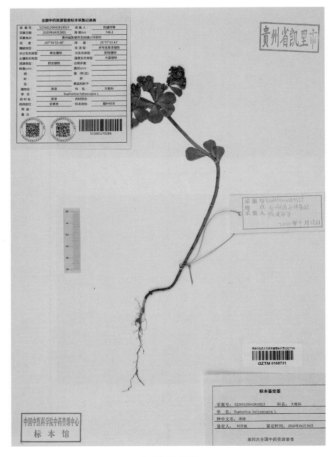

▲ 泽漆标本

叶下珠 *Phyllanthus urinaria* L.

▲ 叶下珠植株

形态特征 一年生草本,高 20～70 cm,茎常直立,多分枝,具翅状纵棱,上部被纵列疏短柔毛。叶纸质,互生,长圆形或倒卵形,长 5～12 mm,宽 3～6 mm,顶端圆、钝或急尖而有小尖头,阳面绿色,阴面灰绿色,有一贯穿全叶的中脉,明显,在阴面隆起;叶柄极短或近无。雄花常 2～4 朵簇生于叶腋;萼片 6,倒卵形,顶端钝;雌花单生于小枝中下部的叶腋内;萼片 6,近相等,卵状披针形,黄白色;花盘圆盘状,边全缘;子房卵状,有鳞片状凸起,花柱分离,顶端 2 裂,裂片弯卷。蒴果圆球状,红色,表面具多数小凸刺;种子橙黄色。花期 4～6 月,果期 7～11 月。常生于旷野平地、旱田、山地路旁或林缘。

用药经验 以全草入药,煎水代茶饮,用于清肝明目、大便久不成型等。

附注 本种与蜜甘草 *Phyllanthus ussuriensis* Rupr. et Maxim. 形态相似,易混淆。两者区别主要在果柄和叶形:本种果柄极短或近无柄,蜜甘草有果柄,长度与果实直径相等或稍长。本种叶片为上部稍宽的长椭圆形,端部凸出成短尖;蜜甘草叶片为披针形,两端渐尖,轮廓为纺锤形。

▲ 叶下珠果实

▲ 蜜甘草果实

▲ 蜜甘草叶形

植物药资源

蓖麻 *Ricinus communis* L.

形态特征 一年生粗壮草本或草质灌木;茎红色,老茎有时土黄色,常被白霜。叶互生、纸质,掌状7~11裂,叶缘锯齿;网脉明显,叶柄粗壮,有早落托叶。圆锥花序,雌雄同株。蒴果卵球形或近球形,果皮具软刺或平滑;种子椭圆形,微扁平,平滑,斑纹淡褐色或灰白色;种阜大。花期几全年或6~9月。各地多栽培,村旁疏林或河流两岸冲积地常有野生。

用药经验 苗族以种子入药,治痔疮:捣烂后塞入肛门。治脱肛:捣烂后涂于脱出的肛门,用蓖麻叶将脱出的肛门兜回,再用种子煎水内服。苗、侗族均认为,蓖麻有排外物、拔钉拔铁功效,有异物刺入皮肤,取蓖麻种子捣烂后敷于患处即可排出。若嘴歪,可捣烂后敷于嘴边(向左歪敷于右,向右歪敷于左),片刻即可矫正,敷贴时间不可过久,否则会矫正过度。

种子有毒,内服慎用。

▲ 蓖麻果穗

▲ 蓖麻种子

▲ 蓖麻标本

油桐 *Vernicia fordii*（Hemsl.）Airy Shaw

异名 桐油。

形态特征 落叶小乔木，高达 10 m；树干和枝自最低分枝处以上常在分枝处折拐；树皮灰色，具皮孔。叶卵圆形或心形，成人手掌张开大小，端部短尖，1～3 裂；全缘；阳面深绿色，无毛，阴面白绿色，被贴伏微柔毛，叶脉突出；脉掌状，5～7 条；叶柄无毛，顶端具扁球形腺体。花先于叶或与叶同时开放，通常两性；花萼长约 1 cm，2～3 裂；花瓣白色，顶端圆形，长 3～5 cm，宽 1～1.5 cm，倒卵形，中部以下有红色脉纹。核果近球状，端部常聚合成尖刺；直径 4～8 cm，果皮光滑无棱；单果种子 3～8 颗，种皮木质。花期 3～4 月，果期 8～9 月。常生于丘陵山地、杂木林处。多有栽培。

用药经验 侗族以油桐种子榨取的油脂（称"桐油"）入药。因受寒引起腹部疼痛，取桐油少许，抹在纸钱上，在炭火边烤，使油脂浸入纸中；又取棉布条，烤到稍烫手的温度。将抹桐油的纸钱盖住肚脐，再用布条压住纸钱后作腰带捆在身上，在避风处静卧休息。

▲ 油桐植株

▲ 油桐花

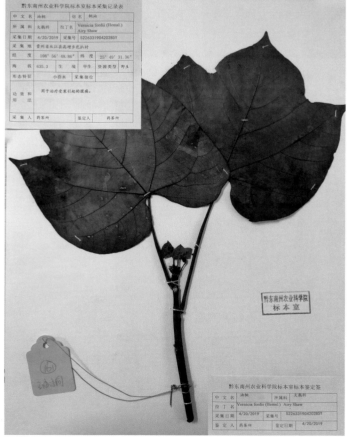

▲ 油桐标本

145

吴茱萸 *Tetradium ruticarpum*（A. Jussieu）T.G. Hartley

异名 米辣子、锤油子。

形态特征 小乔木，嫩枝暗紫红色，与嫩芽同被灰黄或红锈色绒毛。奇数羽状复叶，小叶纸质，卵形或披针形。花序顶生，花序轴被褐红色长毛，雌花序花密集。果密集或疏离，暗紫红色，有大油点，每果瓣1种子；种子近圆球形，一端钝尖，腹面略平坦，褐黑色，有光泽。花期4～6月，果期8～11月。栽培种吴茱萸多数没有种子。野生于山地疏林或灌木丛中，多见于向阳坡地。

▲ 吴茱萸花序　　　　▲ 吴茱萸果穗

用药经验 侗族以果实入药，经炮制后可治打嗝。吴茱萸在当地除药用外也作食用，常用作调味品，烹制牛羊肉时多用。在从江、榕江一带流行食用牛、羊瘪，吴茱萸果是烹饪牛、羊瘪必备的调味料。调查中有从江县侗医介绍：此物经炮制后应存储于纸袋中才能保持其独特风味，存放于塑料袋中，则固有的气味会消失。苗族以果实入药，煎水内服或打粉冲服，用于心胃去痛；也用于解蛊。

附注 当地较大规模栽培，分布在锦屏、黎平、从江等县。

▲ 吴茱萸植株

▲ 吴茱萸叶片

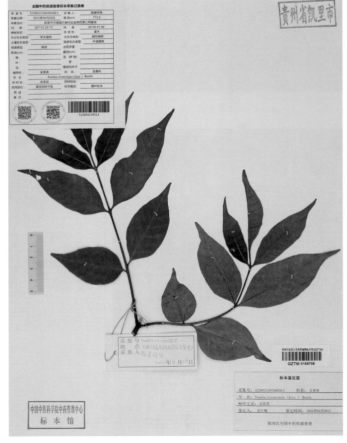

▲ 吴茱萸标本

竹叶花椒 *Zanthoxylum armatum* DC.

异名 一口麻。

形态特征 落叶小乔木或灌木,高可达 5 m。茎枝有红褐色倒刺,小枝具劲直的刺,嫩枝少被短柔毛,小叶阴面中脉上常有小刺。羽状复叶,小叶 3～9 片,以五片最多见;披针形小叶对生,顶端中央一片最大,基部一对最小;小叶柄甚短或无柄。花序近腋生或于侧枝之顶生。果紫红色,果皮具微凸起油点;种子褐黑色。花期 4～5 月,果期 8～10 月。常见于低丘陵坡地、溪谷。

用药经验 侗族以树皮或果入药,有镇痛功效,含于牙痛处,可止痛。

附注 花椒和竹叶花椒形态相似,易混淆,可以通过叶型识别二者。花椒羽状三出复叶,有 3 小叶;小叶无柄,卵形或椭圆形或稀披针形,位于叶轴顶部的较大,叶缘有细裂齿。竹叶花椒中脉叶轴两面常有小刺;羽状复叶,有小叶 3～9 片,以 5 片最多见;小叶对生,通常披针形,顶端中央一片最大,基部一对最小;小叶柄甚短或无柄。

▲ 竹叶花椒植株

▲ 竹叶花椒叶

▲ 竹叶花椒茎刺

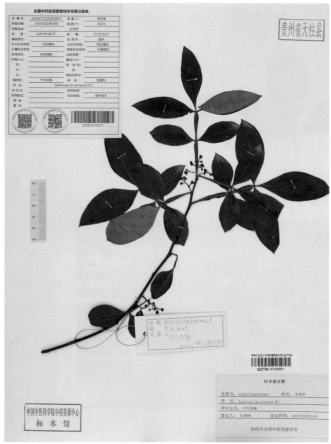

▲ 竹叶花椒标本

花椒 *Zanthoxylum bungeanum* Maxim.

▲ 花椒植株

形态特征 落叶灌木或小乔木，主干有刺但早落，主枝及小枝上具长三角形短刺。三出复叶，叶柄较短；小叶无柄，卵状披针形，叶缘裂齿。花序顶生，花小，绿色。果先为绿色，熟时变为紫红色，具伸长子房柄；果皮具微凸起油点，成熟后果皮裂开，种子逐渐脱落。种子黑色，卵球形或近球形。花期4～5月，果期8～10月。栽培或常生于山坡向阳处。

用药经验 苗族以果实入药，认为有祛风除湿、散瘀止痛、杀虫除腥等功效。煎水内服，可治疗风湿骨痛、腰肌劳损、心胃气痛、牙痛等。花椒煎水内服可用于心脏病、胃痛、腹痛。花椒是药食两用植物，果实多作调料使用；叶片裹上淀粉浆后油炸，即成当地一道美食。

附注 当地大规模栽培，分布遍及所有县市，其中镇远、凯里和黄平种植规模最大。

▲ 花椒叶形

▲ 花椒果实

▲ 花椒标本

异叶花椒 *Zanthoxylum dimorphophyllum* Hemsl.

异名 岩花椒。

形态特征 小乔木或灌木状；枝灰黑色，有白色不规则长条斑纹。嫩枝及芽常有红锈色短柔毛。复叶2～5片，或单小叶；小叶卵圆形，顶部渐尖，边缘无针状刺，两侧对称，网状叶脉明显，叶阳面中脉平坦或微凸起，被微柔毛。变异甚大，枝或有刺或无刺，叶上下两面有刺或无刺，在同居群都会出现差异。花序顶生。果瓣紫红色，幼嫩时常被疏短毛，基部有甚短的狭柄，油点稀少，顶侧有短芒尖；种子细小。花期4～6月，果期9～11月。生于山地林中湿润处，石灰岩山地也常见。

用药经验 苗族以带叶茎枝或根、果实入药，煎水内服，用于胃痛、心肺气痛及全身麻木。

▲ 异叶花椒植株

▲ 异叶花椒叶形

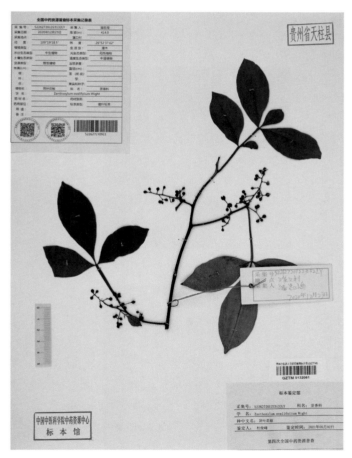

▲ 异叶花椒标本

香椿 *Toona sinensis*（A. Juss.）Roem.

异名 椿芽。

形态特征 落叶乔木；深褐色树皮粗糙，呈片状脱落。偶数羽状复叶，叶柄较长，纸质小叶对生，卵状披针形或长椭圆形，叶缘全缘，无毛，背面常呈粉绿色。圆锥花序，小聚伞花序生于短的小枝上，多花，白色。蒴果狭椭圆形，深褐色，有小而苍白色的皮孔，果瓣薄；种子基部通常钝，上端有膜质的长翅，下端无翅。花期 6～8 月，果期 10～12 月。生于山坡上、溪沟边，各地多栽培。

用药经验 侗族以根皮入药，煎水内服，用于治疗麻疹、肠炎、久泻、崩漏等。

香椿嫩芽在当地为常见食材，称为"椿芽"。可作调料，亦可作主料。作调料时，常用于炒牛羊肉；作主料时，常配鸡蛋清炒，鲜美爽口。

▲ 香椿蒴果

▲ 椿芽/杨通神

▲ 香椿叶形

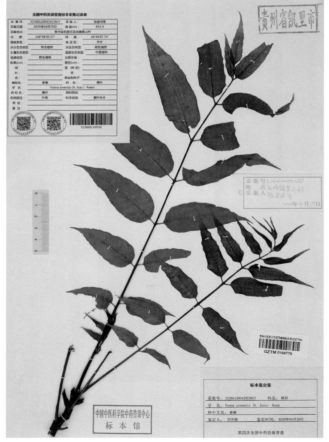

▲ 香椿标本

瓜子金 *Polygala japonica* Houtt.

▲ 瓜子金花

▲ 瓜子金植株

形态特征 多年生草本。茎、枝直立或斜向上生长，绿褐色或绿色，具纵棱，表皮短生曲柔毛。单叶互生，叶片厚纸质或亚革质，卵状披针形或卵形，全缘，无缘毛，叶阳面绿色，阴面淡绿色或紫色，两面无毛或沿叶脉柔毛，叶柄被短柔毛；叶脉 3～5 对，两面凸起。总状花序，与叶片对生或腋外生，白色至紫色。蒴果圆形，较小（直径约 6 mm），具阔翅，无缘毛；单果种子 2 粒，种子卵形。花期 4～5 月，果期 5～8 月。生于山坡草地、路边或田埂上。

用药经验 苗族以全株入药，煎水内服，具有止咳润喉功效，常用于治疗眼部和喉部疾病。

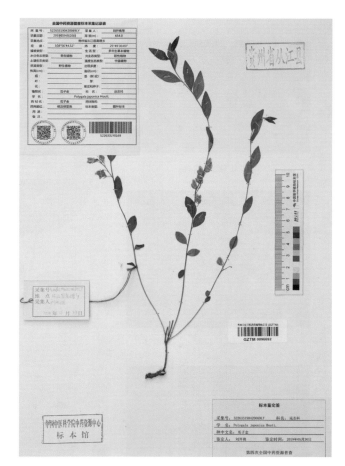

▲ 瓜子金标本

盐麸木 *Rhus chinensis* Mill.

▲ 盐麸木植株

异名 五倍子。

形态特征 落叶小乔木，主干灰色，表皮呈鳞片状脱落；小枝棕褐色，无鳞片脱落。奇数羽状复叶，小叶自下而上逐渐增大，卵形或椭圆状卵形；小叶无柄，边缘具粗锯齿。同翅目瘿绵蚜科五倍子蚜虫在其复叶上所产结的虫瘿称"五倍子"。圆锥花序，多分枝，雌花序较短，雄花序较长，密生锈色柔毛。核果球形，略扁，被柔毛和腺毛，成熟时红色。花期8～9月，果期9～11月。生于向阳山坡上。

用药经验 苗族以五倍子、树干、根入药，五倍子打成粉后与鸡蛋混匀煎炒食用，用于治痢疾；五倍子打粉后涂于患处，用于杀虫、治脚气。侗族以茎木、根入药，茎木煎水内服，常用于治疗腰肌劳损、胃痛；根煎水内服，用于止泻。

附注 当地较大规模栽培，分布在黄平、从江等地。

▲ 盐麸木花序

▲ 盐麸木果实

▲ 盐麸木虫瘿

▲ 盐麸木标本

栓翅卫矛 *Euonymus phellomanus* Loesener

异名 四方刀、鬼箭羽、四面刀。

形态特征 灌木,高可达 4 m;枝条硬直,常具 4 纵列较宽木栓厚翅。叶长椭圆形或似椭圆倒披针形,约三指宽,先端窄长渐尖,边缘具细密锯齿;叶柄较短。聚伞形花序 2～3 次分枝,较疏散,花序梗随着分枝级数增加渐短;小花梗较短;花白绿色。蒴果 4 棱,倒圆心状,粉红色;种子椭圆状,种脐、种皮棕色,假种皮橘红色,包被种子全部。花期 7 月,果期 9～10 月。生于山谷林中,亦有栽培。

▲ 栓翅卫矛枝条形态　　　▲ 栓翅卫矛枝条上的翅　　　▲ 栓翅卫矛叶序

用药经验 苗、侗族以带有 4 纵裂木栓厚翅的枝条入药。苗族取其泡酒饮或搽于患处,用于治疗风湿关节炎、跌打损伤。侗族取其煎水内服,用于风湿痹痛、骨伤;小儿夜晚容易受惊吓,取带有 4 纵裂木栓厚翅的枝条挂于床头,有安神功效。

野扇花 *Sarcococca ruscifolia* Stapf

异名 野山羊、万年青。

形态特征 灌木,高可达 4 m,茎及枝条呈绿色,具纤维根。叶形及叶片大小变异大,有卵形、披针形、椭圆状披针形或狭披针形等;小者如大的葵花籽,大者有成人两节手指大小;基部急尖或渐狭或圆,先端急尖或渐尖,叶阳面亮绿,阴面淡绿、无毛、平滑,中脉凸出,侧脉不显,最下一对侧面成离基三出脉。总状花序,花白色,芳香,花柱 3(偶见 2)。果实球形,较小,熟时猩红色或暗红色。花果期 10 月至翌年 2 月。常生于林下、林缘、沟谷或路旁。

用药经验 苗族以根皮入药,打粉后冲服或泡酒内服,可用于治疗风湿关节炎、瘫痪。

附注 在黔东南,除野扇花本种之外,也有长叶柄野扇花 *Sarcococca longipetiolata* M. Cheng、羽脉

野扇花 *Sarcococca hookeriana* Baill. 等。因本种变异很大，尤其叶片形态差异极大，易与同属其他种混淆，难于分辨。故民间药用中基本不作区分。

▲ 野扇花果实

▲ 野扇花枝条

▲ 野扇花标本

枳椇 *Hovenia acerba* Lindl.

▲ 枳椇植株

异名 拐枣。

形态特征 高大乔木；小枝有明显白色的皮孔，树皮褐色或黑紫色。叶互生，厚纸质至纸质，宽卵形、椭圆状卵形，叶缘细锯齿。聚伞圆锥花序，顶生和腋生，被棕色短柔毛，两性花小、白色，花柱无毛。浆果状核果近球形，无毛，成熟时黄褐色或棕褐色；果序轴明显膨大，成肉质，果肉成熟具芳香甜味，幼时涩；种子暗褐色或黑紫色。花期5～7月，果期8～10月。常生于旷地、山坡林缘或疏林中。百姓房前屋后常有栽种。

用药经验 常取果序轴生吃或泡酒，有清凉利尿的功效，亦可预防和治疗风湿性关节炎。侗族民间与葛的花配伍用于解酒，用法见"葛"条目，可治疗因饮酒过度造成的酒精中毒。

　　果序轴是药食两用，除药用外，可生食，亦可用于酿酒。

▲ 枳椇花

▲ 枳椇种子

▲ 枳椇果实

崖爬藤　*Tetrastigma obtectum*（Wall.）Planch.

异名　小岩五甲。

形态特征　草质藤本。小枝无毛或着生疏柔毛。相隔 2 节长有 4～7 条伞状卷须于节上，间断与叶对生。掌状叶，小叶 5 片，小叶菱状椭圆形或椭圆披针形，外侧小叶基部不对称，叶缘锯齿，阳面绿色，阴面浅绿色，叶片无毛。多数花集生成单伞形，于 1～2 片叶的短枝上顶生。果实球形，单果种子 1颗；种子椭圆形，基部有短喙。花期 4～6 月，果期8～11 月。常见于林下湿处、林缘灌丛中，或攀附于崖壁上。

用药经验　以全株入药，全株泡酒内服，常用于治疗跌打损伤、手脚麻木、风湿关节炎。

▲ 崖爬藤果穗

附注 当地常见的除崖爬藤外，还有毛叶崖爬藤。毛叶崖爬藤与崖爬藤不同之处：枝条、叶柄、叶片上均被白色疏柔毛。此二者在当地都是药材"小岩五甲"的基原。

▲ 崖爬藤叶形　　　　　　　　▲ 毛叶崖爬藤叶形

▲ 崖爬藤标本

箭叶秋葵 *Abelmoschus sagittifolius*（Kurz）Merr.

异名 人参。

形态特征 多年生草本，高可达 1 m，肉质块根，小枝着生糙硬长毛。叶形多样，下部叶呈卵形，中部以上叶有卵状戟形、箭形至掌状叶，裂片阔卵形至阔披针形，先端钝；阴面长硬毛，阳面长疏刺毛；叶柄较长，着生长硬毛。单花腋生，纤细花梗密被糙硬毛；花红色或黄色。蒴果椭圆形，被刺毛，具短喙；肾形种子具腺状条纹。花期 5～9 月。常见于低丘、草坡、旷地、稀疏松林下或干燥的瘠地。

用药经验 苗族以根入药，常用于炖肉，具有滋补功效。为药食两用，除药用外，取鲜嫩蒴果清炒，是清脆可口的蔬菜，经常食用，有滋补阳气之功效。

▲ 箭叶秋葵花、叶

▲ 箭叶秋葵果实

▲ 箭叶秋葵药材

结香 *Edgeworthia chrysantha* Lindl.

异名 梦花。

形态特征 落叶灌木，高达 0.7～2 m，通常三叉分枝，小枝粗壮，褐色，幼枝常被短柔毛，韧皮极坚韧，叶痕大，直径约 5 mm。叶在花前凋落，纺锤形，两端锐尖，长 8～20 cm，宽 2.5～5.5 cm，两面绿色，阳面颜色稍深，两面叶脉明显，侧脉纤细，弧形，每边 10～13 条。头状花序顶生或侧生，具花 30～50 朵，成绒球

状;花序梗长 1～2 cm,被灰白色长硬毛;花无梗,芳香,花萼长 1.3～2 cm,宽 4～5 mm,外面密被白色丝状毛,内面无毛,黄色。果椭圆形,绿色,长约 8 mm,直径约 3.5 mm,顶端被毛。花期冬末春初,果期春夏间。调查未见野生植株,当地各村寨房前屋后时见有栽培。

用药经验 侗族以叶、花入药,叶可治痔疮。花捣烂外敷可治跌打损伤导致的肿痛,煎水内服可治迎风流泪。花放在枕头下,治失眠有效,但不能长期用。一般认为本种有毒,内服或鼻闻过量可能导致迷走神经兴奋。

民间又常用于失眠、多梦、噩梦、夜游等,可用本种加鬼箭羽治疗。

▲ 结香植株

▲ 结香花

▲ 结香枝叶

七星莲 *Viola diffusa* Ging.

异名 黄瓜香。

形态特征 一年生草本,全株被糙毛或白色柔毛,无地上茎,花期生出地上匍匐枝。匍匐枝节间较长,先端具莲座状叶丛,叶丛基部常生不定根。根状茎短,具多条白色细根及纤维状根。叶片卵状长圆形,叶柄具明显的翅,多数有毛。托叶狭小,近膜质。花较小,淡紫色或浅黄色;柱头顶端二浅裂,裂片间前方具短喙。长圆形蒴果无毛,顶端常宿存花柱。花期 3～5 月,果期 5～8 月。生于山地林下、林缘、草坡、溪谷旁、岩石缝隙中。

用药经验 苗族以全株入药,捣烂后敷于患处,用于治疗"起疱"(无名肿毒)。

▲ 七星莲植株形态

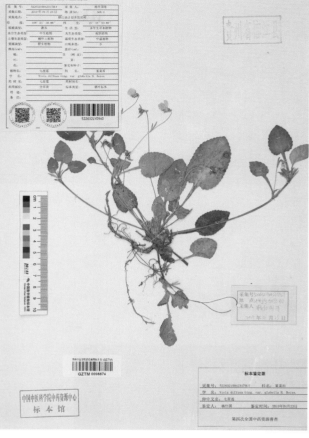

▲ 七星莲野生居群   ▲ 七星莲标本

长萼堇菜 *Viola inconspicua* Blume

异名　地丁。

形态特征　多年生草本,无地上茎及匍匐枝,只具根状茎,根状茎斜生或垂直,较为粗壮,多数被残留的褐色托叶所包被。基生叶莲座状;叶片三角形、三角状卵形,由基部向上渐变狭,先端渐尖;叶柄无毛,托叶 1/2～2/3 与叶柄合生。花淡紫色,有暗色条纹;花梗细弱,通常与叶片等长或稍高出于叶;柱头顶部微凹,两侧有缘边,前方具短喙。长圆形蒴果无毛。种子卵球形。花果期 3～11 月。生于林缘、山坡草地、田边及溪旁等。

用药经验　苗族以全株入药,捣烂后敷于患处,用于无名肿毒、神经硬化、蛇虫咬伤。

▲ 野生长萼堇菜

▲ 长萼堇菜全株

▲ 长萼堇菜药材

紫花地丁 *Viola philippica* Cav.

▲ 紫花地丁植株

▲ 紫花地丁花

异名 地丁。

形态特征 多年生草本,无地上茎及匍匐茎,高 4～20 cm。淡褐色根状茎短,肉质,垂直,密生节,有数条淡褐色或近白色的细根。叶多数,基生,莲座状;下部叶片呈三角状卵形或狭卵形,上部叶狭卵状披针形,上部叶片较下部叶片大,叶缘具圆齿,叶片无毛。花紫堇色或淡紫色,喉部色较淡并带有紫色条纹;柱头顶部微凹,两侧有缘边,前方具短喙。果长卵圆形,横切面略成圆角的三角形,内有种子 30～40 粒,成熟后果皮裂开成三瓣,种子崩出。花果期 4 月中下旬至 9 月。常生于林下、田边、路边。

用药经验 以全草入药,捣烂敷于患处,用于治疗无名肿毒、神经硬化、蛇虫咬伤。捣烂外敷兼煎水内服,有清热解毒功效,可治蛇伤、疮、痈等。侗族治疗疮小验方:疮眼内埋棉线,取新鲜紫花地丁全草,捣烂,围疮头敷一圈,疮熟后拉出棉线,拔出疮头,即可根治。

附注 在民间,一些常用方子常公开流传,紫花地丁治疗疮小验方即其中一例。

同属植物苗岭堇菜 *Viola miaolingensis* Y. S. Chen、长萼堇菜 *Viola inconspicua* Blume 与紫花地丁形态相似,民间亦称为地丁、紫花地丁,都做紫花地丁药材使用。其鉴别特征:紫花地丁株形普遍较小,叶多三角状卵形或狭卵形,两面绿色或阳面深绿,阴面稍带紫色,根系较纤细;苗岭堇菜叶窄心形,基部深陷,阳面墨绿色,阴面红紫色;长萼堇菜株形较大,叶多为狭长的三角形,如箭镞状,主根较肥大。

▲ 紫花地丁未成熟果实　　　　　　▲ 紫花地丁成熟果实

秋海棠 *Begonia grandis* Dry.

异名 散血丹。

形态特征 多年生草本。根状茎近球形,拇指头大小。茎直立,近无毛,高 40~60 cm,有节,节上长叶,叶腋间常有分枝,表皮绿色且具白色斑点,节上红色。基生叶未见,茎生叶互生,具长柄;叶片两侧不相等,轮廓宽卵形至卵形,长 10~18 cm,宽 7~14 cm,先端渐尖至长渐尖,基部心形,偏斜,边缘具不等大的三角形浅齿,齿尖带短芒,阳面褐绿色,常有红晕,阴面色淡,叶脉及叶脉两侧呈紫红色。花粉红色。蒴果下垂,细弱,无毛;种子极多数,小,长圆形,淡褐色,光滑。花期 7 月开始,果期 8 月开始。生山谷潮湿石壁上、山谷溪旁密林石上、山沟边岩石上和山谷灌丛中。

▲ 秋海棠植林

▲ 秋海棠根状茎

▲ 秋海棠花序

用药经验　侗族以全株入药。有活血散瘀、消肿散结等功效，多用于跌打损伤、瘀青肿痛、骨伤等。

附注　当地产秋海棠属植物多种，有独牛 *Begonia henryi* Hemsl.（俗称一口血或散血丹）、昌感秋海棠 *Begonia cavaleriei* Lévl.（俗称扒岩蜈蚣或水蜈蚣）、裂叶秋海棠 *Begonia palmata* D. Don（俗称水八角或扒岩蜈蚣、水蜈蚣），均入药，一般认为功效相似，常混用。其中秋海棠最常用。

独牛　*Begonia henryi* Hemsl.

异名　一口血、散血丹。

形态特征　多年生草本。根状茎球形，具多数纤维状须根，无茎。叶基生，常 1 或 2 片，纸质，三角状卵形或宽卵形，叶片两侧不对称；阳面绿色，无毛，阴面白色，间杂紫红色；叶柄长短变化较大，被褐色卷曲长毛。花葶细弱；花常 2 或 4 朵，呈 2～3 回二歧聚伞状；花粉红色，花梗被疏柔毛。蒴果下垂，有不等 3 翅，长圆形，无毛；单果种子多数，种子小，长圆形，淡褐色，平滑。花期 9～10 月，果期 10 月开始。生于山坡阴处岩石上、石灰岩山坡岩石缝隙中、山坡路边阴湿处和常绿阔叶混交林下。

用药经验　苗族以根状茎入药，煎水内服，用于补血、补气。

▲ 独牛叶形

▲ 独牛植株

▲ 独牛根状茎

裂叶秋海棠 *Begonia palmata* D. Don

异名 扒岩蜈蚣、水蜈蚣、水八角。

形态特征 根状茎长圆柱状，匍匐，节膨大，具多数纤维状细根。茎和叶柄均被锈褐色交织的绒毛；叶片轮廓和大小变化较大，通常斜卵形，长5～16 cm，宽3.5～13 cm，浅至中裂，先端渐尖，边缘有齿或微具齿，基部斜心形，阳面密被短小而基部带圆形的硬毛，有时散生长硬毛，阴面沿脉被锈褐色交织绒毛；花玫瑰色或白色。花期6月开始，果期7月开始。生于山沟阴湿处岩石上、山谷潮湿处密林下。

用药经验 苗族以根入药，根与大血藤、小血藤泡酒后，内服或外用擦拭于患处，可治疗跌打损伤；根切细吞服具有排气功效；根煎水内服可治感冒。侗族以全株入药，用法与秋海棠略同。

附注 本种和昌感秋海棠 *Begonia cavaleriei* Lévl. 均有长条形具节的根状茎。在多个苗族侗族聚居地区，其根状茎都是本地药材"扒岩蜈蚣"共同的基原。

▲ 裂叶秋海棠植株

▲ 昌感秋海棠植株

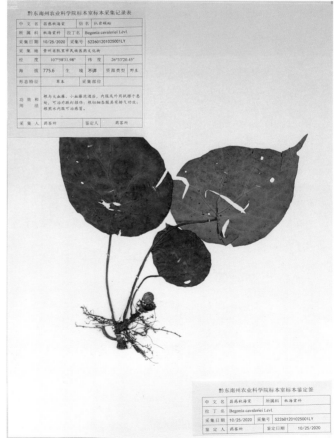

▲ 昌感秋海棠标本

掌裂叶秋海棠 *Begonia pedatifida* Lévl.

异名 水八角。

形态特征 多年生草本。根状茎长圆柱状,扭曲,节密。叶基生,具长柄,自根状茎抽出,偶在花葶中部有1小叶;叶片纸质,扁圆形至宽卵形,基部截形至心形,4～6掌状深裂,几达基部,中间3裂片常再中裂,全边缘有浅而疏三角形之齿,阳面深绿色,散生短硬毛,阴面淡绿色,沿脉有短硬毛,掌状6～7条脉;托叶膜质,早落。花葶疏被或密被长毛;花白色或带粉红,4～8朵,呈二歧聚伞状;子房2室,中轴胎座。蒴果下垂,种子极多数,小,长圆形,淡褐色,光滑。花期6～7月,果期10月开始。常生于崖壁下阴湿处,或溪沟阴处。

用药经验 苗族以根入药,泡酒服用,用于治疗跌打损伤;煎水内服,对体虚者可排湿、排气;捣烂敷于患处,可治疗蛇虫咬伤。侗族以根入药,泡酒(酒呈红色)服用,用于治疗跌打损伤。侗家喜用银饰,银饰发黑后,用本种茎秆挤出的汁液浸泡后擦洗,可恢复亮白。故侗语称其为"骂教银",意为"洗银的菜"。

▲ 掌裂叶秋海棠花穗

▲ 掌裂叶秋海棠植株

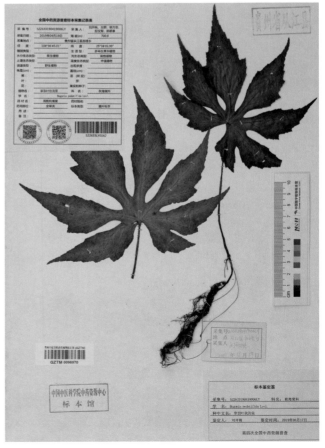

▲ 掌裂叶秋海棠标本

绞股蓝 *Gynostemma pentaphyllum*（Thunb.）Makino

形态特征 草质攀援植物。茎常多分枝，具纵棱及槽。叶膜质或纸质，鸟足状，常 5～7 小叶；小叶片卵状长圆形或披针形，中央小叶常比侧生小叶大，边缘具波状齿或圆齿状牙齿，阳面深绿色，阴面淡绿色，两面均疏被短硬毛。卷须 2 歧，纤细。花雌雄异株；雄花圆锥花序，花冠淡绿色或白色；雌花圆锥花序小，花冠似雄花。浆果球形，肉质，成熟后黑色，果皮光滑有光泽，内常含种子 2 粒，成熟后不开裂；种子卵状心形，灰褐色或深褐色，基部心形，压扁，两面具乳突状凸起。花期 3～11 月，果期 4～12 月。生于山谷中、疏林下、灌丛中、路旁。

用药经验 以全株入药，煎水内服，或取干品作日常茶饮，具有清热利尿的功效。

附注 本种复叶具 3～9 小叶，当地认为有 7 片小叶的植株药力最强。

▲ 绞股蓝花、叶

▲ 绞股蓝植株

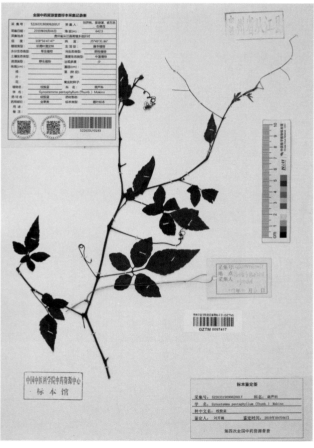

▲ 绞股蓝标本

植物药资源

丝瓜 *Luffa aegyptiaca* Miller

形态特征　一年生攀援藤本。茎、枝粗糙，有棱沟，卷须稍粗壮。叶片纸质，三角形或近圆形，常掌状5～7裂，基部深心形，脉掌状；具粗壮长叶柄，叶及叶柄粗糙。雌雄同株；雄花生于总状花序上部，具花数朵；花冠黄色，辐状，裂片长圆形，顶端钝圆，基部狭窄；雌花单生。果实长圆柱状，直或稍弯，表面平滑或有褶皱，通常有深色纵条纹，未熟时肉质，成熟后干枯，里面呈网状纤维；种子多数，黑色，卵形，扁，平滑。花、果期夏、秋季。当地广泛栽培。

用药经验　当地广泛以未成熟果实食用。入药则用种子或全株。种子捣烂敷于患处，可用于治疗疗疮；全株煎水内服，用于治疗支气管炎。果实内部的网状纤维称"丝瓜络"，常用于擦洗碗筷、锅具等。

▲ 丝瓜果实

▲ 丝瓜络

▲ 丝瓜籽/兰才武

木鳖子 *Momordica cochinchinensis*（Lour.）Spreng.

异名　牛鼻子。

形态特征　藤本，茎长可达15 m以上。根块状；全株近无毛或稍被短柔毛。叶纸质，互生，卵状心形或宽卵状圆形,常3～5中裂或深裂,先端急尖或渐尖,有短尖头,边缘常具波状小齿,基部心形;叶脉掌状;叶柄粗壮,中部具2～5个腺体。卷须颇粗壮,光滑无毛,不分歧。花雌雄异株。雄花单生于叶腋或有时3～4朵着生在极短的总状花序轴上;雌花单生于叶腋。果实卵球形,肉质,未成熟时绿色,成熟时橘色或红色,密生具刺尖的突起;种子多数,卵形或方形,干后黑褐色。花期6～8月,果期8～10月。多生于山沟、林缘、路旁,亦有栽培。

用药经验 以果实入药,果实煎水内服,用于治疗肺病。

▲ 木鳖子植株

▲ 木鳖子花

▲ 木鳖子种子

▲ 木鳖子成熟果实/兰才武

栝楼 *Trichosanthes kirilowii* Maxim.

异名 瓜蒌、青瓜蒌、天花粉。

形态特征 攀援藤本,长可达10 m以上。块根粗厚,圆柱状,淡黄褐色。茎具纵棱和槽,多分枝。单叶纸质,互生,轮廓近圆形,常3～5浅裂至中裂;叶基心形,半圆形弯缺;阳面深绿色,阴面绿白色;基出掌状脉5条,细脉网状;具粗壮长叶柄,被长柔毛。卷须3～7歧,被柔毛。花雌雄异株。雌雄花总状,常单生;花冠白色,两侧具丝状流苏。果实椭圆形或圆形,未成熟时绿色并带白色花纹,成熟时黄色或橙黄色,果瓢深绿色;种子卵状椭圆形,压扁,淡黄褐色,近边缘处具棱线。花期5～8月,果期8～10月。野生稀少,生于山坡林下、灌丛中、草地和村旁田边。

▲ 栝楼植株

用药经验　侗族以根入药。阴虚,内火过旺,常口干,喝水不解渴,取其根煎水内服。

附注　当地大规模栽培,分布在丹寨、黄平、岑巩等地。

▲ 栝楼叶　　　　　　　　　　　　　　　　　　▲ 栝楼花、果实

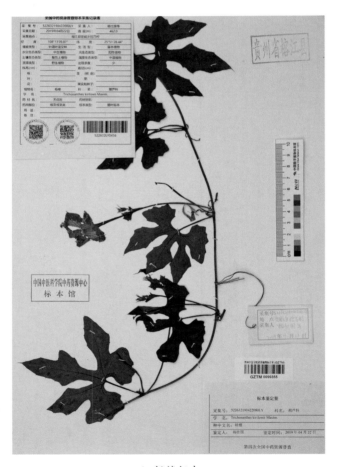

▲ 栝楼标本

地菍 *Melastoma dodecandrum* Lour.

异名　地枇杷、火炭包。

形态特征　披散或匍匐状亚灌木，茎长 15～40 cm。茎匍匐或上升，逐节生根，多分枝，披散，小枝被糙伏毛。叶片坚纸质，叶边密被短伏毛，卵形或椭圆形，顶端急尖，基部广楔形，全缘或具密浅细锯齿，基出脉 3～5，侧脉互相平行；叶阳面常仅边缘被糙伏毛，阴面仅沿基部脉上被极疏糙伏毛。聚伞花序，顶生，有花 1～3 朵；花瓣淡紫红色至紫红色，菱状倒卵形，上部略偏斜，顶端有 1 束刺毛，被疏缘毛。果坛状或球状，平截，近顶端略缢缩，肉质，熟时紫黑色。花期 5～7 月，果期 7～9 月。常生于路旁、田边、荒地上。

用药经验　侗族以全草或根入药，全草捣烂外敷，用于治疗跌打损伤、止血等；全草煎水内服，具抗菌、消炎功效，用于慢性痢疾；全草捣烂敷于伤口处，用于毒蛇咬伤；根与虎杖根、山莓根配伍，作滋补药使用，详见"虎杖"条目。

▲ 地菍花

▲ 地菍果实

▲ 地菍植株

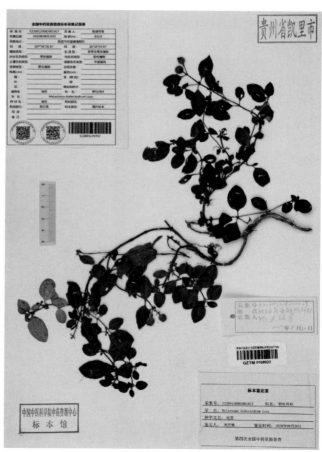

▲ 地菍标本

星毛金锦香 *Osbeckia stellata* Ham. ex D. Don；C.B. Clarke

异名 朝天罐。

形态特征 直立半灌木,高 0.5～2 m。茎通常四棱或六棱形,下部常无毛,上部被疏毛。叶对生,叶片纸质,长 6～15 cm,宽 1.5～4 cm,阔柳叶形,顶端渐尖,基部钝至近楔形;全缘,具缘毛;基出脉常 5 条,汇聚于叶端,两面常被糙伏毛;两面绿色而阳面颜色稍深;叶柄较短,被毛。聚伞花序顶生,分枝上各节常育花 1 朵;花瓣红色或紫红色,广卵形,顶端钝,具缘毛,子房全部被毛。蒴果长卵形,4 纵裂;宿存萼坛形,顶端平截,中部略上缢缩,通常无毛。花期 8～11 月,果期 11 月至翌年 1 月。生于草坡上、林缘、路边向阳处。

用药经验 苗族以全株入药,煎水内服,可用于治疗鼻炎、支气管炎。

▲ 星毛金锦香植株

▲ 星毛金锦香花

▲ 星毛金锦香叶

▲ 星毛金锦香标本

刺五加 *Eleutherococcus senticosus*（Ruprecht & Maximowicz）Maximowicz

异名 五加皮。

形态特征 灌木。茎近丛生,多分枝,常密生刺,刺直而细长,针状,下向,基部不膨大,脱落后遗留圆形刺痕。掌状复叶,常有小叶 3 片,稀 5 片;小叶片纸质,椭圆状倒卵形或长圆形,阳面粗糙,深绿色,脉上有粗毛,阴面淡绿色,脉上有短柔毛,边缘有锐利重锯齿;叶柄常疏生细刺。伞形花序,具花多数,单个顶生,或多个组成稀疏的圆锥花序;花紫黄色;花瓣常 5,卵形。果实球形或卵球形,有 5 棱,黑色。花期 6~7 月,果期 8~10 月。常生于疏林下、灌丛中。

▲ 刺五加植株

用药经验 苗族以全株、根皮入药,根皮泡酒可治疗风湿关节炎;全株煎水内服,用于调节五脏、排气、治疗支气管炎;根皮与见血飞、大血藤、小血藤、红牛膝(红柳叶牛膝)泡酒,治疗跌打损伤。叶片可食用,炒食或蒸食。侗族以枝叶入药,加见血飞、大血藤、小血藤,煎水内服,用于治风湿痹痛。

附注 刺五加与白簕 *Eleutherococcus trifoliatus*（Linnaeus）S. Y. Hu 形态相似,易混淆,鉴别特征:刺五加叶常有小叶 5 片,稀 3 片;花紫黄色。白簕叶常有小叶 3 片,稀 4~5 片;花黄绿色。

▲ 刺五加叶序

▲ 刺五加茎刺

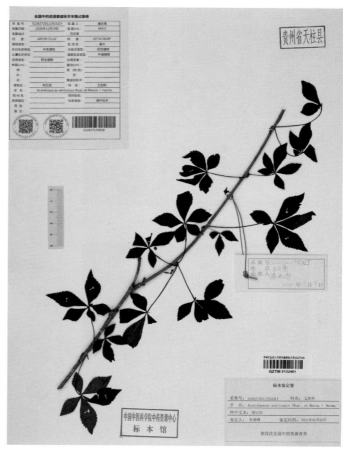

▲ 刺五加标本

常春藤 *Hedera nepalensis* var. *sinensis*（Tobl.）Rehd.

▲ 常春藤植株

异名 三角枫。

形态特征 常绿攀援灌木。茎灰棕色或黑棕色，密生气生根，植物幼嫩部分和花序上有锈色鳞片。叶片变异较大，革质，在不育枝上通常为三角状卵形或三角状长圆形，边缘全缘或 3 裂；花枝上的叶片通常为椭圆状卵形至椭圆状披针形，略歪斜而带菱形，常全缘；阳面深绿色，有光泽，阴面淡绿色或淡黄绿色；侧脉和网脉两面均明显。聚伞形花序，花淡黄白色或淡绿白色，芳香。果实球形，红色或黄色。花期 9～11 月，果期次年 3～5 月。生于疏林下、路旁、崖壁上、房屋墙壁上。在景区、公路边、庭院中常作绿化植物栽培。

用药经验 苗族以全株或茎木入药，煎水内服，或与茜草藤一起泡酒，每天少量服用，可治疗风湿性关节炎。苗族民间认为叶形为三角形，爬树的常春藤，其药效比匍匐于地面的好，而又以爬枫香树的药效最佳。侗族以全株入药，与大叶软筋藤、忍冬藤一同煮水洗浴兼内服，有清热利湿功效，可治风湿关节痛、跌打损伤。

▲ 常春藤果穗

▲ 常春藤叶形

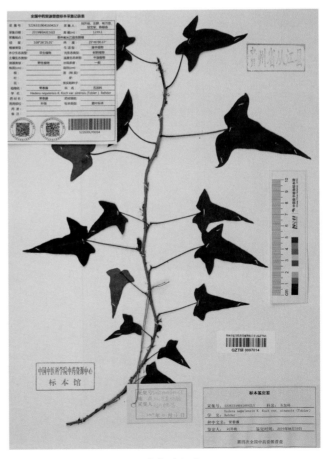

▲ 常春藤标本

穗序鹅掌柴 *Heptapleurum delavayi* Franch.

异名 金钱草。

形态特征 灌木，高 2～6 m。茎粗壮，常不分枝，幼时密生黄棕色星状绒毛，不久毛即脱净；髓薄片状，白色。掌状复叶，常具 4～7 片小叶，厚纸质至薄革质，形状变化大，椭圆状长圆形、卵状披针形、卵状长圆形或长圆状披针形；叶片嫩时黄绿色，老时阳面绿色，光滑，阴面绿白色，密生灰白色或黄棕色星状绒毛，老时变稀；边缘全缘或疏生不规则的锯齿；中脉在阴面隆起，侧脉多对；小叶柄粗壮，不等长。穗状花序，再集成大圆锥花序；主轴和分枝幼时均密生星状绒毛，后毛渐稀。果实球形，紫黑色。花期 10～11 月，果期次年 1 月。生于山谷灌丛中、林缘、溪边。

▲ 穗序鹅掌柴叶

用药经验 侗族以根部入药，煎水内服，可治哮喘；捣烂外敷，可治骨痈（骨内部溃烂，流出脓汁）。

▲ 穗序鹅掌柴植株

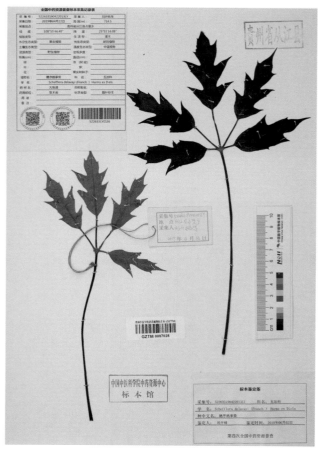

▲ 穗序鹅掌柴标本

通脱木 *Tetrapanax papyrifer*（Hook.）K. Koch

▲ 通脱木植株

▲ 通脱木药材（茎）

▲ 通脱木根

异名 大通草、大泡桐。

形态特征 常绿灌木。树皮略有皱裂，深棕色；新枝幼时密生黄色星状厚绒毛，后期渐脱落。叶大，长 45～70 cm，宽 45～65 cm，集生茎顶；叶片厚纸质或薄革质，掌状 5～12 裂，裂片通常为叶片全长的 1/3～1/2；阳面深绿色，无毛，阴面密生白色厚绒毛；边缘全缘或疏生粗齿。圆锥花序大；花淡黄白色；密生白色星状绒毛；花瓣 4。果实球形，紫黑色。花期 10～12 月，果期次年 1～2 月。喜向阳肥沃之地，常生于山坡、路边灌丛中。

用药经验 以白色茎髓入药，煎水内服，可通便，用于治疗痢疾、便秘。

附注 通脱木与八角金盘 *Fatsia japonica*（Thunb.）Decne. et Planch. 形态相似，易混淆，两者的主要鉴别特征：通脱木叶片及茎密生黄色星状厚绒毛，叶掌状 5～11 裂。八角金盘全株无星状厚绒毛，叶掌状 7～9 深裂，阳面光滑无毛；常作绿化植物栽培于路旁、园区等。

▲ 通脱木标本

积雪草 *Centella asiatica*（L.）Urban

异名　金钱草。

形态特征　多年生草本。茎细长，匍匐，平铺地上成片，节上生根。叶片基生或生于节上，膜质至草质，圆形、肾形或马蹄形，边缘有钝锯齿，基部阔心形，常无毛；叶柄长，基部有鞘；掌状脉两面隆起，常 5～7 条，脉上部分叉。伞形花序，聚生于叶腋，呈头状，梗极短；花近无柄，花瓣紫红色或乳白色，卵形，膜质。果实圆球形，两侧扁压。花、果期 4～10 月。常生于路边、荒地、田边。

用药经验　苗、侗族均以全株入药，苗族煎水内服，用于治疗小儿惊风，亦有消炎、退热功效。侗族煎水内服，用于治疗麻风；捣烂外敷，用于治疗跌打损伤等。

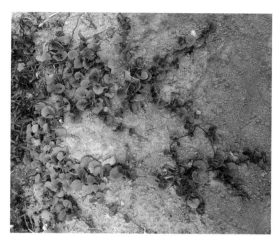

▲ 积雪草植株

▲ 积雪草花

▲ 积雪草茎

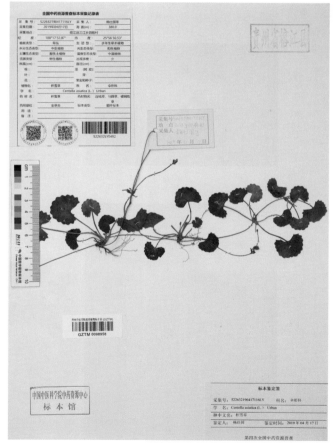

▲ 积雪草标本

鸭儿芹 *Cryptotaenia japonica* Hassk.

异名 鸭脚板。

形态特征 多年生草本,株高 30～95 cm。主根短,侧根多,细长。茎直立,具分枝,光滑,表面绿色,偶见带紫色者。基生叶或上部叶有柄,叶柄拉断,内部有 5～7 根具弹性的筋;叶片轮廓三角形至广卵形,通常为 3 小叶,所有的小叶片边缘有不规则的尖锐重锯齿,两面叶脉隆起,最上部的茎生叶近无柄。复伞形花序呈圆锥状,花瓣倒卵形,白色。分生果线状长圆形,合生面略收缩,胚乳腹面近平直,每棱槽内有油管 1～3,合生面油管 4。花期 4～5 月,果期 6～10 月。喜湿,常生于田野水沟边、路边阴湿处。

用药经验 以全草入药,煎水内服,有消炎、利尿功效。功效与骚羊牯相仿,但药力稍弱,需要时可替代骚羊牯使用。鸭儿芹在当地为药食两用,除药用外,常取幼嫩茎叶清炒或煮酸汤食用。

▲ 鸭儿芹植株

▲ 鸭儿芹花

▲ 鸭儿芹茎部

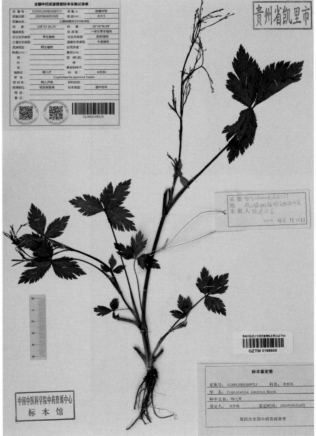

▲ 鸭儿芹标本

茴香 *Foeniculum vulgare* Mill.

异名 马尾香。

形态特征 多年生草本,株高 0.5～1.8 m,有强烈香味。茎直立光滑,多分枝,灰绿色或苍白色。下部茎生叶有长柄,中上部的叶柄部分或全部成鞘状;叶片阔三角形,4～5 回羽状全裂。复伞形花序顶生或侧生;小伞形花序具多花;花柄纤细,花瓣黄色,倒卵形;花丝略长于花瓣;花药卵圆形,淡黄色。果实长圆形,具 5 条主棱,尖锐。花期 5～6 月,果期 7～9 月。各地有栽培。

用药经验 侗族地区以果实入药,煎水内服,用于治疗肾虚腰痛、胃痛、呕吐等。当地广泛用作调料,取鲜嫩的地上部分,或干燥果实用于炒牛羊肉。

▲ 茴香植株

▲ 茴香花序

▲ 茴香果实

植物药资源 〉〉〉〉〉

天胡荽 *Hydrocotyle sibthorpioides* Lam.

异名 地星宿。

形态特征 多年生草本,有气味。茎细长而匍匐,平铺地上成片,节上生根。叶片膜质至草质,圆形

▲ 天胡荽植株

或肾圆形,基部心形,两耳有时相接,不分裂或5～7裂,叶柄无毛或顶端有毛。伞形花序与叶对生,单生于节上;花瓣卵形,绿白色。果实略呈心形,两侧扁压,中棱在果熟时极为隆起,幼时表面草黄色,成熟时有紫色斑点。花果期4～9月。生于湿润的草地、河沟边、林下。

用药经验　苗、侗族均以全株入药,煎水内服,苗族用于小儿惊风、消炎利水;侗族用于治肝炎。破铜钱在锦屏县平秋镇一带流传一种用法:全草洗净,置清水中煮至叶软,打入土鸡蛋一枚,随即以碗扣住。继续文火慢煮至蛋熟,取出连汤食用。此法可治疗习惯性腹痛。

附注　天胡荽与破铜钱 *Hydrocotyle sibthorpioides* var. *batrachium*（Hance）Hand. -Mazz. 同为天胡荽属植物,在当地均常见。形态较接近,易混淆。其区分特征为:天胡荽叶片不分裂或5～7裂,裂片阔倒卵形,边缘有钝齿;破铜钱3～5深裂几达基部,侧面裂片间有一侧或两侧仅裂达基部1/3处,裂片均呈楔形。

▲ 破铜钱植株

▲ 天胡荽叶

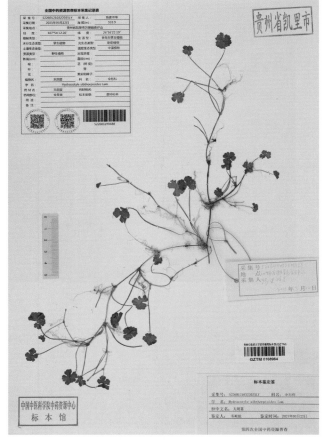

▲ 天胡荽标本

川芎 *Ligusticum sinense* 'Chuanxiong'

形态特征 多年生草本,全株具浓烈香气,株高 45～70 cm。根茎如不规则的结节状拳形团块,发达。茎直立,圆柱形,具纵条纹,上部多分枝,下部茎节膨大呈盘状。茎下部叶具柄,基部扩大成鞘;叶片呈卵状三角形,3～4 回三出羽状全裂,羽片 4～5 对,卵状披针形,具小尖头;茎上部叶渐简化。复伞形花序顶生或侧生;花瓣白色,倒卵形至心形,先端具内折小尖头。幼果两侧扁压,具油管。花期 7～8 月,幼果期9～10 月。

▲ 川芎花序　　　　　　　　▲ 川芎植株

用药经验 苗族以全株或叶入药,全株煎水内服,有散气功效,用于治疗疝气、相思病、闭经、月经不调、肠胃不适等;叶片搓软后擦拭太阳穴、人中、后背、胸口,可治感冒。侗族以全株入药,用于治疗头晕、头痛。亦药食两用,常用作炒牛肉的调料。

附注 当地有零星栽培,其中三穗县有小规模产业化种植,其余皆栽种于房前屋后以作调料。

水芹 *Oenanthe javanica* (Bl.) DC.

形态特征 多年生草本,株高 10～60 cm,根为须根。茎无毛;基部匍匐,呈紫红色;上部通常直立,绿色。基生叶有长柄,叶片总体轮廓近三角形或菱形,1～6 回羽状分裂,小叶为卵形或菱状披针形,边缘为圆锯齿状;茎上部叶无柄,较小。复伞形花序顶生,花白色。双悬果椭圆形,木栓质。花期 6～7 月,果期8～9 月。喜湿,常生于田野水沟边、路边阴湿处等低湿处。

用药经验 苗、侗族均以全草入药,苗族煎水内服,用于治疗风寒咳嗽、烦热口渴、头晕目眩、高血压;捣烂取汁服或开水烫后加酱油、醋等做成凉拌菜,常食用可治热病口渴、高血压。侗族煎水内服,用于治疗麻疹、失眠、高血压等。

水芹在当地是药食两用植物,常见食用方法为清炒、炒辣椒、炖煮清汤和烫火锅。

▲ 水芹花序

▲ 水芹植株

▲ 水芹标本

异叶茴芹 *Pimpinella diversifolia* DC.

▲ 异叶茴芹花

▲ 异叶茴芹叶

异名 骚羊牯。

形态特征 多年生草本,高 0.5～1.5 m。通常为须根,稀为圆柱状根。茎直立,被柔毛或绒毛,有条纹,上部分枝。基生叶和茎下部叶不裂或 1～2 回三出式羽状分裂,中裂片卵形,顶端渐尖,侧裂片基部偏斜,边缘都有圆锯齿;叶柄长 3～10 cm;茎上部叶披针形,基部楔形。复伞形花序,花白色。双悬果球状卵形,幼时有细毛,熟时近无毛。花果期 5～10 月。常生于山坡草丛中,或沟边、林下。

用药经验 苗族以全株入药,煎水内服,具利尿、去湿疹功效,用于治疗黄疸、肝炎;与铁皮石斛、裸蒴、十大功劳、栀子一同煎水内服,用于治疗肺结核。

异叶茴芹在当地苗族常作为药食两用植物,食用方法为炖煮清汤。

▲ 异叶茴芹药材

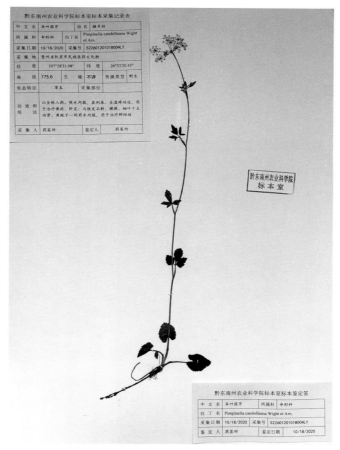

▲ 异叶茴芹标本

滇白珠　*Gaultheria leucocarpa* var. *yunnanensis*（Franchet）T. Z. Hsu & R. C. Fang

异名　老娃叶、老娃果、透骨香。

形态特征　小灌木。枝条细长，无毛，通常左右曲折。叶散生，揉碎有香气；叶片革质，卵形、椭圆形或长圆状披针形，顶端渐尖或尾尖，边缘有锯齿。花序腋生，总状，花冠白色，钟状。蒴果球状或扁球状，外被紫黑色肉质宿萼，先为绿色，熟后转为蓝黑色。花期5～6月，果期6～11月。喜阳光，亦耐阴，常生于山坡灌丛、林下、路边。

用药经验　以全株或果实入药，煎水内服，可治疗感冒；与果上叶一同煎水内服，可治咳嗽；与透骨草、生姜（姜）、何首乌配方入药，可配制洗发液，用于洗发，有排湿功效；果实可用于补肾。以全株煎水内服，用于治疗风湿关节痛、牙痛、胃痛等；加草珊瑚作茶饮，常服用，可治风湿关节痛。

▲ 滇白珠花穗

附注 滇白珠茎叶入药时称"老娃叶",果入药称"老娃果",两者均可食用。叶有清香味,可提神醒脑,夏季常用于制作凉茶。果实多汁,有甜味,略带酸,是常见的野果。

同属植物白果白珠 *Gaultheria leucocarpa* Bl. 与之形态相近,药用常混用。现代研究发现,二者枝、叶均含芳香油,主要成分均为水杨酸甲酯。

▲ 滇白珠植株

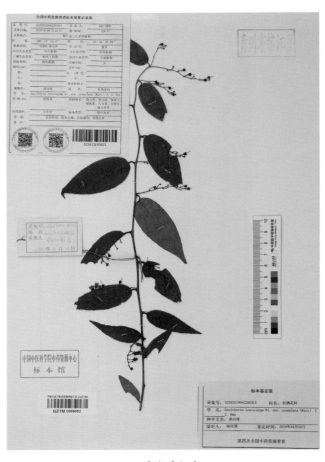

▲ 滇白珠标本

水晶兰 *Monotropa uniflora* L.

▲ 水晶兰野生植株

形态特征 多年生肉质草本,腐生,白色,干后变黑。茎直立,不分枝,全株肉质,白色,无叶绿素,干后变黑褐色。根细而分枝密,交结成鸟巢团状。叶鳞片状,直立,互生,长圆形或狭长圆形或宽披针形,白色,先端钝头,边缘近全缘。花顶生,仅一朵,俯垂,长约 2 cm,白色,筒状钟形。蒴果椭圆状球形,直立,向上。花期 8～9 月,果期 9～11 月。分布稀少,偶见于山地林下腐草中。

用药经验 苗族以全株入药,煎水内服,用于治疗风湿痹痛。

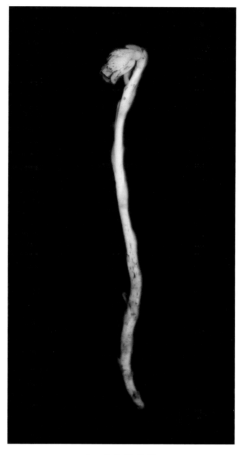

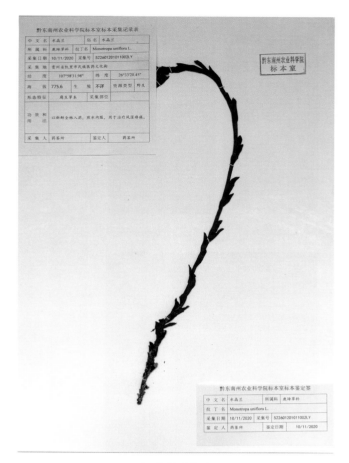

黔东南州农业科学院标本室标本采集记录表

中 文 名	水晶兰		俗 名	水晶兰
所 属 科	鹿蹄草科	拉丁名	Monotropa uniflora L.	
采集日期	10/11/2020	采集号	522601201011002LY	
采 集 地	贵州省凯里市民族医药文化街			
经 度	107°58'31.98"	纬 度	26°33'20.45"	
海 拔	775.6	生 境	不详	资源类型	野生
形态特征	腐生草本	采集部位		
功 效 和 用 法	以新鲜全株入药,煎水内服,用于治疗风湿痹病。			
采 集 人	蒋莫州	鉴定人	蒋莫州	

黔东南州农业科学院 标本室

黔东南州农业科学院标本室标本鉴定签

中 文 名	水晶兰	所属科	鹿蹄草科
拉 丁 名	Monotropa uniflora L.		
采集日期	10/11/2020	采集号	522601201011002LY
鉴 定 人	蒋莫州	鉴定日期	10/11/2020

▲ 水晶兰全株　　　　　　　　　　　▲ 水晶兰标本

九管血 *Ardisia brevicaulis* Diels.

异名　矮坨坨、十样错。

形态特征　矮小灌木,高 15～20 cm,根茎匍匐生长;除花枝外,无分枝。叶片坚纸质,近全缘,具不明显的边缘腺点;叶阳面绿色,无毛,阴面绿白色,被细微柔毛。伞形花序,花白色,隐隐透出粉红,花瓣五片,呈星形绽开;每片花瓣中部以下有尖角的白色斑纹,斑纹稍凸起;花瓣末端渐尖,稍卷曲。果球形,先为绿色,成熟后为鲜红色,表面光滑,具腺点,宿存萼与果梗通常为紫红色。花期 6～7 月,果期 10～12 月。常生于林下、灌丛下、路边草丛中。

用药经验　苗族以根或全株入药,根切片含于口中,可治疗咽喉炎;全株煎水内服,有清热解毒功效。侗族以全株入药,吃错东西,取全株煎水内服,可解,故有"十样错"之名。

▲ 九管血全株

183

▲ 九管血花　　　▲ 九管血未成熟果实

▲ 九管血成熟果实

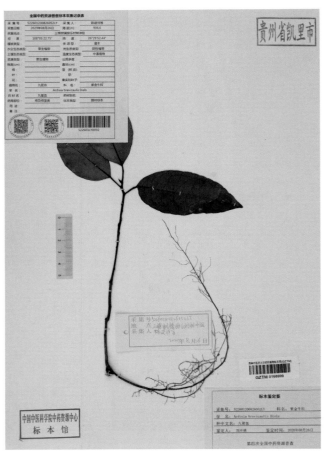

▲ 九管血标本

朱砂根　*Ardisia crenata* Sims

异名　大地风消、八爪金龙、开喉箭、红凉伞。

形态特征　灌木,高0.5～2 m,根状茎匍匐生长。茎粗壮,无毛,主茎无分枝,顶部有小枝和花枝。叶片主要着生于主茎或小枝,花枝有2～3片叶;叶革质或坚纸质,椭圆形、椭圆状披针形至倒披针形,边缘具皱波状或波状齿,两面无毛;阳面绿色,阴面红色或绿白色。花序伞形或聚伞形,着生于花枝顶端;花瓣白色,稀略带粉红色,盛开时反卷,底部卵形,顶部急尖,有黑腺点。果球形,鲜红

▲ "红凉伞"

▲ "八爪金龙"

色,具腺点。花期 5～6 月,果期 10 月至翌年 4 月。喜漫射光环境,喜湿亦耐旱。常生于疏林下,溪沟边。

用药经验 以根或全株入药,将根切片含于口中,可治疗咽喉炎;将全株煎水内服,有清热解毒功效。以根入药,煎水内服,有止泻功效。在锦屏县平秋镇,本种常用于治疗咽喉肿痛、头痛。

附注 本种有两种,形态几无差异,而颜色区别明显。一种叶阳面深绿色,叶阴面绿白色,当地俗称"八爪金龙";另一种叶阳面墨绿色,而叶阴面紫红色,偶见有叶两面均为紫红色者,当地俗称"红凉伞"。在当地药用中,二者药效相近,用法相同。但侗族在用药中偏爱红色,故认为红凉伞的药效优于八爪金龙。这种以色深为优的观念,与苗族同。《中国植物志》(1979)主张将二者归并为一个物种。同时记载:"二者在药用性能方面基本一致,据说色深者,其药效较高。"

药典收录有药材"朱砂根",其入药部位为朱砂根 *Ardisia crenata* Sims 的干燥根。

▲ 药市上的朱砂根药材

▲ 朱砂根标本

紫金牛 *Ardisia japonica*（Thunb）Blume.

异名 矮地茶、平地木、不出林、叶下珠。

形态特征 小灌木或亚灌木,高 10～30 cm,根茎匍匐蔓生。叶对生或近轮生,叶片坚纸质或近革质,椭圆形至椭圆状倒卵形，边缘具细锯齿，叶阳面有光泽，阴面可见明显叶脉纹理。亚伞形花序，腋生或生于近茎顶端的叶腋，每个花枝有花 2～8 朵，花瓣粉红色或白色。果球形，果鲜红色转黑色，果肉为淡粉色。花期 5～6 月，果期 11～12 月，有时次年 5～6 月仍有果。常见于路边灌丛下、溪谷中。

用药经验　苗族以全株或干叶入药，取全株煎水内服或取叶子晒干作茶饮，有止咳、利尿功效。侗族以茎木入药，煎水内服，用于治疗慢性气管炎、肺结核咯血、肝炎、痢疾、肾炎、高血压、疝气等；捣烂外敷，用于治疗跌打损伤。

▲ 紫金牛植株

▲ 紫金牛果实

▲ 紫金牛标本

过路黄　*Lysimachia christiniae* Hance

异名　金钱草。

形态特征　多年生草本，长 15～50 cm，茎柔弱，常带紫红色，平卧延伸，无毛或疏被短柔毛。茎下部节处常分化出不定根，且节间较短，茎上部节间较长，通常为 2～10 cm。叶对生，且形态多样，卵圆形、近圆形或肾圆形，先端锐尖或圆钝以至圆形，基部截形至浅心形，叶宽常在 1～3 指，鲜时叶片稍肉质，两面无毛或密被糙伏毛；叶柄较叶片短或等长，无毛或密被毛。花黄色，单生或双生于叶腋，花瓣 5，狭卵形。蒴果球形。花期 5～7 月，果期 7～10 月。生于沟边、路旁阴湿处。

▲ 过路黄花

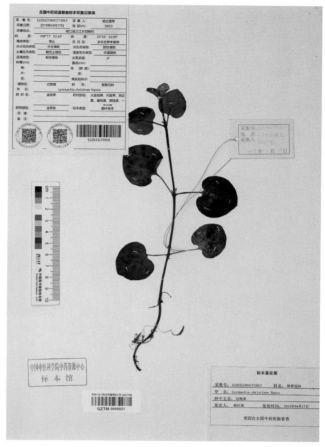

▲ 过路黄标本

▲ 过路黄茎部

　　用药经验　苗族以叶或全株入药,全株单用或与广钱草(当地对广西过路黄的俗称)一同煎水内服,用于治疗结石,药效甚捷;全株捣烂后加甜酒煎服,可治疗消化不良和胃病;下午时分取 7 片叶片揉烂,擦太阳穴、手部和足部,可治小儿惊风(当地俗称"收黑")。

　　侗族以全草入药,常用于除结石及治疗水火烫伤、水肿、跌打损伤、毒蛇咬伤及毒蕈和药物中毒等。以侗医传统用药经验为基础开发的侗医药"过路黄药制作工艺"于 2008 年经国务院批准列入国家级非物质文化遗产名录。"过路黄药制作工艺"根据病症不同,或全草入药、或部分入药,或与其他草药进行配伍,制成过路黄鲜药汁、鲜药敷剂、复方过路黄煎剂、酒剂、膏剂等不同剂型,广泛用于治疗尿路结石、胆囊炎、黄疸型肝炎、水肿、跌打损伤、毒蛇咬伤、毒蕈、药物中毒、水火烫伤、化脓性炎症等。

　　附注　现代医学观点认为小儿惊风是多种原因诱发脑神经功能紊乱所致。当地苗医则认为患这种病除了生理原因外,亦有心理原因。老苗医用过路黄治疗小儿惊风时,常同时使用心理安抚等手段。

　　侗医认为连钱草[积雪草 *Centella asiatica*(L.)Urban]、广钱草(广西过路黄 *Lysimachia alfredii* Hance)亦有排石功效,常互相替代使用。苗医亦将过路黄作为排出结石的要药,但少有以连钱草、广钱草替代入药的情况。

　　过路黄 *Lysimachia christiniae* Hance 与临时救 *Lysimachia congestiflora* Hemsl. 为同属植物,形态相近,当地苗医亦将临时救称作过路黄,易出现混用。其辨别特征:过路黄的叶片较大、较圆,多光滑,叶柄长而明显;花着生于各处茎节的叶腋,单生或双生,花柄长而明显。临时救则密被短柔毛,叶片较小,形态接近尖三角形,叶柄短;总状花序生茎端和枝端,缩短成头状,花柄短而隐藏。

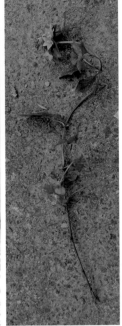

▲ 过路黄叶

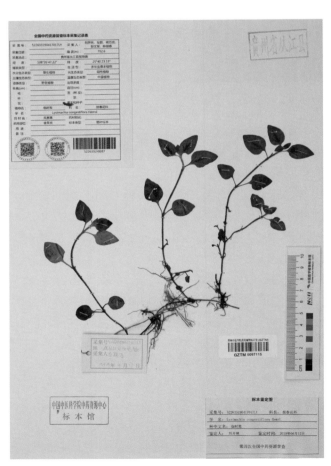

▲ 临时救植株　　　　　　　　　　　　　　　▲ 临时救花序

▲ 临时救标本

狭叶落地梅 *Lysimachia paridiformis* var. *stenophylla* Franch.

异名　追风伞、一把伞、破凉伞。

形态特征　根茎粗短，根呈纤维状簇生。茎直立无分枝，高 10～50 cm，表面无毛，节处微膨大。叶 6～18 片轮生茎端，叶片披针形至线状披针形。花为伞形花序，数朵集生于茎端或叶腋，花冠较大，黄色，常有黑色腺条；花梗长可达 3 cm。花期 5～6 月，果期 7～9 月。生于林下、崖壁上、灌丛间或阴湿的沟边。

用药经验　以全草入药，煎水内服，用于治疗风湿痹痛、跌打损伤、半身不遂、小儿惊风等；亦可用于治疗痢疾、腹泻。全草晒干后与药材四块瓦、山枝茶、五香血藤一起泡酒，内服或外搽，可用于治疗跌打损伤。

附注　本种和落地梅 *Lysimachia paridiformis* Franch. 在当地均常见，狭叶落地梅在当地北部各县分布较多，落地梅在南部锦屏、剑河、黎平、从江、榕江等县分布较多。二者的辨别特征：狭叶落地梅叶形狭长，叶片数量多，一般每节 6～12 片，多者可达 20 片，俗称"追风伞"；落地梅叶片较宽，呈纺锤形，数量少，一般每节 4～7 片，故俗称"四块瓦""四大天王"。

▲ 狭叶落地梅植株

▲ 狭叶落地梅花

▲ 狭叶落地梅标本

　　狭叶落地梅、落地梅和及己 *Chloranthus serratus*（Thunb.）Roem. et Schult. 都可用于治疗跌打损伤、骨折。落地梅和及己都有"四块瓦"的俗名，又都可用于治疗跌打损伤、骨折，易混淆。侗族药师认为落地梅和及已没有祛风功效,用于治疗跌打损伤、骨折可实现肢体形态恢复,但常有骨内酸疼等后遗症;用狭叶落地梅则不仅能恢复形态,且可免后遗症,因其兼有祛风功效。

▲ 落地梅植株

▲ 落地梅标本

密蒙花 *Buddleja officinalis* Maxim.

异名 染饭花、黄饭花、黄米饭花。

形态特征 灌木,高达4 m。一年生新枝表面密被白色短柔毛,老枝无毛,土黄色;小枝略呈四棱形,灰褐色;小枝、叶两面、叶柄和花序密被灰白色星状短绒毛。叶对生,叶片纸质,狭椭圆形至长圆状披针形,长4~19 cm,宽2~8 cm,顶端渐尖,基部楔形,通常全缘,稀有疏锯齿;叶阳面深绿色,阴面浅绿色;侧脉于阳面扁平,干后凹陷,阴面凸起,网脉明显。花密集,聚伞圆锥花序,顶生。花冠紫堇色,后变白色或淡黄白色。蒴果椭圆状,种子多颗。花期3~4月,果期5~8月。生于向阳山坡、村旁的灌木丛中或林缘。

用药经验 侗族以花入药,煎水内服,有清肝明目功效。如感觉眼睛刺痛,有红肿现象,用此药可以缓解。花有特殊香气,多闻会引起头晕。

▲ 密蒙花植株

▲ 密蒙花茎枝

附注　花在苗、侗族又作食用,取花水煮,得黄色汤汁,用以浸泡糯米,蒸熟食用。此法蒸制的糯米呈黄色,称"黄米饭",密蒙花因此有"染饭花"或"黄饭花"之名。叶对鱼类有小毒,苗族人用以毒鱼:捣烂后投入小溪中可使鱼出现短时间发晕,便于捕捉。

▲ 密蒙花花

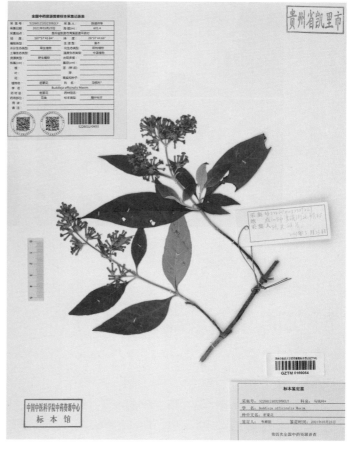

▲ 密蒙花标本

红花龙胆 *Gentiana rhodantha* Franch. ex Hemsl.

异名 小龙胆草。

形态特征 多年生草本,高 15～60 cm,根茎缩短;根细条形,黄色。茎直立,纤细,单生或数个丛生,具棱,常带紫色,上部多分枝。叶对生,革质,基生叶呈莲座状,椭圆形、倒卵形或卵形;茎生叶宽卵形或卵状三角形。花单生于枝顶或叶腋,无花梗;花萼膜质,筒状,5 裂;花冠漏斗状,淡紫红色,上部有紫色纵纹,裂片卵形,端尖,有不对称流苏状褶。蒴果,淡褐色,长椭圆形;种子淡褐色,近圆形,具翅。花果期 10 月至翌年 2 月。生于高山灌丛、草地及林下。

用药经验 苗族以全株入药,煎水内服,可消炎、退烧、解毒;全株与枇杷花、冰糖煎水内服,可用于治疗感冒咳嗽。

附注 本种与滇龙胆草 *Gentiana rigescens* Franch. ex Hemsl. 同属,形态相近,民间偶有混用。甚至部分民间药师认为二者药效相同,可相互替代。它们的鉴别特征:滇龙胆株形粗壮,红花龙胆茎枝纤细;滇龙胆花冠边缘线条硬朗,红花龙胆花冠裂隙间的部分裂成柔软的流苏状;滇龙胆花冠檐部散生深蓝色斑点,红花龙胆没有。

▲ 红花龙胆花

▲ 红花龙胆植株

滇龙胆草 *Gentiana rigescens* Franch. ex Hemsl.

异名 大龙胆。

形态特征 多年生草本,高 25～45 cm。须根肉质。主茎粗壮,常呈紫褐色,有分枝,花枝多数。叶对生,近革质;茎生叶多对,鳞片形,其余叶卵状、矩圆形至卵形,长 2～5 cm,宽 1～2 cm,三出脉,钝尖,边缘略外卷,基部呈鞘状,阳面深绿色,阴面黄绿色。花簇生枝顶呈头状,淡紫色,无花梗;花萼倒锥形,裂片披

 滇龙胆草植株　　　　　　　　▲ 滇龙胆草花枝

针形，2 大 3 小；花冠呈漏斗形或钟形，顶端 5 裂，急尖，有三角形不对称褶，褶短于裂片，花冠檐散生，多数深蓝色斑点。蒴果矩圆形。花果期 8～12 月。生于山坡草地、灌丛中、林下及山谷中。

用药经验　苗族以全株入药，有润肺止咳功效。煎水内服，可治疗肺炎、肺结核、甲亢等病。

附注　本种与红花龙胆 *Gentiana rhodantha* Franch. 形态相近，当地用药中偶有混淆。甚至部分民间药师认为二者药效相同，可互相替代。二者的鉴别特征见"红花龙胆"条目。

▲ 滇龙胆草花

▲ 滇龙胆草标本

显脉獐牙菜 *Swertia nervosa*（G. Don）Wall. ex C.B. Clarke

▲ 显脉獐牙菜花

异名 黄花蛇舌草。

形态特征 一年生草本,高0.5～1.5 m。根粗壮,黄褐色。茎直立,四棱形,棱上有宽翅,上部多从叶腋处有分枝。叶具极短的柄,呈鞘状;叶片椭圆形、狭椭圆形至披针形,随茎部的高度而逐渐狭小;叶脉1～3条,底部叶片常呈三出脉,顶部叶片多见一脉,叶脉在阴面突起明显。多花,复聚伞花序,呈圆锥状,开展;花梗长0.5～2 cm;花4数;花萼叶状,裂片线状披针形;花冠中部以上具紫红色网脉,裂片椭圆形,先端钝,具小尖头,下部呈半圆形深陷腺窝,黄绿色,上部边缘具短流苏。蒴果无柄,卵形;种子深褐色,表面泡沫状。花果期9～12月。生于山坡、疏林下、灌丛中。

用药经验 苗族以全株入药,煎水内服,用于治疗黄疸。

▲ 显脉獐牙菜药材

▲ 显脉獐牙菜标本

徐长卿 *Vincetoxicum pycnostelma* Kitag.

异名 对叶莲、一支箭。

形态特征 多年生直立草本,高达 1 m。根须状,数十条;茎不分枝,无毛。叶对生,纸质,形若柳叶,叶缘有边毛。花生于顶端叶腋处,十余朵,呈聚伞花序,圆锥状;花冠黄绿色,近辐状,裂片 5,副花冠较小,向内弯曲呈钩状。蓇葖单生,刺刀形;种子长圆形;种毛白色绢质生于顶端。花期 5～7 月,果期 9～12 月。生长于向阳山坡及草丛中。

▲ 徐长卿植株

▲ 徐长卿花

▲ 徐长卿根部

▲ 徐长卿叶

▲ 徐长卿标本

用药经验 苗族以全草或根入药,煎水内服,可用于治疗腹痛、发烧;根炖肉或蒸蛋有滋补功效。侗族以根入药,煎水内服,用于治疗哮喘、风湿痛、疮疡疼痛等;煮水泡脚,有舒筋活络功效。

隔山消 *Cynanchum wilfordii*(Maxim.)Hook. F

▲ 隔山消幼株

▲ 隔山消肉质根

▲ 隔山消叶形

异名 过山飘、无梁藤、隔山撬。

形态特征 多年生草质藤本;肉质根近纺锤形,灰褐色;茎线状,被毛,长达 10 m。叶对生,薄纸质,卵形,长 5~6 cm,宽 2~4 cm;顶端短渐尖,基部耳状心形,两面被微柔毛,阳面绿色,阴面淡绿色;基出脉 5~7条,放射状,在阳面凹陷,阴面凸出。小花可多达 20 余朵,组成伞房状聚伞花序,半球形;花冠淡黄色或白色,辐状,裂片长圆形。蓇葖果单生,披针形,向端部长渐尖,基部紧狭;种子暗褐色,卵形。花期 5~9 月,果期7~10 月。生于疏林下、草丛间。

用药经验 侗族以根入药,煎水内服,可消食化积。

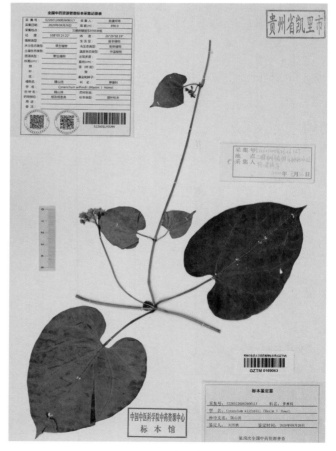

▲ 隔山消标本

华萝藦 *Cynanchum hemsleyanum* (Oliv.) Liede & Khanum

异名　奶浆藤。

形态特征　多年生草质藤本,长达 5 m,藤条、叶片切开有白色乳汁渗出。叶对生,膜质,卵状心形,展开,两面无毛,叶阳面深绿色,叶阴面粉绿色;侧脉每边约 5 条,斜曲上升,叶缘前网结;具长叶柄,顶端具丛生小腺体。花腋生,1~3 枝排列螺旋上升,呈总状式聚伞花序,花白色,短筒状,5 裂,辐射状,芳香。蓇葖果叉生,长圆形,外果皮粗糙被微毛;种子宽长圆形,边缘膜质,顶端具种毛,白色,绢质。花期 7~9 月,果期 9~12 月。生于山地林谷、路旁或山脚湿润地灌木丛中。

用药经验　苗族以藤茎或果实入药,捣烂后,敷于患处,具有止血功效,常用于刀伤,为刀口药之一。

▲ 华萝藦花、果实

▲ 华萝藦植株

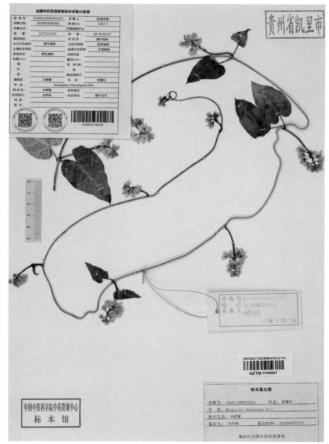

▲ 华萝藦标本

植物药资源

197

黑龙骨 *Periploca forrestii* Schltr.

形态特征 藤状灌木,长达 10 m,具乳汁,多分枝,全株无毛。叶对生,革质,狭叶披针形,顶端渐尖,基部楔形;中脉在叶阴阳两面均突出,纤细密生的侧脉平行生长,在叶缘处连接成一条边脉;有叶柄。聚伞花序腋生,较叶短,着花 1～3 朵;花小,黄绿色;花萼裂片卵圆形或近圆形;花冠近辐状,花冠筒短,裂片长圆形。蓇葖果双生,长圆柱形;种子长圆形,扁平,顶端具白色绢质种毛。花期 3～4 月,果期 6～7 月。生于山地疏林向阳处、荫湿的杂木林下或灌木丛中。

▲ 黑龙骨植株/吴之坤　　　　　　▲ 黑龙骨花/吴之坤

用药经验 苗族以全株入药,全株泡酒,可用于跌打损伤、风湿关节炎;全株炖肉食用有滋补功效。

栀子 *Gardenia jasminoides* Ellis

▲ 栀子植株

异名 黄栀子。

形态特征 灌木,高 0.3～3 m,通常为 1 m 左右。小枝圆柱形,灰色,嫩枝常被短毛。叶对生,革质,稀为纸质,少为 3 枚轮生,叶形多样,通常为长圆状披针形至椭圆形,顶端渐尖、骤然长渐尖或短尖而钝,基部楔形或短尖,两面常无毛,阳面亮绿,阴面色较暗;叶脉在阴面突起;托叶膜质。花通常单朵生于枝顶,有芳香气味;花冠白色或乳黄色,呈碟状,裂片 6。果卵形至长圆形,黄色或橙红色;种子多数,扁,近圆形而稍有棱角。花期 3～7 月,果期 5 月至翌年 2 月。生于溪边的灌丛或林中,亦有栽培。

▲ 栀子花

▲ 栀子标本

▲ 栀子成熟果实

用药经验 苗族以果实入药,煎水内服,具消炎、清热功效;与杏叶茴芹、铁皮石斛、裸蒴一同煎水内服,用于治疗黄疸、肝炎。

白花蛇舌草 *Scleromitrion diffusum*（Willd.）R.J. Wang

形态特征 一年生草本,无毛,纤细,披散。茎稍扁,从基部开始分枝。叶对生,无柄,膜质,线形,长1～3 cm,顶端急尖,无侧脉;托叶基部合生,顶部芒尖。花4数,单生或成对生于叶腋;花冠白色,管形;蒴果膜质,扁球形,种子每室约10粒,具棱,干后深褐色,有深而粗的窝孔。花期春季。生于水田、田埂和湿润的旷地。

▲ 白花蛇舌草植株及花

▲ 白花蛇舌草药材

199

用药经验　苗族以全草入药，煎水内服，有消炎功效，用于治疗肺炎。侗族以全草入药，用于治疗肿瘤、毒蛇咬伤。

附注　显脉獐牙菜 *Swertia nervosa*（G. Don）Wall. ex C. B. Clarke 在当地苗族称为黄花蛇舌草，与本种名称、形态相近，容易混淆。

茜草　*Rubia cordifolia* L.

异名　四方藤、小血藤、四棱草。

形态特征　草质攀援藤本。有褐色根状茎，其上有节，节上生出新株；新株常多条成丛生长，长达4 m；茎绿色，有 4 棱，棱上有倒生皮刺，中部以上多分枝。叶通常 4 片轮生，纸质，质地软，多为较狭长的心形，基部一般不凹陷，顶端渐尖，长 1～5 cm，两面粗糙，边缘有脉，上有皮刺；基出脉 3 条。叶柄长 1～3 cm，有倒生皮刺。聚伞花序腋生和顶生，多回分枝，有花 10 余朵至数十朵；花冠淡黄色。果球形，黄豆大小，成熟时橘黄色。花期 8～9 月，果期 10～11 月。常生于山坡林缘或灌丛中，亦见于路边。

▲ 茜草植株

▲ 茜草花

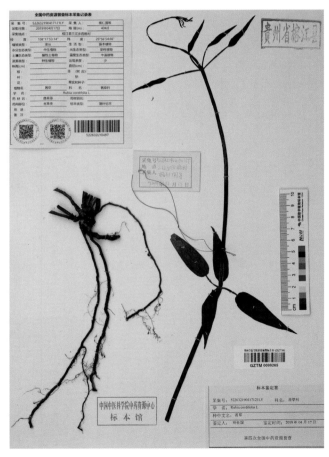

▲ 茜草标本

用药经验　苗、侗族均以茎和根入药，煮水泡澡和泡酒服用，用于治疗跌打损伤、腰肌酸痛等；与大血藤、红牛膝（红柳叶牛膝）、五加皮、见血飞等一同泡酒，经常服用，可缓解或治疗腰肌酸痛等。此外,苗族在酿酒时,用干的茜草根切片放入酒中浸泡,可使酒更浓烈;侗族还取根煎水内服,治气血不通。

  附注 茜草与金剑草 *Rubia alata* Roxb. 形态相似,常混用。在黔东南各药市的调查中,药农所认为的茜草有不少是金剑草。二者区别:金剑草叶形狭长,质地较硬,叶脉通常更清晰;茜草叶形较宽,相比金剑草稍有"肉感"。

▲ 金剑草植株

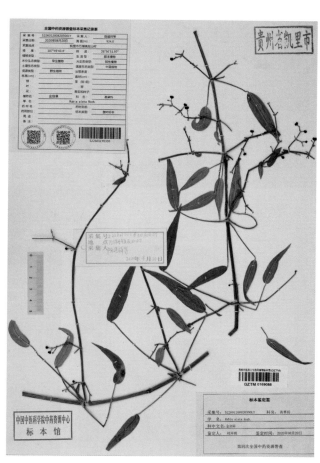

▲ 金剑草标本

钩藤 *Uncaria rhynchophylla*（Miq.）Miq. ex Havil.

  异名 鹰爪钩、金钩藤。

  形态特征 光滑藤本。小枝较纤细,方柱形或略有 4 棱角。叶对生,多数在叶腋处单边生卷曲的倒钩,少数双边均生倒钩;叶片纸质,椭圆形或椭圆状长圆形,无毛,干时褐色或红褐色,阴面有时有白粉;托叶狭三角形,深 2 裂。头状花序,单生叶腋,花冠管外面无毛,花冠裂片卵圆形,边缘有时有纤毛。多数枝节上有由不育花序梗分化成的钩,向下弯曲,对生或单生。小蒴果被短柔毛,星状辐射。花果期 5～12 月。生于山谷溪边的疏林或灌丛中。

  用药经验 苗族以根或带钩的枝叶入药,取根泡酒内服,或以枝叶煎水后泡脚,可用于治疗风湿痹

▲ 钩藤植株

痛;以带钩的枝叶煎水内服,可用于治疗抽筋、癫痫。侗族取钩及枝叶煎水内服,治疗小儿惊厥、高血压、目眩、头晕等;带钩枝条煎水内服,用于祛风,可用于治疗头晕头痛,加天麻效果更佳;取根煎水内服,用于治疗风湿痹痛。瑶族以带钩枝叶入药,是药浴的重要配方药之一,有活络通筋功效。

附注 钩藤 *Uncaria rhynchophylla*(Miq.)Miq. ex Havil. 对生的两叶片的叶腋处皆生倒钩者称双钩藤,单边生倒钩者称单钩藤。一般认为双钩藤的药效优于单钩藤。当地有同属植物大叶钩藤 *Uncaria macrophylla* Wall.。大叶钩藤为木质藤本,叶片硕大,常有成人两掌大小,纸质,卵圆形。瑶族药浴的配方药中可以用钩藤枝叶,也可以用大叶钩藤的枝叶,当地多认为二者药效相同。在部分村寨,传统中以使用大叶钩藤为多,近年来使用钩藤渐多,可能与钩藤栽培规模发展迅速,取用方便有关。

钩藤在当地大规模栽培,分布遍及所有县市,种植面积在所有种植中药材中常年稳居首位,产值则稳居第二。其中剑河县种植规模最大,达11万亩以上。"剑河钩藤"于2011年获国家地理标志认证。

▲ 钩藤"钩"

▲ 钩藤花序

▲ 大叶钩藤叶形

▲ 大叶钩藤植株

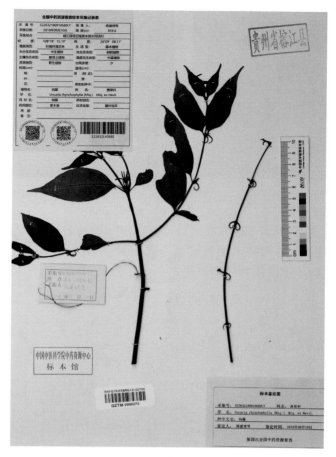

▲ 钩藤标本

菟丝子 *Cuscuta chinensis* Lam.

异名 无娘藤、无根藤。

形态特征 一年生寄生草本。茎缠绕，黄色，纤细，无叶。花序侧生，少花或多花簇生成小伞形或小团伞花序，花梗粗壮；花冠白色，壶形或钟形，裂片5，三角状卵形，顶端锐尖或钝，向外反折，宿存。蒴果近球形，稍扁，几乎全为宿存的花冠所包围，成熟时整齐的周裂。种子淡褐色，卵形，表面粗糙。生于田边、山坡阳处、路边灌丛，通常寄生于豆科、菊科、藜科等多种植物上。

用药经验 苗族以全株入药，煎水内服兼泡手脚，用于治疗发热所致便血、吐血、痢疾等。侗族以种子入药，内服外敷兼用，用于治疗外伤、骨折、便血、崩漏、黄疸、痄子等。

▲ 菟丝子药材(地上部分)

▲ 菟丝子药材（地下部分）

▲ 菟丝子植株

附注 当地苗族、侗族、水族等多个民族治病后都有使用断根药的风俗。即病人病愈后，药师采集断根药送到其家，为病人下断根药，并与病人及其家属一同用餐，从此所得的病永不再犯。不同民族、不同地区使用的断根药不同，菟丝子是苗族常用断根药之一。

马蹄金 *Dichondra micrantha* Urban

异名 马蹄草。

形态特征 多年生草本，节上生根，匍匐生长，茎细长，被灰色短柔毛。叶肾形至圆形，成熟叶有硬币大小，先端宽圆形或微缺，基部阔心形，叶面微被毛，阴面被贴生短柔毛，全缘；5 出脉，凸出于阴面；具长的叶柄。花单生叶腋，花柄短于叶柄，丝状；花冠钟状，黄色，深 5 裂，裂片长圆状披针形，无毛。蒴果近球形。种子 1～2，黄色至褐色，无毛。生于山坡草地、路旁或沟边。

用药经验 苗族以全株入药，捣烂敷于患处，用于治疗跌打损伤；全株煎水内服，用于治疗肺结核。侗族以全株入药，煎水内服，治疗小儿肝炎。侗族将积雪草称为"大叶马蹄金"，认为与马蹄金有类似功效。

▲ 马蹄金植株

▲ 马蹄金药材

紫草 *Lithospermum erythrorhizon* Sieb. et Zucc.

异名 白花紫草。

形态特征 多年生草本,根含有丰富的紫草素。茎直立,高 0.4～1 m,有贴伏和开展的短糙伏毛,上部常分枝,枝斜升,稍弯。叶无柄,卵状披针形至宽披针形,先端渐尖,基部渐狭,两面均有短糙伏毛,脉在叶阴面凸起,沿脉有较密的糙伏毛。花序生于茎和枝上部,长达 15 cm;花冠白色。小坚果卵球形,乳白色或带淡黄褐色,平滑,有光泽。花果期 6～9 月。生于山坡草地。

用药经验 苗族以根入药,切细后用茶油浸泡,取出晒干,打成粉,再加入茶油调成膏状,敷于患处,可治牛皮癣、烫伤、烧伤。侗族认为地上部分有解毒、凉血功效,误食蛤蟆中毒,取地上部分煎水内服,可解;被蜈蚣、蝎子等毒虫咬伤,取地上部分捣烂外敷,同时煎水内服,可解。

▲ 紫草花　　　　　　　　▲ 紫草叶　　　　　　　　▲ 紫草药材

紫珠 *Callicarpa bodinieri* Levl.

形态特征 灌木,高 1～2 m。小枝、叶柄和花序均被粗糠状星状毛。叶片卵状长椭圆形至椭圆形,长 6～17 cm,宽 3～10 cm,顶端长渐尖至短尖,基部楔形,边缘有细锯齿,有短柔毛,两面密生暗红色或红色细粒状腺点。聚伞花序,4～7 次分歧,花冠紫色,被星状柔毛和暗红色腺点。果实球形,光滑,熟时紫色,无毛。花期 6～7 月,果期 8～11 月。生于林中、林缘及灌丛中。

用药经验 侗族以叶入药,煎水内服,有清热解毒、止血功效,用于治疗热风感冒、胃肠出血。

附注 紫珠与红紫珠 *Callicarpa rubella* Lindl. 形态相似,易混用,两者主要鉴别特征:紫珠叶不抱茎,有明显的叶柄;红紫珠没有明显的叶柄,叶基部抱茎。

▲ 紫珠花

▲ 紫珠果实

▲ 红紫珠

▲ 紫珠标本

臭牡丹 *Clerodendrum bungei* Steud.

形态特征　小灌木，高1～2 m，植株有臭味；花序轴、叶柄及嫩枝密被褐色、黄褐色或紫色脱落性的柔毛；小枝近圆形，枝内白色中髓坚实，皮孔显著。叶片纸质，宽卵形或卵形，长8～20 cm，宽5～15 cm，顶端尖或渐尖,基部宽楔形至心形,边缘具粗或细锯齿,侧脉 4～6 对,阳面散生短柔毛,阴面疏生短柔毛和散生腺点或无毛;叶柄长 4～17 cm。伞房状聚伞花序顶生,密集;花冠淡红色至紫红色,裂片倒卵形。核果近球形,成熟时蓝黑色。花果期 5～11 月。生于山坡、林缘、沟谷、路旁、灌丛润湿处。

▲ 臭牡丹花

▲ 臭牡丹果实

用药经验 苗族以根入药,炖肉食用,可补体虚,用于治疗肺结核等慢性病;与红牛膝(红柳叶牛膝)、当归、九头狮子草一同炖鸡,汤内服,用于产妇满月后的调理及月经不调,有助于产妇清瘀血、恢复体力;根煎水内服,可治风湿痹痛;也可治疗家畜,全株喂牛,可助消化,用于预防和治疗母牛在生产时误吃胎盘包衣导致的消化性疾病。

▲ 臭牡丹植株

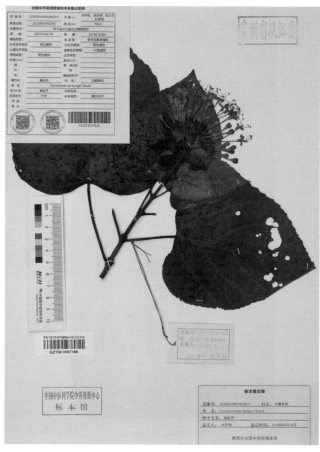

▲ 臭牡丹标本

豆腐柴 *Premna microphylla* Turcz.

异名 神仙豆腐柴、狐臭柴。

形态特征 直立小灌木。幼枝表皮绿色,有柔毛;茎和老枝红褐色,无毛。叶有臭味,椭圆形至倒卵形,长 3～15 cm,宽 1.5～7 cm,叶基部逐渐狭窄,向叶柄两侧延续,叶顶部急尖或渐尖,全缘至有不规则粗齿,无毛或有短柔毛;叶柄长 0.5～2 cm。聚伞花序组成顶生塔形的圆锥花序;花萼杯状,绿色,有时带紫色;花冠淡黄色,外有柔毛和腺点,花冠内部有柔毛,以喉部较密。核果紫色,球形至倒卵形。花果期 5～10 月。生于山坡、林缘、沟谷、路旁、灌丛湿润处。

用药经验 以根、叶、茎木入药,根煎水内服,具清热解毒功效;叶捣烂外敷,可止血、消肿;茎木煎水内服,可治肺结核。叶片亦作食用,捣烂滤汁,加入少量新鲜草木灰,静置,即凝固成果冻状,食之清凉可口,谓之"神仙豆腐"。

▲ 药材"神仙豆腐柴"

▲ 豆腐柴植株/刘渊

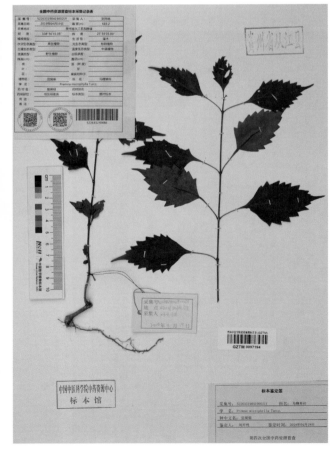

▲ 豆腐柴标本

马鞭草 *Verbena officinalis* L.

▲ 马鞭草植株

▲ 马鞭草花

▲ 马鞭草茎部

异名 铁鞭草。

形态特征 多年生草本,高 25～80 cm。茎四方形,近基部多为圆形,节和棱上有硬毛。叶对生,卵圆至矩圆形,茎生叶 3 裂,叶缘有锯齿,叶片两面均有硬毛,阴面脉上尤多。穗状花序顶生和腋生,花小,无柄,最初密集,结果时疏离;花冠淡紫至蓝色。蒴果长圆形,外果皮薄,成熟时 4 瓣裂。花期 6～8 月,果期 7～10 月。生于路边、山坡、溪边或林旁。

用药经验 苗族以全草入药,煎水内服,可用于消炎、止咳;捣烂敷于患处,可接骨。在农村,常用于治疗家鸡的腿部骨折。侗族以全草入药,常配青蒿一同煎水内服,用于治疗伤寒、尿路结石、"打摆子"。"打摆子"是侗家对疟疾的称谓——因患疟疾者头眼晕花,常有幻觉,有时站立不住、突然昏厥。

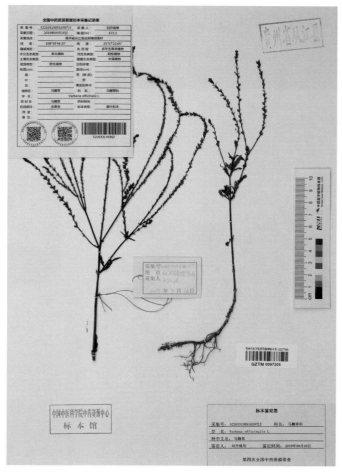

▲ 马鞭草标本

金疮小草 *Ajuga decumbens* Thunb.

▲ 金疮小草花穗

异名 散血草、筋骨草。

形态特征 一或二年生草本,茎匍匐生长,平卧或斜上升,全草绿色,老茎有时呈紫绿色,被白色长柔毛或棉状长柔毛。基生叶较多,比茎生叶长而大,呈紫绿色或浅绿色;叶片薄纸质,匙形或倒卵状披针形,基部渐狭,顶部钝至圆形,边缘具不整齐的波状圆齿或全缘。轮伞花序多花,排列成间断的穗状花序,上部密集,下部稀疏。花萼漏斗状。花冠淡蓝色或淡红紫色,稀白色,筒状。小坚果倒卵状三棱形,背部具网状皱纹,腹部有果脐。花期3~7月,果期5~11月。生于溪边、路旁及湿润的草坡上。

用药经验 苗族以全株入药,煎水内服或捣烂外敷,用于外伤出血、止痛。

▲ 金疮小草全株

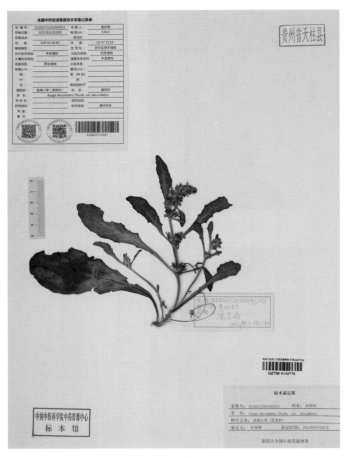

▲ 金疮小草标本

紫背金盘 *Ajuga nipponensis* Makino

异名 白毛夏枯草。

形态特征 一年或二年生草本,高 10 cm 以上。茎通常直立,柔软,稀平卧,通常从基部分枝而无基生叶或少数基生叶,被长柔毛或疏柔毛,四棱形,基部常带紫色。茎生叶均具柄,基生叶若存在则较长,具狭翅,有时呈紫绿色;叶片纸质,阔椭圆形或卵状椭圆形,先端钝,基部楔形,叶缘具无规则的波状圆齿,两面被疏糙伏毛或疏柔毛,下部茎叶阴面常带紫色,中脉在阳面微隆起,阴面凸起。轮伞花序多花,生于茎中部以上,下部花序稀疏,向上渐密集组成顶生穗状花序。小坚果卵状三棱形,背部具网状皱纹。花期 12 月至翌年 3 月,果期 1~5 月。适应性很强,常生于田边、矮草地湿润处、林内及向阳坡地。

用药经验 苗族以全株入药,捣烂外敷,有散血止痛功效;煎水内服,用于治疗支气管炎。

附注 紫背金盘和金疮小草 *Ajuga decumbens* Thunb. 形态相似,易混用。两者的鉴别特征:金疮小草具有匍匐茎,逐节生根;紫背金盘不具有匍匐茎,通常直立,基部分枝。

▲ 紫背金盘植株

▲ 紫背金盘花穗

▲ 紫背金盘根

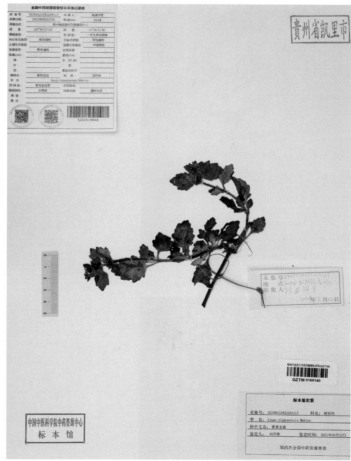

▲ 紫背金盘标本

植物药资源

211

活血丹 *Glechoma longituba*（Nakai）Kuprian.

异名 连钱草、金钱草。

形态特征 多年生上升草本,具匍匐茎。茎高 10～30 cm;四棱形;基部通常呈淡紫红色;幼嫩部分被毛。叶草质;茎下部叶较小,上部叶较大,近肾形或心形;叶缘具圆齿;叶阴面常带紫色,叶阳面被疏柔毛;叶柄较长,为叶片的 1～2 倍。轮伞花序少花;花冠淡蓝至紫色,下唇具深色斑点,冠筒钟形,有长短筒两型,短筒者通常藏于花萼内。成熟坚果深褐色,为矩圆状卵形。花期 4～5 月,果期 5～6 月。生于林缘、疏林下、草地中、溪边等阴湿处。

用药经验 侗族以全草入药,用于治疗黄疸、水肿、膀胱结石、疟疾、咳嗽、风湿痹痛、小儿疳积等。在锦屏县高坝、平秋一带流传一个用活血丹治疗"走马丹"特效药方:取活血丹全草,掺入适量茶籽油,捣烂,敷于患处,三日见效,七日即愈。

附注 苗族亦常用此药,但用法与侗族不同。苗族以全草入药,用于治疗跌打损伤、骨折肿痛、风湿骨痛、尿路结石、胃痛等。

▲ 活血丹花

▲ 活血丹植株

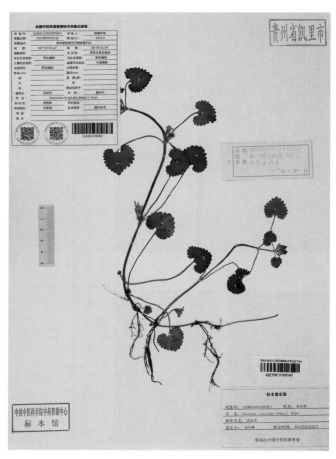

▲ 活血丹标本

留兰香 *Mentha spicata* L.

异名 狗肉香。

形态特征 多年生草本。茎直立,四棱形,高 30～130 cm,无毛或疏毛,绿色,具槽及条纹,不育枝贴地生长。叶草质,卵状长圆形或长圆状披针形,长 3～7 cm,宽 1～2 cm,先端锐尖,基部宽楔形至近圆形,边缘具尖锐而不规则的锯齿,阳面绿色,阴面灰绿色,侧脉 6～7 对,中脉在阳面凹陷,阴面明显隆起且带白色,叶具短柄。轮伞花序生于茎及分枝顶端,呈长 4～10 cm、间断但向上密集的圆柱形穗状花序。花冠淡紫色,两面无毛,4 裂等大,上裂片微凹。花期 7～9 月。各地区皆有栽培。

用药经验 苗族以茎、叶入药,捣烂取汁内服,可治外感风寒、头痛、食滞气胀、咽喉肿痛等;捣烂外敷,可治疗风疹瘙痒、关节不利等。侗族以全草入药,煎水内服,用于治疗伤风感冒、咳嗽、头痛等。

留兰香在当地为药食两用。除药用外,常用作荤菜或凉拌的调料,尤其烹制狗肉时必用,故有"狗肉香"之名。

▲ 留兰香花

▲ 留兰香植株

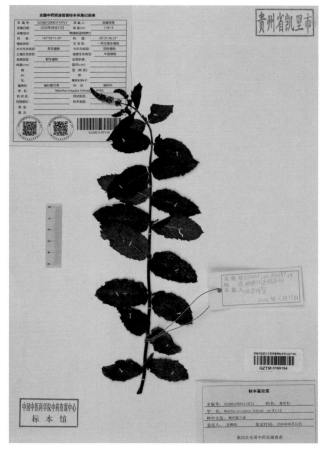

▲ 留兰香标本

紫苏 *Perilla frutescens*（L.）Britt.

异名 野芝麻。

形态特征 一年生草本，直立，茎高 30～200 cm 被长柔毛。茎四棱，有四槽，绿色或紫色，密被长柔毛。叶对生，阔卵形或圆形，长 7～13 cm，阳面被疏柔毛，阴面被贴生柔毛；叶柄 3～5 cm，密被柔毛。叶亦有绿、红两色，但同一植株上的只有一种颜色，与茎、枝同色。轮伞花序密被长柔毛，着生于茎顶和叶腋的花序组成总状花序；花冠白色至紫红色，外面略被微柔毛。小坚果近球形，灰褐色，具网纹。花期 8～11 月，果期 8～12 月。各地区皆有栽培。

用药经验 以全草或种子入药。全草煎水内服，用于治疗盗汗、虚汗、感冒、咳嗽、腰痛、腹胀、上吐不出、下泻不出。

附注 紫苏在苗族和侗族当中均为药食两用，但侗族使用更多。紫苏茎叶可作调料，烹鱼、炒牛羊肉时适量加入，可增香提味，增进食欲。紫苏籽有特殊香味，炒干后香味更显。当地常将炒干的紫苏籽磨成粉，掺入少量白砂糖，用糯米粑蘸取食用，香甜可口。打糍粑时容易黏手，将紫苏籽炒干后磨成粉，在手上涂抹，可使手润滑，不黏手。

▲ "红紫苏"植株形态

▲ "红紫苏"花穗

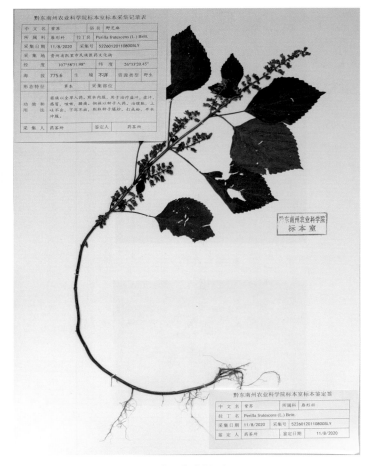

▲ "红紫苏"标本

紫苏叶片和茎枝呈紫红色者当地人称"红紫苏"，叶片和茎枝呈绿色者称"白紫苏"。"红紫苏"一般株形稍小，籽粒产量较低；"白紫苏"一般株形稍大，籽粒产量较高。二者药效相近，但当地人在药用或以茎叶作烹调佐料时主要使用"红紫苏"，取籽粒食用则主要使用"白紫苏"。

▲ "白紫苏"植株形态

▲ "白紫苏"花穗

夏枯草 *Prunella vulgaris* L.

形态特征　多年生草本，上升，高 15～35 cm。根茎匍匐，节上生须根。茎钝四棱形，紫红色，具浅槽，无毛或被疏毛，分枝于基部。叶草质，卵状长圆形或卵圆形，大小不等，长 1.2～6.5 cm，宽 0.5～2.5 cm；基部圆形至宽楔形，下延至叶柄成狭翅，先端钝；全缘或微有波状齿；阳面绿色，阴面淡绿色；侧脉 3～4 对，在阴面略突出；叶柄长 0.7～2.5 cm，自下部向上渐变短。轮伞花序密集组成顶生长 2～4 cm 的宝塔形穗状花序，花冠紫、蓝紫或红紫色。小坚果黄褐色，长圆状卵珠形，微具沟纹。花期 4～6 月，果期 7～10 月。生于荒坡、草地、溪边及路旁等湿润地上。

用药经验　苗族以全草入药，煎水内服，有清热补虚、消肿散结、活血解毒等功效，可治疗头昏目眩、虚热盗汗、高热口渴等；加酒捣烂外敷，可治疗跌打损伤；捣烂加梧桐油炒热外敷，可治乳痈。侗族以果穗入药，煎水内服，可治痰咳。

▲ 夏枯草植株

215

▲ 夏枯草花穗

▲ 夏枯草标本

▲ 夏枯草根

血盆草 *Salvia cavaleriei* var. *simplicifolia* Stib.

▲ 血盆草植株

异名 反背红、红青菜。

形态特征 一年生草本,主根粗短,须根细长,纤维状,多分枝。茎单一生长或基部分枝,高 10～30 cm,四棱形,青紫色,上部微被毛。叶基出,单叶,心状卵圆形或心状三角形,稀三出叶,侧生小叶,先端锐尖或钝,具圆齿,无毛或被疏柔毛,叶柄常比叶片长,无毛或被开展疏柔毛;轮伞花序组成总状花序,花序被极细贴生疏柔毛,无腺毛;花紫色或紫红色。小坚果长椭圆形,黑色,无毛。花期 7～9 月。生于山坡、林下或沟边。

用药经验 侗族以全草入药,用于消炎、止血、消肿等。

▲ 血盆草花

▲ 血盆草标本

▲ 血盆草叶

丹参 *Salvia miltiorrhiza* Bge.

形态特征 多年生直立草本;根肥厚,肉质,外红内白,疏生支根。茎高达1m,四棱形,具槽,密被长柔毛,多分枝。叶草质,常为奇数羽状复叶,侧生小叶3~7枚,长1.5~8cm,宽1~4cm,卵圆形至宽披针形,先端尖,基部圆形,叶缘具圆齿,两面被疏柔毛,阴面较密。叶柄长1.3~7.5cm,密被向下长柔毛。轮伞花序6花或多花,顶生或腋生组成假总状花序,花序轴密被长柔毛或具腺长柔毛。花冠紫蓝色或白色。小坚果黑色,椭圆形。花期4~8月,花后见果。生于山坡、林下草丛或溪谷旁。

用药经验 苗族以根入药,炖肉食用,用于补气;泡酒服用,用于补血。

附注 当地大规模栽培,分布在施秉、台江等地。

▲ 丹参植株

▲ 丹参花

▲ 丹参叶

甘露子 *Stachys sieboldii* Miquel

异名 地牯牛。

形态特征 多年生草本,高 30～120 cm,根状茎匍匐生长,茎下部节上密生须根,根茎白色,在节上有鳞状叶,顶端膨大成念珠状或螺蛳形。茎直立或基部倾斜,单一或多分枝,四棱形,具槽,在棱及节上有平展的或疏或密的硬毛。茎生叶卵圆形或长椭圆状卵圆形,叶柄腹凹背平。轮伞花序通常 6 花,多数远离组成顶生穗状花序;花冠粉红至紫红色。小坚果卵珠形,黑褐色,具小瘤。花期 7～8 月,果期 9 月。生于湿润地及积水处。

▲ 甘露子植株

▲ 甘露子药材

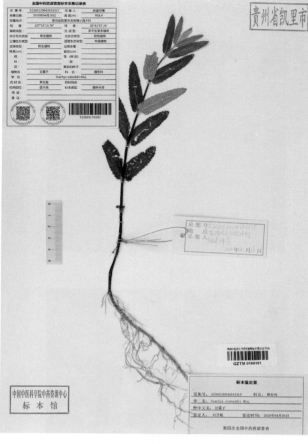

▲ 甘露子花穗　　　　　　　　　　　　　▲ 甘露子标本

用药经验　苗族以根入药,生食或煎水内服,有滋补壮阳之效。可食用,取其块茎拌成凉菜或做成泡菜食用。

酸浆　*Alkekengi officinarum* Moench

异名　灯笼果、天泡果、野毛辣果。

形态特征　多年生草本,高达 80 cm,基部常匍匐生根。茎基部略带木质,分枝稀疏,茎节不甚膨大,常被有柔毛。叶长卵形至阔卵形,长 5～15 cm,顶端渐尖,叶柄长 1～3 cm。花梗开花时直立,后来向下弯曲,密生柔毛而果时也不脱落;花萼阔钟状,密生柔毛;花冠 5裂,辐状开展,白色。果梗长 2～3 cm,多少被宿存柔毛;果萼卵状,薄革质,网脉显著,有 10 纵肋,橙色或火红色;浆果球状,橙红色,柔软多汁。种子肾脏形,淡黄色。花期 5～9 月,果期 6～10 月。生于空旷地或

▲ 酸浆植株

山坡。

用药经验　苗族以果实入药,煎水内服,用于治疗肺炎。

▲ 酸浆花

▲ 酸浆果实

▲ 酸浆标本

木本曼陀罗　*Brugmansia arborea*（L.）Lagerh.

异名　曼陀罗。

形态特征　常绿灌木或小乔木,高可达 2 m。茎粗壮,上部分枝。叶卵状披针形至卵形,顶端渐尖或急尖,基部不对称楔形,全缘、微波状或有不规则缺刻状齿,两面有微柔毛;叶柄长 1～3 cm。花单生,俯垂,花梗长 3～5 cm。花冠白色或黄色,脉纹绿色,长漏斗状,筒中部以下较细而向上渐扩大成喇叭状,长达 23 cm,檐部裂片有长渐尖头。浆果状蒴果,表面平滑,广卵状,长达 6 cm。花期 6～10 月,果期 7～11月。当地常作景观植物栽培。

用药经验　苗族以种子入药,晒干打成粉末泡酒,去渣留汁,可做麻药,有止痛功效,外用可解狼毒;种子烧烟,熏痛处可治牙痛。侗族以花及果实入药,取花,晒干,裹成烟卷吸食,可治哮喘;取未熟果实,涂

▲ 木本曼陀罗植株　　　　　　　▲ 木本曼陀罗蒴果

于皮肤,有局部麻醉功效。

有慢性毒。

枸杞 *Lycium chinense* Miller.

异名　鸭子桑、枸地芽。

形态特征　灌木,高 1～2 m,多分枝;枝条细弱,弓状弯曲或俯垂,淡灰色,有纵条纹,棘刺长 0.5～2 cm。叶纸质,互生或簇生于短枝上,卵形至卵状披针形,顶端急尖,基部楔形。花在长枝上单生或双生于叶腋,在短枝上则同叶簇生;花梗向顶端渐增粗。花冠漏斗状,5 裂,裂片有缘毛,筒部稍宽,淡紫色。浆果红色,卵状。种子扁肾脏形,黄色。花果期 6～11 月。生于山坡、荒地、丘陵地。

用药经验　以叶或嫩梢入药,主要用以治疗鸡、鸭骨折。可内服,其法为:先将骨折处正位、固定,然后取叶榨汁,以汁泡米,再用以喂鸡、鸭。亦可外敷,其法为:正位固定后,以捣烂的枸杞叶敷于患处,绑扎。

附注　本种主要在黎平县、从江县、锦屏县侗族地区使用。用以治疗鸡、鸭骨折有奇效。完全断掉的鸡、鸭腿,用此药治疗亦可成功接骨,恢复行走功能。侗族药师介绍:当地人观察到腿受伤的鸡儿喜欢啄食本种的叶子,不久后腿伤即愈,因而发现此药。

在从江县本种亦食用。取嫩梢炒食、凉拌或涮火锅,鲜脆爽口。本种性凉,食用后有降火、清热功效。

▲ 枸杞花枝

▲ 枸杞植株

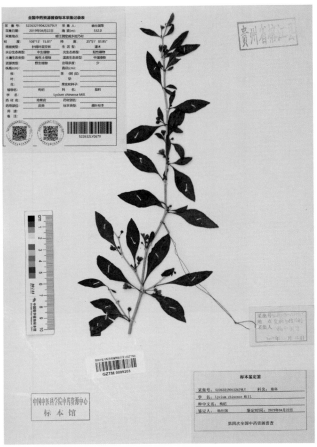

▲ 枸杞标本

牛茄子 *Solanum capsicoides* Allioni.

▲ 牛茄子和喀西茄成熟果子

异名 野毛辣果。

形态特征 直立草本至亚灌木,高 0.3~1 m。除茎、枝外各部均被具节的纤毛,茎及小枝具淡黄色尖刺。叶片轮廓呈桃心形,长 5~17 cm,宽 4~14 cm,先端短尖至渐尖,基部心形,5~7 裂,三角形或卵形,边缘浅波状;阳面深绿色,被稀疏纤毛;阴面淡绿色;侧脉在阳面平,在阴面凸出,脉上具尖刺;叶柄粗壮。聚伞花序腋外生,短而少花,长不超过 2 cm,1~4 朵,花冠白色,筒部隐于萼内,冠檐 5 裂,裂片披针形,端尖。浆果扁球状,初绿白色,成熟后红色;种子干后扁而薄,边缘翅状。生于路旁荒地、疏林或林缘。

　用药经验　侗族以根入药,煎水内服,用于治疗胃痛、慢性骨髓炎、淋巴结核等;捣烂敷于患处,用于治疗跌打损伤、痈肿疮疖、冻疮等。

　附注　牛茄子与喀西茄 *Solanum aculeatissimum* Jacquin 形态极相似,较难区分,其鉴别特征主要在果实:牛茄子果实成熟后为红色,喀西茄则为明黄色;果实成熟后,牛茄子的果柄和宿萼仍为鲜绿色,其上的刺也依然粗壮,喀西茄的果柄和宿萼则明显老化萎缩,其上的刺也大多随之脱落。

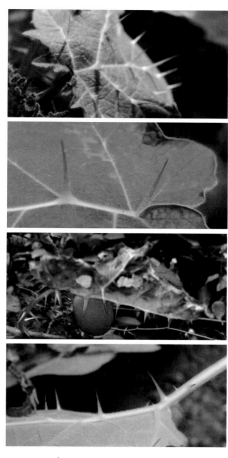

▲ 牛茄子和喀西茄叶上的尖刺

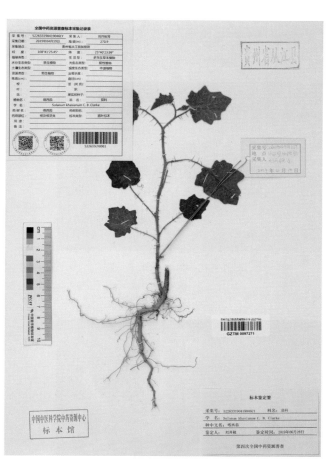

▲ 牛茄子标本

植物药资源

白英　*Solanum lyratum* Thunberg

　异名　千年不烂心、排风藤、野毛辣果。

　形态特征　草质藤本,长0.5～1m,茎、枝和叶均密被具节的长柔毛。叶互生,多数为琴形,长3～8cm,宽2～6cm;不分裂或基部3～5深裂,先端渐尖;中脉明显,在阴面较清晰。聚伞花序顶生或腋外生,疏花,花冠蓝紫色或白色,花冠筒隐于萼内,5深裂,裂片椭圆状披

▲ 白英植株

针形,先端被微柔毛。浆果球状,成熟时红黑色;种子近盘状,扁平。花期夏秋,果熟期秋末。生于山谷草地或路旁、田边。

用药经验 苗族以全株或果实入药,全株与猪大肠同煮食用,可治疗湿疹;果实捣烂外搽,可治疗疮、癣等皮肤病,以及耳道生疮;亦可用于治疗疟疾、淋病、黄疸、疔疮、风湿痛等。

附注 白英与龙葵 *Solanum nigrum* L. 形态相似,易混淆,两者的主要鉴别特征:白英为草质藤本,茎、枝和叶均密被长柔毛;叶互生,多数为琴形,不分裂或基部3～5深裂;浆果球状,成熟时红黑色。龙葵为直立草本,近无毛或被微柔毛;叶卵形,不分裂;浆果球形,熟时黑色。

▲ 白英花、果实

▲ 白英茎上的绒毛

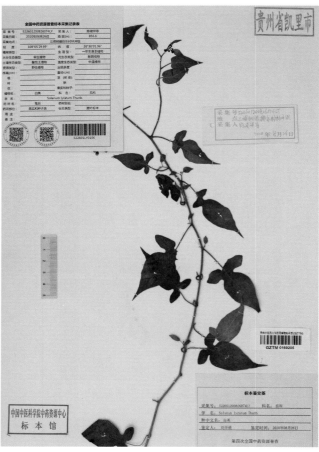

▲ 白英标本

乳茄 *Solanum mammosum* L.

异名 五心果、心脏果。

形态特征 直立草本,高0.6～1.2m。茎被短柔毛,具扁刺,小枝被具节的长柔毛、腺毛及扁刺。叶卵形,长、宽5～10cm,常5裂,有时3～7裂,裂片浅波状,先端尖或钝,基部微凹,两面密被亮白色柔毛;在阳面平,在阴面略凸出,具黄土色细长的皮刺;叶柄阳面具槽,被具节的长柔毛、腺毛及皮刺。蝎尾状花序腋外生,被毛,通常3～4花,总花梗极短,无刺,花冠紫色,筒部隐于萼内,5深裂,裂片长圆状线形,端渐尖至极尖。浆果倒梨状,具5个乳头状凸起,外面土黄色,内面白色。种子黑褐色,近圆形压扁。花果期夏秋间。当地有栽培以供观赏及药用。

用药经验 苗族以果实入药,煎水内服,常用于五脏六腑的疾病,如治疗胃病、心脏病、冠心病等。

▲ 乳茄花

▲ 乳茄果实

植物药资源

玄参 *Scrophularia ningpoensis* Hemsl.

异名 和尚头。

形态特征 多年生高大草本。支根数条,纺锤状或胡萝卜状膨大。茎四棱形,有浅槽,无毛或多少有白色卷毛,常分枝。叶在茎下部多对生而具柄,上部的有时互生而柄极短;叶片的大小和形状多变化,小者长宽仅数厘米,大者长达30 cm、宽达20 cm;叶片凹凸不平,阳面绿色,多短硬毛而显得粗糙,阴面浅绿色,密柔毛。花序为疏散的大圆锥花序,在较小的植株中,仅有顶生聚伞圆锥花序;花褐紫色。蒴果卵圆形。花期6～10月,果期9～11月。生于溪旁、丛林及高草丛中。

用药经验 苗族以根入药,用以炖猪肉或鸡肉,有滋补功效。

附注 当地有小规模栽培,分布在岑巩县、雷山县等地。

▲ 玄参花

▲ 玄参植株

▲ 玄参标本

九头狮子草 *Peristrophe japonica*（Thunb.）Bremek.

▲ 九头狮子草花

异名 狗肝菜、十万错、清杆错、野辣子。

形态特征 草本，高 20～60 cm。叶卵状矩圆形，长 5～12 cm，顶端渐尖或尾尖，基部钝或急尖。花序顶生或腋生于上部叶腋，由聚伞花序组成，每个聚伞花序下托以 2 枚总苞状苞片，一大一小，卵形，几倒卵形，顶端急尖，基部宽楔形或平截，全缘，近无毛，羽脉明显，内有 1 至少数花；花冠粉红色至微紫色，外疏生短柔毛。蒴果疏生短柔毛，开裂时胎座不弹起，上部具 4 粒种子，下部实心；种子有小疣状突起。生于路边、草地或林下。

用药经验 苗族以全株入药，煎水内服，用于小儿惊风或产妇出月后嗝食饱胀。侗族以全株入药，煎水内服，可治伤寒。

▲ 九头狮子草植株

▲ 九头狮子草果实

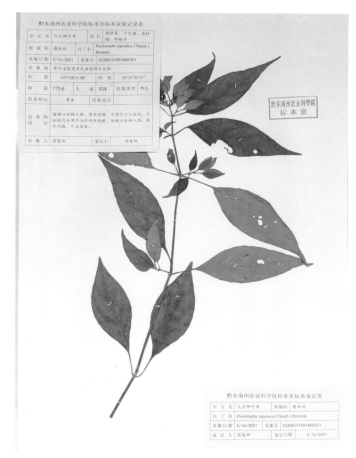

▲ 九头狮子草标本

板蓝 *Strobilanthes cusia*（Nees）Kuntze

▲ 种植的板蓝

异名 蓝靛、马蓝、南板蓝根、板蓝根。

形态特征 多年生草本，一次性结实，茎直立或基部外倾。高约1 m，茎下部木质化，通常成对分枝，幼嫩部分和花序均被锈色、鳞片状毛；叶对生，纸质，柔软，椭圆形或卵形，长10～25 cm，宽4～9 cm，顶端短渐尖，基部楔形，边缘有锯齿，两面无毛，干时黑色；侧脉每边约8条，两面均凸起；叶柄长1.5～2 cm。穗状花序直立，长10～30 cm。蒴果长2～2.2 cm，无毛；种子卵形。花期11月。生于山地山谷、山坡灌丛或溪旁潮湿处。

用药经验 苗族以全株或地上部分入药，全株煎水内服，有清热解毒功效，用于抗疟疾；地上部分炮制后可用于治疗腮腺炎。

附注 叶含蓝靛染料，当地广泛栽培以作染料，其中以苗族、侗族聚居县栽培量为多。苗族和侗族传统盛装均用本种制作的蓝靛染成。

▲ 板蓝植株

▲ 板蓝标本

革叶粗筒苣苔 *Briggsia mihieri*（Franch.）Craib.

异名 岩白菜。

形态特征 多年生草本,无茎,叶基生。根状茎长 1～3 cm。叶片革质,狭倒卵形至椭圆形,长 1～12 cm,宽 1～5 cm,顶端圆钝,基部楔形,边缘具波状牙齿或小牙齿,两面无毛,叶脉不明显;叶柄盾状着生,无毛。聚伞花序腋生,2 次分枝,每花序具 1～4 花;花冠蓝紫色或淡紫色,粗筒状,下方膨大,表面近无毛,内面具淡褐色斑纹;上唇裂片半圆形,下唇 3 浅裂,裂片近圆形。蒴果倒披针形,近无毛。花期 10 月,果期 11 月。生于阴湿岩石上。

用药经验 苗族以全草入药,煎水内服,有止咳功效。侗族民间用于止血,治鼻衄有效。

▲ 革叶粗筒苣苔花

▲ 革叶粗筒苣苔全株

▲ 革叶粗筒苣苔标本

牛耳朵 *Primulina eburnea*（Hance）Yin Z. Wang

异名　岩白菜。

形态特征　多年生草本,根状茎粗。叶基生,肉质;叶片狭纺锤形,顶端渐尖,基部宽楔形,边缘全缘,长 3～15 cm,宽 2～7 cm;阳面绿色,被贴伏的短柔毛或无毛,叶脉不显或稍凹陷;阴面白色,密披白色柔毛,叶脉凸出,脉网明显;叶柄扁,长 1～5 cm,宽达 1 cm,密被短柔毛。聚伞花序 2～6 条,不分枝或一回分枝,每花序有花数朵至十数朵。花冠基部绿色或白色,向末端过渡为紫色或淡紫色,长 3～5 cm,两面疏被短柔毛。蒴果长 3.5～6 cm,被短柔毛。花期 4～7 月。喜阴湿,多生于林中石上或沟边乱石中。

用药经验　苗族以全株入药,煎水内服,可治咳嗽。

▲ 牛耳朵叶片形态　　　　▲ 牛耳朵花形

吊石苣苔 *Lysionotus pauciflorus* Maxim.

异名　岩豇豆、岩茶。

形态特征　小灌木。茎长 7～40 cm,分枝或不分枝,幼枝常被短毛。叶对生或 3～5 枚轮生,具短柄或近无柄;叶片革质,形状变化大,线形至倒卵状长圆形等,长 1.5～6 cm,宽 0.4～2 cm,顶端急尖或钝,基部钝、宽楔形或近圆形,边缘在中部以上有锯齿;两面无毛,中脉阳面下陷;叶柄阳面常被短伏毛。花序有 1～3 花;花冠白色或淡紫色,内壁有紫色无规则线状斑纹,无毛;为细长的钟形,上唇 2 浅裂,下唇 3裂。蒴果线形,无毛。种子纺锤形。花期 7～10 月。生于丘陵,或山地林中,或阴湿处石崖上,或树上。

用药经验　侗族以全草入药,可用单方,亦可加枇杷叶,煎水内服,用于治疗咳嗽;加见血飞、大血藤、小血藤,煎水内服,治风湿痹痛。苗族以全株入药,煎水内服,用于止咳、痨伤、跌打损伤、内伤;泡酒服用或外擦,可用于治疗跌打损伤。苗族认为有小毒,用药需谨慎。

▲ 吊石苣苔植株

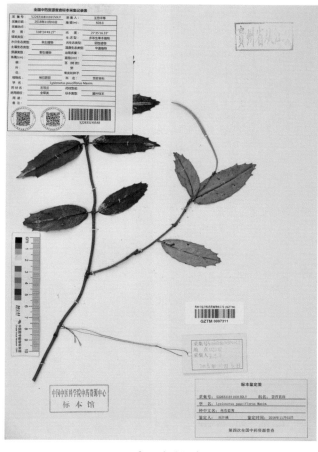

▲ 吊石苣苔标本

▲ 吊石苣苔花

▲ 吊石苣苔果实

车前 *Plantago asiatica* L.

异名 客妈叶、蛤蟆菜。

形态特征 二年生或多年生草本,高 15～60 cm。须根多数。根茎短,稍粗。叶基生呈莲座状,平卧、斜展或直立;叶片薄纸质或纸质,宽卵形至宽椭圆形,边缘波状、全缘或中部以下有锯齿。花葶数个,直立,长 15～45 cm,穗状花序细圆柱状,紧密或稀疏,下部常间断。花冠绿白色,无毛,冠筒与萼片约等长,裂片狭三角形,于花后反折。蒴果纺锤状卵形至圆锥状卵形。种子卵状椭圆形或椭圆形,具角,黑褐色至黑色。花期 4～8 月,果期 6～9 月。生于草地、沟边、田边、路旁或村边空旷处。

▲ 车前植株

231

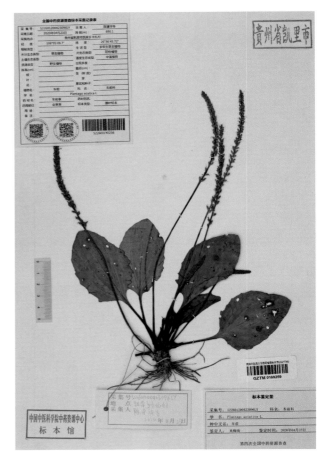

▲ 车前花穗 　　　　▲ 车前果穗 　　　　▲ 车前标本

用药经验　苗族以全株入药,煎水内服,用于消炎、退烧,可治疗小便不通、尿血、水肿、黄疸等;与金钱草(过路黄)、广钱草(广西过路黄)一同煎水内服,用于除肾结石。

附注　车前属植物在当地有多个种,且野生车前形态变异较大,使用中较难分辨,民间不作区分,皆作药用。但苗族药师对车前的药力有个独特的评价方法:用手拉断车前草的叶柄,会现出内部细软的筋,不同的种,筋的数量不同,他们认为筋多者药力强,筋少者药力弱。同时认为叶及叶柄等处颜色偏红者药效更优。

侗族和其他少数民族亦常用此药,一般用于利尿通便、清内火。

忍冬 *Lonicera japonica* Thunb.

异名　金银花。

形态特征　半常绿藤本;幼枝橘红褐色,密被柔毛和腺毛;经年茎藤无毛。叶纸质,卵形至矩圆状卵形,长3~8cm,顶端尖或渐尖,基部圆或近心形,有糙缘毛,阳面深绿色,阴面淡绿色;叶片幼时两面均密被短糙毛,成熟后平滑无毛而阴面多少带青灰色;叶柄密被短柔毛。总花梗通常单生于小枝上部叶腋,与叶柄等长或稍短;花冠白色,有时基部向阳面呈微红,后变黄色,唇形,筒稍长于唇瓣,很少近等长,外被多少倒生的开展或半开展糙毛和长腺毛，上唇裂片顶端钝形，下唇带状而反曲。果实圆形，熟时蓝黑色，有光泽。花期 4～6 月（秋季亦常开花），果熟期 10～11 月。当地分布广泛，生于灌丛中、林缘。

▲ 忍冬叶形　　　　　　　　　　　　　　　▲ 忍冬花

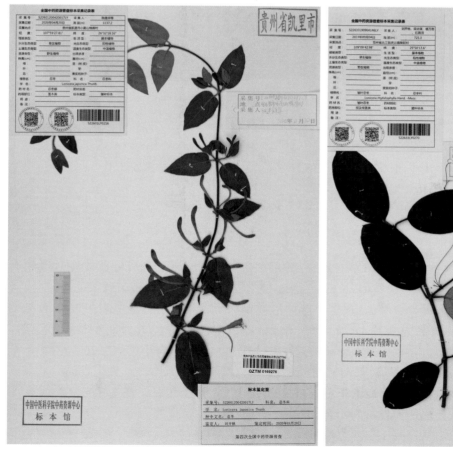

▲ 忍冬标本

▲ 皱叶忍冬标本

▲ 皱叶忍冬植株

用药经验 以全株入药,常与五加皮(刺五加)、千里光、青杆错同煮,取药汤熏蒸沐浴,盖被发汗,可解毒气,用于治疗全身瘙痒、皮肤生疮。

除忍冬本种以外,当地还常见有同属的皱叶忍冬、细毡毛忍冬、短柄忍冬等。据药市调查情况,这几种忍冬属植物未见作药用。

附注 忍冬与鸡矢藤 *Paederia foetida* L. 形态相似,易混淆,两者的主要识别特征:忍冬全株几乎无特殊气味;叶通常两面均密被短糙毛,下部叶常平滑无毛而阴面多少带青灰色;花冠白色,有时基部向阳面呈微红,后变黄色,较长,长 3~6 cm,唇形。鸡矢藤全株散发特殊气味;叶阳面无毛,在阴面脉上被微毛;花冠紫蓝色,较短,长 12~16 mm,通常被绒毛,裂片短。

"山银花"是当地种植规模较大的药材,其基原为黄褐毛忍冬 *Lonicera macrantha* (D. Don) Spreng. 。分布在黄平、三穗等地。

▲ 细毡毛忍冬

▲ 淡红忍冬

接骨草 *Sambucus javanica* Blume

异名 臭草。

形态特征 高大草本或小灌木,高达 2 m;茎有棱条,髓部白色。羽状复叶的托叶叶状或有时退化成蓝色的腺体;小叶 2~3 对,互生或对生,狭卵形,长 6~13 cm,宽 2~3 cm,嫩时阳面被疏长柔毛,先端长渐尖,基部钝圆,两侧不等,边缘具细锯齿及腺齿;顶生小叶卵形或倒卵形,基部楔形,无托叶。复伞形花序顶生,大而疏散,总花梗基部托以叶状总苞片,分枝 3~5 出,纤细,被黄色疏柔毛;杯形不孕性花不脱落,可孕性花小;花冠白色,仅基部联合。果实红色,近圆形;核 2~3 粒,卵形,表面有小疣状突起。花期 4~5 月,果熟期 8~9 月。生于山坡、林下、沟边和草丛中,亦有栽种。

用药经验 主要以茎叶入药,将茎叶捣烂敷于患处,可治跌打损伤、骨断骨裂。将茎叶与豆腐同煮食用,可于治疗浮肿。为苗族治跌打损伤和骨折的要药。

▲ 接骨草花

▲ 接骨草叶

▲ 接骨草果实

　　附注　接骨草以茎叶入药，但冬季地上部分枯萎后，亦有用根部代替入药的。当地还有一种木本植物，叶片形似接骨草，当地称之为"接骨木"，民间认为具有与接骨草相同的功效，药用中常互相代替。夏季时两者常互用，冬季接骨草枯萎不易寻见，亦可用接骨木的皮代替接骨草。接骨草以茎叶入药，但可用根代替，还可以用另一种物种代替。这体现了当地民族药用药灵活的特点。

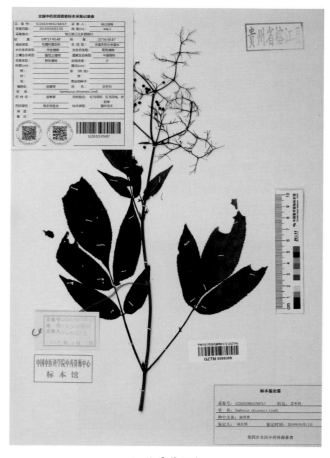

▲ 接骨草植株

▲ 接骨草标本

蜘蛛香 *Valeriana jatamansi* Jones.

异名 满山香。

形态特征 多年生草本，植株高 25～75 cm。根茎块柱状，节密，有浓烈香味；茎单生或丛生。基生叶发达，长 3～10 cm，宽 2～7 cm，叶片心状圆形至卵状心形，边缘具疏浅波齿，常被短毛，叶柄较叶长 2～3 倍；茎生叶不发达，下部的心状圆形，近无柄，上部的常羽裂，无柄，每茎 2～3 对。聚伞花序顶生，苞片和小苞片长钻形，中肋明显，最上部的小苞片常与果实等长。花白色或微红色，杂性；雌花小；雌蕊伸长于花冠之外，柱头深 3 裂；两性花较大。瘦果长卵形，两面被毛。花期 5～7 月，果期 6～9 月。生于草地、林中或溪边，亦有零星栽培。

用药经验 苗族以根入药，煎水内服，用于治疗肺炎。过去，当地苗、侗等多个民族有给小孩背红（用一些有特殊香气的药物装入红色布袋中，缝合封口，或挂在项上，或系于手臂，让小孩随身携带以辟邪）的风俗。苗族常用晒干的蜘蛛香给小孩背红，单用，或与多种中草药混合使用。侗族以根茎入药，煎水内服，用于治疗腹胀胃痛、呕吐泄泻、风寒感冒、月经不调、痨伤咳嗽等。

附注 除药用外，蜘蛛香还是当地古法制酒曲的原料之一，用法见"兔耳一枝箭 *Piloselloides hirsuta* （Forsskal) C. Jeffrey ex Cufodontis"条目。

▲ 蜘蛛香植株及花

▲ 蜘蛛香叶形

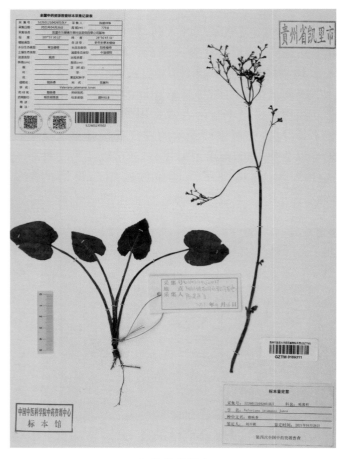
▲ 蜘蛛香标本

贵州黔东南药用资源图志

金钱豹 *Campanumoea javanica* Bl.

异名 土人参、土党参。

形态特征 草质缠绕藤本;根如胡萝卜状。茎无毛,多分枝,茎、叶及叶柄切口处有白色乳汁渗出。叶长 4～10 cm,宽 2～8 cm,心形或心状卵形,边缘有浅锯齿,少有全缘,无毛或有时阴面疏生长毛,对生,少有互生,具长柄。花单朵,无毛,生于叶腋,花萼与子房分离,5 裂至近基部,裂片卵状披针形或披针形;花冠上位,钟状,裂至中部,外表白色或黄绿色,内面紫色。浆果球状,黑紫色或紫红色。种子不规则,常为短柱状,表面有网状纹饰。生于灌丛及疏林中。

用药经验 苗、侗族以根入药,均为妇女产后用药,但治疗目的稍有差异。妇女生产后奶水不足,苗族取根与鸡肉或猪脚同炖,取肉和汤食用,有催奶、滋补功效。侗族用根炖鸡或熬粥,用于妇女产后恢复。侗医还认为其果能食用。

▲ 金钱豹果实

▲ 金钱豹叶片

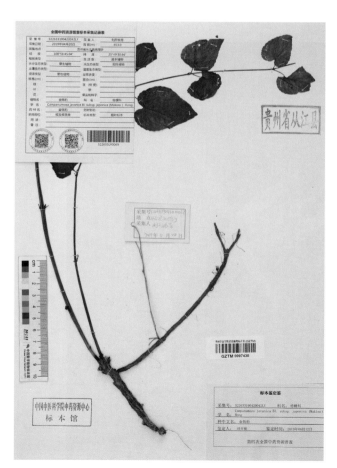

▲ 金钱豹标本

半边莲 *Lobelia chinensis* Lour.

▲ 半边莲野生居群

形态特征 多年生草本，株高 5～20 cm。茎细弱，全株无毛，基部匍匐，节上生根后分枝直立。叶互生，椭圆状披针形至条形，先端急尖，基部圆形至阔楔形，全缘或顶部有明显的锯齿，阳面绿色，阴面浅绿色。常为单花，生于分枝的上部叶腋；花冠粉红色或白色，常五裂，稀见四裂或六裂，其中一处裂至基部，且裂口开张几成 180°，使得整个花冠往一边偏斜，形如缺了半边；裂片上部全部平展于下方，呈一个平面。蒴果倒锥状；种子椭圆状，稍扁压。花、果期 5～10 月。生于阴湿路边、沟边或潮湿草地上。

用药经验 苗、侗族均以全草入药，苗族煎水内服，用于治疗感冒咳嗽、发热、发烧；捣烂外敷，可治疗毒蛇咬伤，或用于治疗痈、疽等。侗族煎水内服或捣烂外敷，用于治疗黄疸、水肿、蛇伤、疔疮等。

▲ 半边莲花

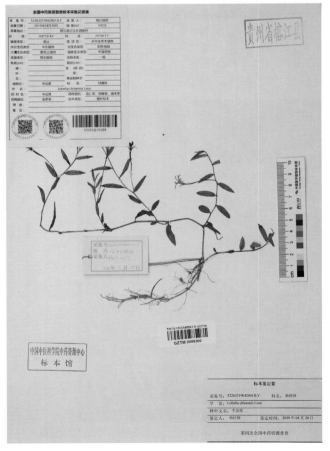

▲ 半边莲标本

桔梗 *Platycodon grandiflorus*（Jacq.）A. DC.

形态特征　多年生草本，株高 30～150 cm。茎常单生，偶见上部有分枝，常无毛，折断有白色乳汁流出。叶厚纸质，长 3～8 cm，宽 1～4 cm，卵形、卵状椭圆形至披针形，基部宽楔形至圆钝，顶端急尖；轮生或互生或二者皆有；阳面绿色，无毛；阴面绿色，有白粉，常无毛；边缘具细锯齿；常无柄；花顶生，单朵，或数朵集成假总状花序，或圆锥花序；花萼筒部半圆球状或圆球状倒锥形，被白粉，裂片三角形，或狭三角形，有时齿状；花冠大，呈钟形，蓝色或紫色。蒴果，小指头大小，球状，或球状倒圆锥形，或倒卵状。花期 7～9 月。常生于山坡向阳处草丛、灌丛中。

▲ 桔梗花

用药经验　苗族以根入药，炖肉食用，或研粉用水吞服，或泡酒服用，可润肺止咳、补虚、健胃、补乳。侗族以根入药，炖肉食用或泡酒服用，具润肺止咳功效，用于治疗外感咳嗽、咽喉肿痛、胸满胁痛、肺痈吐脓、痢疾腹痛等。

▲ 桔梗植株

▲ 桔梗标本

云南蓍 *Achillea wilsoniana* Heimerl ex Hand. -Mazz.

▲ 云南蓍植株

异名 飞天蜈蚣、乱头发、一支蒿、本地一支蒿。

形态特征 多年生草本,高 30～110 cm。根状茎短。茎直立,中部以上被较密的长柔毛,下部无毛;偶见上部分枝。叶无柄,下部叶在花期凋落,中部叶矩圆形;二回羽状全裂,一回裂片多数,椭圆状披针形,二回裂片少数;下面的较大,披针形,有少数齿,上面的较短小,近无齿或有单齿;叶阳面绿色,疏生柔毛和凹入的腺点;阴面密生柔毛。头状花序多数,集成复伞房花序;总苞宽钟形或半球形;托片披针形,舟状。边花数朵;舌片白色,偶有淡粉红色边缘;管状花淡黄色或白色。瘦果具翅,矩圆状楔形。花、果期 7～9月。生于湿草地、荒地。

用药经验 苗族以叶、根入药,治牙痛:叶片捣烂后泡酒,含于牙痛处,有麻感后丢弃,反复几次即愈;叶片与当归叶一同捣烂,敷于患处,可止痛、治刀伤;根与大血藤、小血藤、黑骨藤、见血飞泡酒服用,可治跌打损伤。

▲ 云南蓍花

▲ 云南蓍叶

珠光香青 *Anaphalis margaritacea*（L.）Benth. et Hook. f.

异名 虎草、火草。

形态特征　茎直立或斜升,常粗壮,单生或偶见丛生,被灰白色棉毛,下部木质,高可达 1 m。根状茎木质,横走或斜升,具褐色鳞片的短匍枝。叶长 4～10 cm,宽 0.5～2 cm,长圆状或线状披针形,基部抱茎,顶端渐尖;阳面被灰白色蛛丝状棉毛,阴面被黄褐色或红褐色厚棉毛,有三出脉或五出脉在阴面凸起。多数头状花序在茎和枝端排列成复伞房状;花托如蜂窝状。瘦果有小腺点,长椭圆形。花、果期 8～11 月。生于草地或灌丛。

　　用药经验　苗族以全株入药,煎水内服,用于退热;全株捣烂后敷于患处,可止血、生肌,常作为刀口药之一。

▲ 珠光香青花

▲ 珠光香青植株

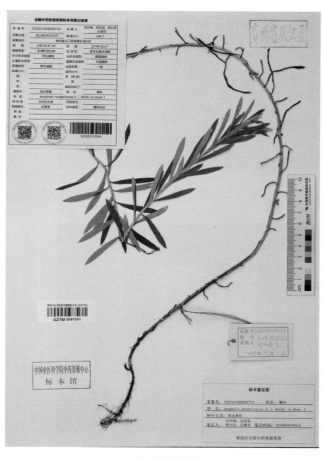

▲ 珠光香青标本

艾　*Artemisia argyi* Lévl. et Van.

　　异名　艾草。

　　形态特征　多年生草本,株高 1～2.6 m,全株具浓香味。主根明显,侧根多。茎常单生,茎、枝均被灰色蛛丝状柔毛。叶厚纸质,基生叶具长柄,花期枯萎;茎下部叶近圆形或宽卵形,羽状深裂;中部叶卵形、三角状卵形或近菱形,具叶柄,基部通常无假托叶或极小的假托叶;上部叶与苞片叶羽状半裂或不分裂。

▲ 艾植株

头状花序椭圆形,花序托小;花冠狭管状,两性花 8～12 朵。瘦果长卵形或长圆形。花、果期 7～10 月。生于荒地、路旁或山坡等地。

用药经验 艾草为少数民族常用药材,端午节时,取艾草和菖蒲各 1～2 株,捆成束挂于房门,可增香。家人出现伤寒、感冒等症状时,取下门上已风干的艾草和菖蒲,在温水中泡软后在背部或身体酸痛处刮痧,有奇效。小儿发烧,用此法在额头、背部刮痧,亦有奇效。风湿、皮肤瘙痒,取新鲜艾草烧水洗浴,具祛风湿、止痒功效。干艾叶加辣椒、大蒜,于鸡养殖场内燃烧,使鸡打喷嚏,可预防或治鸡瘟。艾灸亦是当地苗、侗族常用疗法,使用较为复杂,不同的用法可对应不同的病症。

附注 岑巩县和镇远县有小规模栽培。

▲ 艾标本

▲ 艾条

马兰 *Aster indicus* L.

形态特征　一年生草本。根状茎有匍匐枝,偶具直根。茎直立,株高 35～75 cm,有分枝,上部被短毛。叶较薄,基部叶于花期枯萎;茎叶长 3～10 cm,宽 1～5 cm,倒披针形或倒卵状长圆形,顶端钝或渐尖,基部渐狭成具翅长柄,边缘中部以上具有小尖头的钝或尖齿或有羽状裂片。花单生于枝端,头状花序排成疏伞房状。花托凸起或圆锥形,蜂窝状。舌状花浅紫色或近白色。瘦果倒卵状长圆形,极扁,褐色,边缘有厚肋,上部被腺及短柔毛。花、果期 5～10 月。生于草地、路边等。

用药经验　苗族以全株入药,煎水内服,有退热功效,用于治疗发烧。侗族以全草入药,煎水内服,有清热解毒功效,此方在发高烧时尤其适用,可迅速退烧。侗医认为蕺菜叶有类似功效,可替代使用;捣烂敷于患处,治无名肿毒,加土线虫效果更佳。

▲ 马兰花

▲ 马兰野生居群

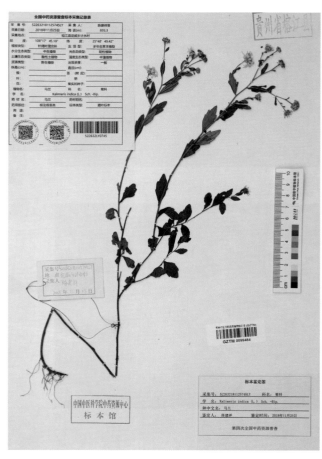

▲ 马兰标本

植物药资源

243

东风草 *Blumea megacephala*（Randeria）Chang et Tseng

形态特征　攀援状草质藤本或基部木质，长 1.5～3.5 m。茎圆柱形，直立或铺散，有明显的沟纹，被疏毛或后脱毛。叶草质，长 5～10 cm，宽 2～4 cm，卵形、卵状长圆形或长椭圆形，基部圆形，顶端短尖，边缘有疏细齿或点状齿，阳面被疏毛或后脱毛，有光泽，阴面无毛或多少被疏毛，中脉在阳面明显，在阴面凸起。头状花序，多数在茎枝顶端排成总状或近伞房状花序，再排成大型具叶的圆锥花序；总苞半球形；花黄色，雌花多数，细管状。瘦果圆柱形。花期 8～12 月。生于山坡草地、灌丛、田边及路旁。

用药经验　苗族以全株入药，加酒捣烂敷于患处，用于治疗跌打损伤。侗族以地上部分入药，煎水内服，有清热解毒功效，可治疗发热。

▲ 东风草花

▲ 东风草野生植株

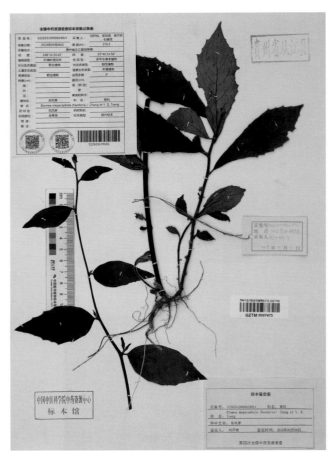

▲ 东风草标本

石胡荽 *Centipeda minima*（L.）A. Br. et Aschers.

异名　鹅不食草。

形态特征　一年生小草本,株高约 25 cm。茎匍匐,多分枝,微被蛛丝状毛或无毛。叶互生,细小,边缘有少数锯齿,顶端钝,基部楔形,无毛或阴面微被蛛丝状毛。头状花序小,单生于叶腋,扁球形,无花序梗或极短;总苞半球形;总苞片 2 层,椭圆状披针形,绿色,边缘透明膜质,外层较大。瘦果椭圆形,有长毛,无冠状冠毛。花、果期 6～10 月。生于撂荒田地、路旁、田埂等阴湿处。

用药经验　以全株入药,揉搽患处或与蝗虫一同泡酒服用,可用于治疗跌打损伤、痨伤;全株揉搓后塞于鼻腔内,可治疗鼻炎。

本种有毒,需慎用。根煎水内服,对生育功能有影响,孕妇忌用,未生育者忌用。

▲ 石胡荽瘦果

▲ 石胡荽植株

野菊 *Chrysanthemum indicum* Linnaeus

异名　野菊花。

形态特征　多年生草本,株高 0.5～1.2 m,具匍匐茎。茎直立或铺散,分枝或仅在茎顶有伞房状花序分枝。茎枝被稀疏的毛,上部及花序枝上的毛稍多或较多。下部叶花期脱落。中部茎叶长 3～10 cm,宽 2～7 cm,卵形、长卵形或椭圆状卵形,羽状半裂、浅裂或分裂不明显而边缘有浅锯齿;基部截形或稍心形或宽楔形,具叶柄,阳面绿色,阴面淡绿色。头状花序,多数在茎枝顶端排成疏松的伞房圆锥花序或少数在茎顶排成伞房花序。总苞片约 5 层,边缘白色或褐色宽膜质,顶端钝或圆。舌状花黄色,顶端全缘或 2～3 齿。瘦果。花期 6～11 月。生于山坡草地、灌丛、田边及路旁。

用药经验　苗族以花入药,晒干当茶饮,具祛火、清热功效。

▲ 野菊植株

▲ 野菊花

蓟 *Cirsium japonicum* Fisch. ex DC.

异名 雷公菜、棘棘菜、大蓟、野山羊。

形态特征 多年生草本,全株密生长节毛,株高 0.5～1.8 m。具纺锤状或萝卜状块根。茎直立,单生或分枝,全部茎枝有条棱。基生叶较大,长 8～20 cm,宽 2～10 cm,全形卵形、长倒卵形、椭圆形或长椭圆形,羽状深裂或几全裂,基部渐狭成短或长翼柄,柄翼边缘有针刺及刺齿,自基部向上的叶渐小,与基生叶同形并等样分裂,但无柄,基部扩大半抱茎。叶两面同色,绿色。直立头状花序为主,偶见下垂。总苞钟状,外面有微糙毛并沿中肋有黏腺。小花红色或紫色。瘦果压扁,偏斜楔状倒披针状,顶端斜截形。花、果期 4～11 月。生于林缘、灌丛中、草地、荒地或路旁。

用药经验 侗族以全株或地上部分入药,煎水内服,用于治疗痔疮、肠癌、肝癌、淋巴癌;捣烂外敷,有止血功效,用于鼻出血、子宫出血。天柱一带侗族有一个治疗小儿头痛、头晕的方子:取蓟的地上部分,捣烂,用菜叶包裹,埋在热的草木灰中加热,稍发烫时取出,贴在小儿太阳穴上,两三次即愈。

▲ 蓟花

▲ 蓟植株

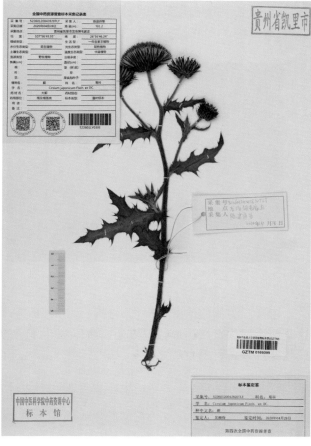

▲ 蓟标本

异叶泽兰 *Eupatorium heterophyllum* DC.

异名 泽兰。

形态特征 多年生草本,或小半灌木状,全株被白色短柔毛,株高1.2～2m。茎直立,多分枝,淡褐色或紫红色。叶对生,两面被稠密的黄色腺点,阳面粗涩,阴面柔软;茎基部叶花期枯萎;中部茎叶较大,长5～10cm,宽2～4cm,长椭圆形或披针形,基部楔形,顶端渐尖,三全裂、深裂、浅裂或半裂,侧裂片与中裂片同形但较小;或不分裂,长圆形、长椭圆状披针形或卵形;边缘有深缺刻状圆钝齿。头状花序多数,在茎枝顶端排成复伞房花序,花白色或微带红色。瘦果黑褐色,长椭圆状。花、果期4～10月。生于山坡林下、林缘、草地。

▲ 异叶泽兰植株

247

用药经验 为侗族治跌打损伤、骨折、骨伤之要药。用法：取地上部分，捣烂，加甜酒，继续捣烂、捣匀，敷于患处。取地上部分煎水内服，可治疗胀气打嗝。地上部分有特殊香气，晒干后香气更显，沁人心肺，古时常用于改善室内空气；加入浴汤中作药浴，不仅馨香宜人，又有活血通筋之效。

▲ 异叶泽兰花

▲ 异叶泽兰叶

附注 为侗族治跌打损伤、骨折、骨伤之要药，而当地苗族治疗此类疾病的主药是接骨草或接骨木。这是两个民族在用药中的差异处。活体异叶泽兰的叶片经人触摸则变紫色，割下晒干，变黑。这是当地侗族鉴别该药材的方法之一。

▲ 异叶泽兰标本

菊三七 *Gynura japonica*（Thunb.）Juel.

异名 血白菜、血当归、大泽兰。

形态特征 多年生草本，株高 0.6～1.5 m。有粗壮的块状根，一个块根上常萌发多个植株。茎直立，中空，基部木质，多分枝，小枝斜升。叶长 10～30 cm，宽 8～15 cm，椭圆形或长圆状椭圆形，阳面绿色，阴面绿色或变紫色；基部和下部叶较小，椭圆形，不分裂至大头羽状，顶裂片大，中部叶大，具长或短柄，具齿或羽状裂的叶耳，多少抱茎，有一粗壮中脉，在阴面隆起；基部叶在花期常枯萎。头状花序多数，花茎枝端排成伞房状圆锥花序；花冠黄色或橙黄色，小花多数。瘦果圆柱形，棕褐色。花、果期 8～10 月。生于山谷、山坡草地或林缘。

用药经验 苗族以全株或根入药，全株火烤软后捣烂敷于患处，可治跌打损伤；根炖肉有滋补之效。侗族以根入药，捣烂敷于患处，治跌打损伤、骨折。

▲ 菊三七植株

▲ 菊三七花

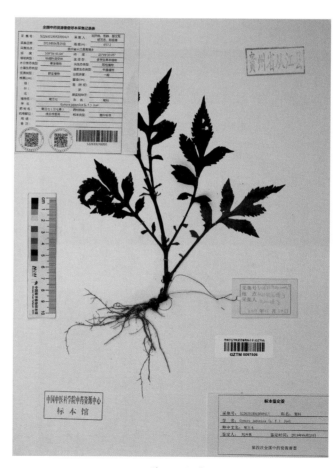

▲ 菊三七标本

菊芋 *Helianthus tuberosus* L.

▲ 菊芋居群

异名 洋姜。

形态特征 多年生草本或灌木,株高 1.5～3 m,有形似生姜而少分枝的块状根。茎直立,1/3 高度以上常分枝,被白色短糙毛或刚毛。叶具叶柄,常对生,上部变为互生;下部叶长 10～20 cm,宽 2～8 cm,卵圆形或卵状椭圆形,基部宽楔形或圆形,有时微心形,顶端渐细尖,边缘有粗锯齿,阳面被白色短粗毛,阴面被柔毛,叶脉上有短硬毛;上部叶长椭圆形至阔披针形,基部渐狭,下延成短翅状,顶端渐尖,短尾状;具较长叶柄。花单生于枝端,较大,头状花序,形似向日葵的花序,少数或多数,舌状花多数,舌片黄色;管状花花冠黄色。瘦果楔形,小。花期 8～9 月。当地有零星栽培。

用药经验 苗族以块根入药,煎水内服,用于降血压、治疗糖尿病。
菊芋块根亦作食用,可煮食、熬粥,或腌制成咸菜。

▲ 菊芋花

▲ 菊芋叶

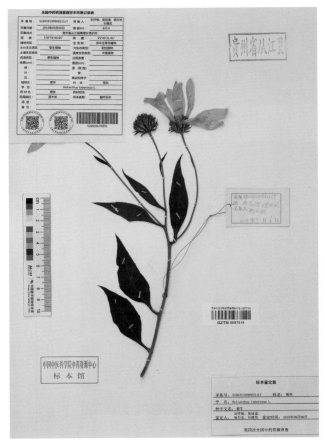

▲ 菊芋标本

兔耳一枝箭 *Gerbera piloselloides*（L.）Cass.

异名 爬地香、扒地虎。

形态特征 多年生草本。全株被短柔毛。根状茎短，粗直或曲膝状，具较粗的须根。叶片纸质，基生，莲座状；长 5～18 cm，宽 2～7 cm，倒卵形、倒卵状长圆形或长圆形，稀有卵形，顶端圆，基部渐狭或钝，全缘，阳面被疏粗毛，老时脱落，阴面密被白色蛛丝状棉毛，边缘有灰锈色睫毛；叶柄被棉毛。花葶常单生，顶端棒状增粗，密被毛。头状花序单生于花葶顶部；总苞盘状，开展，苞片 2 层；花托裸露，蜂窝状；外围雌花 2 层，外层花冠舌状。瘦果纺锤形，具 6 纵棱，被白色细刚毛，顶端具无毛的喙。花期 2～5 月及 8～12 月。生于林缘、草丛中或旷野荒地上。

用药经验 以全株入药，将全株与茴香、鸭屁股捣碎后喂牛，可促进牛排尿，治疗牛的轻水症（浑身发冷）；嫩的茎叶可当野菜炒熟食用，具有滋补功效。侗族用于治疗伤风咳嗽、哮喘、小儿食积、疔疮等。当地苗、侗、水族等少数民族都流传有古法制作的酒曲，其配方和制作方法各地不尽相同，但本种是多地常用的配料之一。麻江县一带流传的做法是：取兔耳一枝箭、蜘蛛香、朝天罐（星毛金锦香）、猕猴桃根、长距玉凤花、木蓝、薯莨块茎、米汤

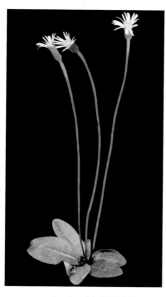

▲ 兔耳一枝箭植株

▲ 兔耳一枝箭花

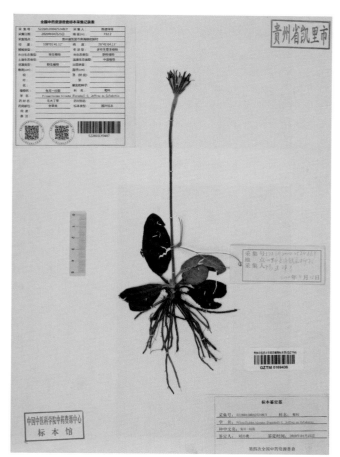

▲ 兔耳一枝箭标本

（带碎米）混合捣烂，加水适量，抟成球状，摊放在干稻草上，用棉被盖住，发汗7～8日，其上长出毛。取出晒干，打成粉末，即成酒曲。

鼠曲草 *Pseudognaphalium affine*（D. Don）Anderberg

异名 清明菜。

形态特征 一年生草本，全株被白色厚棉毛，株高15～50 cm。茎直立或基部发出的分枝斜升，上部不分枝。叶匙状倒披针形或倒卵状匙形，基部渐狭，稍下延，顶端近圆，具刺尖头，无柄。近无柄的头状花序在枝顶密集成伞房花序；花黄色至淡黄色。瘦果倒卵形或倒卵状圆柱形，有乳头状突起。花期1～4月，果期8～11月。生于路边、田边、干沟边、田野中或湿润的草地上。

用药经验 以全草入药，煎水内服，用于治疗感冒咳喘、风湿腰痛、肝炎、跌打损伤、毒蛇咬伤、肾虚腰痛、胃痛、呕吐等。

附注 药用之外，本种在当地以食用为主，其中在锦屏、剑河、天柱一带侗族地区最为流行。食用一般在农历三月清明前后，故又称其为"清明菜"。食用方法：采集幼嫩的地上部分洗净，捣烂，加白砂糖，与糯米粉拌匀。然后用芭蕉 *Musa basjoo* Sieb. et Zucc. 叶或箬竹 *Indocalamus tessellatus*（munro）Keng f. 叶、大叶锥 *Castanopsis megaphylla* Hu 叶等包成块状，蒸熟，即成当地美食"三月粑"。

▲ 鼠曲草植株

▲ 鼠曲草花

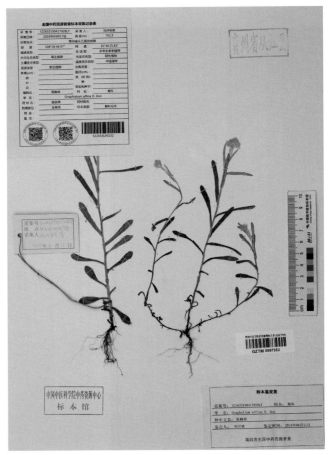

▲ 鼠曲草标本

当地产多种菊科鼠曲草属植物，除鼠曲草外，还常见有细叶鼠曲草 *Gnaphalium japonicum* Thunb. 、秋鼠曲草 *Pseudognaphalium hypoleucum* （Candolle）Hilliard & B. L. Burtt 和宽叶鼠曲草 *Pseudognaphalium adnatum* （Candolle）Y. S. Chen。其中鼠曲草、细叶鼠曲草和秋鼠曲草形态相似，常混用。制作"三月粑"时，鼠曲草和宽叶鼠曲草都可以使用。

▲ 宽叶鼠曲草

▲ 细叶鼠曲草

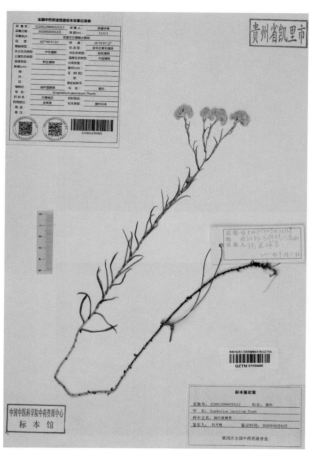

▲ 细叶鼠曲草标本

千里光 *Senecio scandens* Buch. -Ham. ex D. Don.

异名 九里光。

形态特征 多年生草本，攀援状，株长 2.5～5 m。具较粗的木质根状茎。茎伸长，多分枝，弯曲，被柔毛或无毛；茎和枝嫩时表皮绿色，老时变土黄色，变木质。叶具柄，叶长 2～12 cm，宽 2～5 cm，卵状披针形至长三角形，顶端渐尖，基部宽楔形、截形或戟形，稀全缘，常具齿；上部叶变小，披针形或线状披针形，长渐尖。多数头状花序在茎枝端排列成顶生复聚伞圆锥花序；分枝和花序梗被密至疏短柔毛。总苞圆柱状钟形。舌状花 8～10，舌片黄色，长圆形，钝；管状花多数；花冠黄色，檐部漏斗状。瘦果圆柱形。生于灌丛中及荒地。

用药经验　苗族以全草入药，与五加皮（刺五加）、金银花（忍冬）、九头狮子草一同烧水熏蒸沐浴，盖棉被发汗，可解毒气。常用于治疗皮肤生疮、全身瘙痒等。侗族以全草入药，煎水内服，用于治疗伤寒、菌痢、肺炎、扁桃体炎、肠炎、痈肿疔毒等。千里光也是药浴常用配方药之一，其功效主要是清热解毒。

▲ 千里光花

▲ 千里光植株

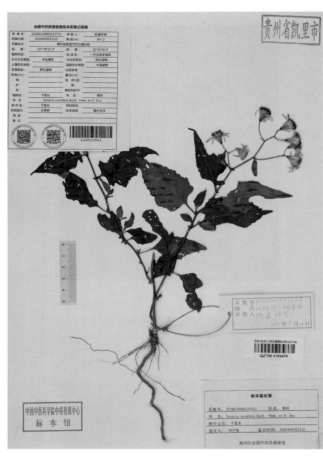

▲ 千里光标本

一枝黄花　*Solidago decurrens* Lour.

形态特征　多年生草本，株高 30～140 cm。茎常单生，直立，纤细而硬；常在中部以上有分枝，分枝不开展，聚成一把向上生长。下部和中部茎叶长 2～5 cm，宽 1～2 cm，椭圆形、长椭圆形、卵形或宽披针形，下部楔形渐窄，有具翅的柄；向上叶渐小。头状花序，较小，多数在茎上部排列成总状花序或伞房圆锥花序；花黄色；舌状花舌片椭圆形。瘦果。花、果期 4～11 月。生于林下、灌丛中及山坡草地上。

用药经验　苗族以根入药，煎水内服，用于治疗肝炎、肺炎。鲜嫩的茎叶可当野菜食用。侗族以全草入药，煎水内服，用于治疗感冒发热；捣烂外敷，可治疗疮。

▲ 一枝黄花花穗

▲ 一枝黄花茎秆

▲ 一枝黄花标本

蒲公英 *Taraxacum mongolicum* Hand.-Mazz.

形态特征 多年生草本。根粗,圆柱状,黑褐色。叶长 5～15 cm,宽 1～4 cm,倒卵状披针形、倒披针形或长圆状披针形,顶端裂片较大;裂片三角形或三角状披针形,通常具齿,叶柄及主脉常带红紫色。花葶单个或多个;头状花序;总苞钟状,淡绿色;舌状花黄色。瘦果倒卵状披针形,暗褐色;冠毛白色,风吹即散。花期 4～9 月,果期 5～10 月。生于山坡草地、路边、田野。

用药经验 苗族以全草入药,煎水内服,有消肿止痛、清热解毒、润肺止咳等功效,可治疗浮肿、乳少不下等;捣烂外敷,可治疗疖疮;全草与车前一同煎水内服,可用于降血压。侗族以全草入药,捣烂外敷,用于治疮、疥。

地上部分幼嫩时常作为野菜食用;叶片和花晒干可当作茶饮。

▲ 蒲公英植株

▲ 蒲公英花序

▲ 蒲公英冠毛

▲ 蒲公英标本

苍耳 *Xanthium strumarium* L.

形态特征　一年生草本,株高 30～60 cm。茎直立,多分枝,主茎常于分枝处折拐,茎上部和枝被灰白色糙伏毛。叶互生,阳面绿色,阴面绿白色;形似枫香树叶而比枫香树叶大,常三裂,中部裂片最大,边缘有不规则粗锯齿,基生 3 出脉,每条基出脉对应一个裂片;两面被糙伏毛。头状花序腋生;雄性花序球形,雄花花冠钟形,5 裂,雌性花序椭圆形,被短柔毛。瘦果,倒卵形,表面密被具倒钩的刺,未成熟时绿色,质地软;成熟后变干,颜色变黄或褐色,质地变坚硬。花、果期 7～10 月。生于空旷干旱山坡、旱田边及路旁。

用药经验　苗族以果实入药,煎水内服或洗患处,或鲜品捣烂敷患处,用于治疗风湿疼痛、麻疹、疔疮、麻风、痔疮、瘙痒、乳痈、鼻塞、头昏头痛、外伤等。

▲ 苍耳植株

▲ 苍耳果实

▲ 苍耳标本

眼子菜 *Potamogeton distinctus* A. Bennett

异名 烂板菜、鸭脚板。

形态特征 多年生水生草本。根茎多分枝,白色,发达,顶端常形成纺锤状休眠芽体,节处密生须根。茎圆柱形,常单生。浮水叶革质,长 3～8 cm,宽 1～4 cm,披针形、宽披针形至卵状披针形,先端尖或钝圆,基部钝圆或有时近楔形;具较长叶柄,中脉沿叶柄延伸,明显;沉水叶草质,披针形至狭披针形,常早落,具柄;托叶膜质,顶端尖锐,呈鞘状抱茎。具花多轮的顶生穗状花序,开花时直立或斜伸出水面,花后沉没水中;花序梗比茎粗,花时直立,花后自基部弯曲。果实宽倒卵形。花、果期 5～10 月。生于池塘、水田和水沟等长期有水的地方。

用药经验 以叶片或全株入药,湿润叶片蒙住眼睛,待叶片水分被风干后取下,重复几次,可用于治疗火眼;全株煎水内服,常用于治疗高血压、糖尿病。

▲ 眼子菜果穗

▲ 眼子菜植株

肺筋草 *Aletris spicata*（Thunb.）Franch.

▲ 肺筋草根部

异名 肺心草。

形态特征 草本,具多数须根,根毛局部膨大成不规则块状,白色。叶簇生,纸质,为狭长的条形,下弯,长 10～25 cm,宽 3～4 mm,先端渐尖。花葶高 40～70 cm,有棱,密生柔毛,中下部有几枚长 1.5～6.5 cm 的苞片状叶;总状花序长 6～30 cm,疏生多花;花梗极短,有毛;花被黄绿色,上端粉红色,外面有柔毛。蒴果倒卵形或矩圆状倒卵形;有棱角,长 3～4 mm,宽 2.5～3 mm,密生柔毛。花期 4～5 月,果期 6～7 月。生于山坡上、路边、灌丛边或草地上。

▲ 肺筋草花穗

▲ 肺筋草植株

用药经验 苗、侗族均以全草入药。苗族取其煎水内服，有润肺止咳功效，用于治疗肺炎、哮喘咳嗽等多种肺部疾病。侗族取其煎水内服，用于治疗咳嗽吐血、百日咳、气喘、肺痈等。

天门冬 *Asparagus cochinchinensis*（Lour.）Merr.

异名 三百棒、大天冬、八百崽。

形态特征 攀援植物。具多数纺锤状膨大肉质根。茎平滑，长1~2m；多分枝，具棱或狭翅。叶长1~4cm，稍镰刀状，通常每3枚成簇，扁平或略三棱形；茎上的鳞片状叶基部延伸为硬刺。花腋生，常2朵，淡绿色；雌雄花大小相似。浆果，先为绿色，熟时红色，有种子1颗。花期5~6月，果期8~10月。生于山坡、路旁、疏林下或山谷。

用药经验 苗族以肉质根入药，煎水内服，或泡酒服用，有润肺养阴、清热化痰、除湿利尿、润肠通便等功效；此外，经加工后可作食用。一般认为无毒，也有部分苗医认为有微毒，未加工去毒的鲜品不可多食。侗族以肉质根入药，煎水内服，用于治疗发热、咳嗽、咳血、咽喉肿痛、便秘等。

附注 当地大规模栽培，分布在丹寨、榕江、镇远等县，其中丹寨县种植面积较大，以林下栽培为主。

▲ 天门冬林下栽培

▲ 天门冬花果／兰才武

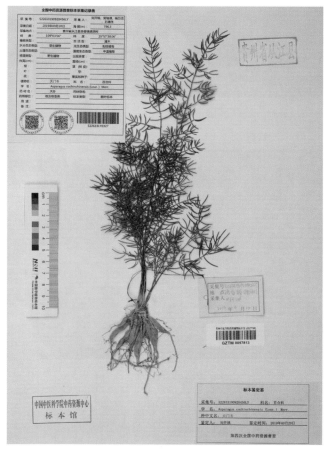

▲ 天门冬标本

蜘蛛抱蛋 *Aspidistra elatior* Blume.

形态特征 根状茎近圆柱形,横走,具节和鳞片。叶单生于基部,长 20～50 cm,宽 5～15 cm,矩圆状披针形、披针形至近椭圆形,先端渐尖,基部楔形,边缘多少皱波状,两面绿色,有时稍具黄白色斑点或条纹;叶柄明显,粗壮。花开于近植株基部,总花梗较短;花被钟状,常 8 裂,外面紫色或暗紫色,内面下部淡紫色或深紫色;裂片近三角形,向外扩展或外弯,先端钝,内面具与裂片对应条数的肉质脊状隆起,紫红色。当地偶见作为药用或观赏栽培。

用药经验 苗族以根入药,泡酒服用,用于治疗跌打损伤。侗族以根入药,煎水内服,用于治疗胃痛、肠炎、牙痛、风湿疼痛、经期腹痛、慢性支气管炎、跌打损伤、毒蛇咬伤等。

▲ 蜘蛛抱蛋花

▲ 蜘蛛抱蛋植株

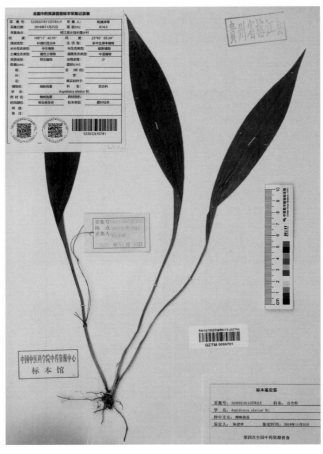

▲ 蜘蛛抱蛋标本

深裂竹根七 *Disporopsis pernyi*（Hua）Diels

异名 竹根七、黄脚七、玉竹。

形态特征 多年生草本,株高16~70 cm。根状茎圆柱状,有节,节上常生芽。茎单生,斜向上生,中上部稍向下弯曲成弧形;表面深灰绿色,具浅绿色花斑。叶纸质,互生,披针形、矩圆状披针形,先端渐尖或近尾戈状,基部圆形或钝,长6~15 cm,宽1~5 cm;叶柄较短,近贴生于茎。伞形花序从叶腋抽出,常1~3朵小花;花被钟形,白色。浆果近球形或稍扁,熟时暗紫色,具1~3颗种子。花期4~5月,果期11~12月。繁殖能力较强,生于林下、林缘石山或荫蔽山谷水旁。

▲ 深裂竹根七植株

▲ 深裂竹根七花形

用药经验

以根入药,捣烂敷于患处,治跌打损伤;煎水内服,有滋补功效,对于身体虚弱,常生病者有培根补元之效。

附注 深裂竹根七和玉竹 *Polygonatum odoratum*（Mill.）Druce形态相似,当地苗族将二者都称为玉竹,常有混用。这是民族药基原混用的一个实例。两者主要鉴别特征:深裂竹根七叶多为披针形、矩圆状披针形;浆果熟时暗紫色,具1~3颗种子。玉竹叶椭圆形至卵状矩圆形,阴面带灰白色;浆果熟时蓝黑色,具7~9颗种子。

侗族亦常用此药同红柳叶牛膝 *Achyranthes longifolia* f. rubra Ho根、野辣椒根、枸杞 *Lycium chinense* Miller 一同炖鸡,可补虚。对体弱、常疼痛者有效。苗药在跌打损伤、骨折骨伤方面相对侧重,而侗药在强筋骨、去劳乏方面相对侧重。对本种的使用体现了两个民族用药时的细微差异。

萱草 *Hemerocallis fulva*（L.）L.

异名 黄花菜、芦笙才、九子、牛葱。

形态特征 多年生草本,肉质根常呈纺锤状,多数,表皮黄色,株高80~150 cm。叶基生,长30~90 cm,宽1~5 cm,长条形,中间有一条贯纵全叶的主脉,主脉向阴面凸出,形成瓦棱状。花葶粗壮直立,常稍长于叶,常有分枝;圆锥状花序顶生,常有花6~10朵,橘红色至橘黄色,无香味,内花被裂片下部一般有"∧"形彩斑；花被为 6 裂片；苞片卵状披针形。蒴果长圆形。花、果期 5～9 月。生于沟边、路旁。当地有栽培。

▲ 萱草植株　　　　　　　　　　　　　　▲ 萱草花

用药经验　侗族以根入药，炖肉服用可治疗不孕。花作蔬菜食用，可煮汤亦可清炒，口感清脆，味鲜美。

附注　萱草与黄花菜 *Hemerocallis citrina* Baroni 形态极相似，易混淆，两者的主要鉴别特征：萱草花早上开晚上凋谢，无香味，花瓣橘红色至橘黄色，内花被裂片下部一般有"∧"形彩斑；花被管较粗短，长 2～3 cm。黄花菜花在下午至傍晚时开放，次日 11 时以前凋谢，2～3 日脱落，花瓣淡黄色，有时在花蕾时顶端带黑紫色；花被管长 3～5 cm。

紫萼　*Hosta ventricosa*（Salisb.）Stearn

异名　紫玉簪、饭瓢菜。

形态特征　根状茎粗壮。叶长 10～20 cm，宽 5～18 cm，卵状心形、卵形至卵圆形，先端通常近短尾状或骤尖，基部心形或近截形，两面绿色，中间有一条贯纵全叶的主脉，两边几近对称，主脉向阴面凸出，侧脉多数，明显，叶柄与叶近长或更长。花葶直立，高 60～100 cm；花单生，多朵盛开时从花被管向上骤然作近漏斗状扩大，紫红色为主，具白色斑点或条纹；花被深裂，常 6 裂；具花梗，较短；花丝粗，明显，多数，较长，常于中上部向内弯曲，花药长椭圆形。蒴果圆柱状，有三棱。花期 6～7 月，果期 7～9 月。生于林下、草坡或路旁；亦作观赏栽培。

用药经验　苗族以根入药，捣烂敷于患处，用于治疗无名肿痛（俗称"打疱"）。有小毒。

附注　紫萼与玉簪 *Hosta plantaginea*（Lam.）Aschers. 形态极为相似，易混淆，两者主要鉴别特征在于花的颜色不同。紫萼的花主要以紫红色为主，稍具白色斑点或条纹；而玉簪的花普遍为纯白色，具芳香味。

▲ 紫萼植株

▲ 紫萼花

▲ 紫萼标本

百合 *Lilium brownii* var. *viridulum* Baker

▲ 百合植株

形态特征 多年生草本，株高 1～2 m。鳞茎球形，鳞片弯曲，披针形，白色或顶部稍带绿色。茎直立，绿色或带有紫色条纹。叶散生，通常自下向上渐小，叶片倒披针形至倒卵形，基部渐狭，先端渐尖，全缘，光滑；主脉贯穿全叶，于中下部较明显，侧脉多条。花单生或几朵排成近伞形；花喇叭形，乳白色，有香气，向外张开或先端外弯而不卷；雄蕊明显。花丝粗，明显，常 6 条，较长，常于中上部向上弯曲，花药长椭圆形。蒴果矩圆形，有棱，干后多裂成 3 瓣，具多数种子。花期 5～6月，果期 9～10 月。生于山坡草丛、疏林下及山沟旁。

用药经验 药食两用，药用时以鳞茎入药，用于炖肉或煮粥，有润肺止咳功效；食用亦用鳞茎，作为蔬菜食用。侗医还将鳞捣烂后敷于患处，可治疗痈疽。

附注 当地产多种百合属植物，常见除百合外，还有卷丹 *Lilium tigrinum* Ker Gawler、南川百合 *Lilium rosthornii* Diels、湖北百合 *Lilium henryi* Baker、野百合 *Lilium brownii* F. E. Brown ex Miellez

▲ 百合鳞茎

▲ 南川百合

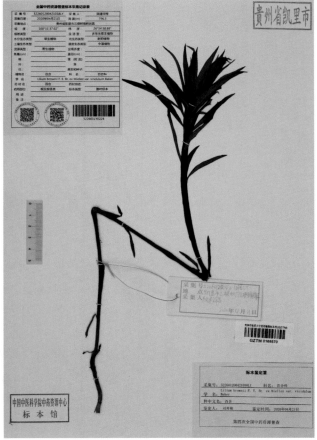

▲ 百合标本

贵州黔东南药用资源图志

等。其中卷丹与本种在药典中都是百合药材的基原。

百合在当地常见,卷丹则分布稀少。卷丹的形态与百合不同之处在茎、叶和花:茎带紫色条纹,具白色棉毛,茎上部棉毛密而长;叶质地较百合明显硬而粗糙,叶腋有珠芽;花橙红色,有紫黑色斑点,花梗紫色。

百合在当地较大规模栽培,分布在岑巩、天柱、台江等地。

▲ 卷丹植株/兰才武

▲ 卷丹花、珠芽和假鳞茎/赖清玉

植物药资源

麦冬 *Ophiopogon japonicus*（L.f.）Ker-Gawl.

异名 喉包果。

形态特征 根较粗,中间或近末端常膨大成椭圆形或纺锤形的肉质小块根,淡褐黄色;茎很短;叶基生成丛,革质,长 10～55 cm,长条形,边缘具细锯齿,两面近同色,绿色。花葶通常比叶短,总状花序常具花数朵;花单生或成对生于苞片腋内;苞片披针形,先端渐尖;花梗较短;花被片常稍下垂而不展开,披针形,白色或淡紫色。果实、种子球形,果实表面先绿色后常蓝色。花期5～8月,果期8～9月。生于山坡阴湿处、林下或溪旁及草丛中;亦作为绿化栽培。

用药经验 苗族以根入药,煎水内服,具润肺止咳功效。侗族以全株入药,煎水内服,可治燥热咳嗽。侗医认为咳嗽有寒热之分,燥热咳嗽表现为口干,生黄痰(因肺内有火);寒性咳嗽表现为生白痰。本药性寒,可治燥热咳嗽。

▲ 麦冬全株形态

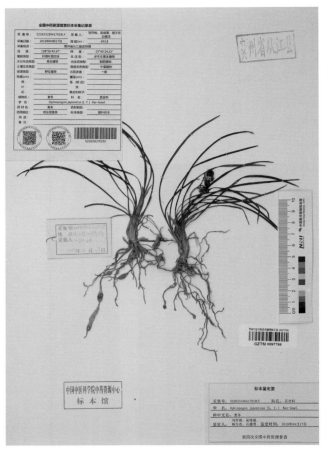

▲ 麦冬标本

▲ 麦冬花形

七叶一枝花 *Paris polyphylla* Smith

▲ 七叶一枝花植株

异名 独角莲。

形态特征 多年生草本,高 30～150 cm,全株光滑无毛。根状茎粗壮,密生多数环节和许多须根,表面棕褐色,横切面白色。茎圆柱形,通常带紫红色,常分两节,下节生叶,上节顶端育花。叶纸质,椭圆形或倒卵状披针形,先端短尖或渐尖,基部圆形或宽楔形,长 5～15 cm,宽 2～5 cm,常5～10 枚轮生于节上,下节叶数多于上节,且下节叶大于上节;叶柄明显,带紫红色。蒴果紫色,3～6 瓣裂开;种子多数,具鲜红色多浆汁的外种皮。花期 4～7 月,果期 8～11 月。生于林下,野生稀少。

用药经验 苗族、侗族均以根状茎入药,称独角莲。苗族用法:在粗土碗内加适量水,取根状茎沿碗边磨七圈,使磨出的药汁溶于水中,内服,可消食、消气,用于嗝食饱胀、无名肿毒;煎水内服,用于卵巢囊肿、子宫肌瘤;少量捣碎与鸡蛋同煎食用,有止咳功效,用于治疗肺炎。侗族取根状茎煎水内服,用于治毒蛇咬伤。有小毒。

附注 当地有栽培,主要在榕江、剑河、三穗等县。

▲ 七叶一枝花花

▲ 七叶一枝花根状茎

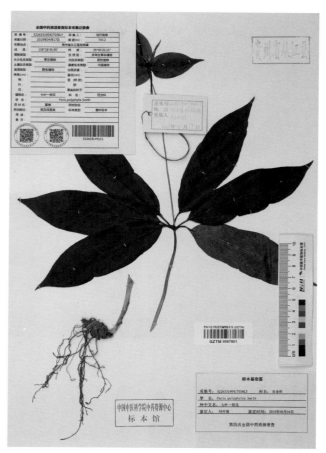

▲ 七叶一枝花标本

植物药资源

多花黄精 *Polygonatum cyrtonema* Hua

异名 黄精。

形态特征 多年生草本,株高 40～150 cm,全株光滑无毛;根状茎肥厚,常连珠状或结节成块。茎单生,绿色或带褐色斑点,斜向上生,中上部稍向下弯曲成弧形。叶纸质,互生,椭圆形、卵状披针形至矩圆状披针形,先端尖至渐尖;具较明显主脉贯穿全叶,侧脉多条。伞形花序从叶腋抽出,常具花2～7 朵;花梗明显,纤细,向下下垂;花被筒壮,黄绿色。浆果球形,墨绿色,成熟时黑色;种子 1～10 颗。花期 5～6 月,果期 8～10 月。生于林下、灌丛或山坡阴处。

用药经验 苗族以根状茎入药,与何首乌、天麻、灵芝(赤芝)一同炖肉,有滋补功效;根状茎"九蒸九晒"后与蜂蜜制成丸食用,有滋补功效,可防脱发。侗族以根状茎和茎入药,取

▲ 多花黄精植株

267

▲ 多花黄精花

▲ 多花黄精根状茎

▲ 多花黄精果实

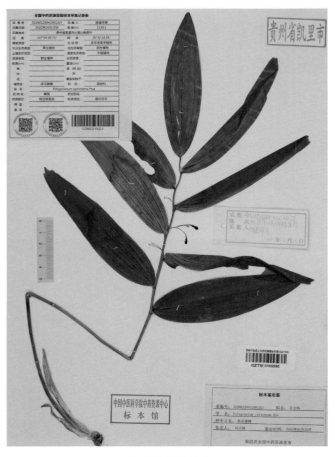

▲ 多花黄精标本

根状茎煮粥食用,有补脾补气功效,用于产妇恢复;取嫩茎在炭火上烤熟后食用,可治小儿尿床。

附注 当地产黄精属植物多种,民间皆称为"黄精",如滇黄精 *Polygonatum kingianum* Coll. et Hemsl.、玉竹 *Polygonatum odoratum* (Mill.) Druce 等。多花黄精和玉竹为同属植物,地上部分形态相似,易混淆,两者的主要识别特征:多花黄精植株较高大,高 50～150 cm,根状茎肥厚,通常连珠状或结节成块;叶常稍向下下垂;花序常具 2～7 朵花。玉竹相对矮小,高 20～50 cm,根状茎圆柱形;叶常向上斜升;花序常 1～4 朵花。

黄精的产业化栽培在各地均有,规模颇大。栽培品种以多花黄精为主,亦有黄精、滇黄精、湖北黄精等品种。栽培方式以林下栽培为主。岑巩县种植面积最大,其次为黎平县和从江县。

玉竹 *Polygonatum odoratum*（Mill.）Druce

异名 黄精、竹根七、黄脚七。

形态特征 多年生草本，株高 20～50 cm。根状茎近圆柱形。茎圆柱形，光滑，绿白色，中下部密布红褐色花斑，花斑愈往上愈稀疏；叶纸质，互生，椭圆形至卵状矩圆形，先端尖，长 5～15 cm，宽 3～10 cm，阳面绿色，阴面带灰白色。伞形花序从叶腋抽出，常具 1～4 朵小花，偶见更多；花被黄绿色至白色，花被筒壮、较直。浆果近球形，绿色，成熟蓝黑色，具 7～9 颗种子。花期 5～6 月，果期 7～9 月。生于林下或山野阴坡。

用药经验 苗族以根状茎入药，捣烂敷于患处，用于治疗跌打损伤；煎水内服，用于常年生病，身体虚弱。侗族以根状茎入药，具滋阴健脾、补水等功效，可增加胃液。若脾胃燥热，总有饥饿感，吃饭后还有饥饿感，则可取根与籼米一起熬粥食用，可恢复。

附注 苗族认为根有小毒，而在侗族地区玉竹与黄精同名，认为玉竹性平和，多食无害。多种万寿竹属植物与玉竹相近，民间采药时常有混淆，也有些民族药师认为万寿竹即玉竹。

▲ 玉竹植株

▲ 玉竹茎秆上花斑

▲ 玉竹根

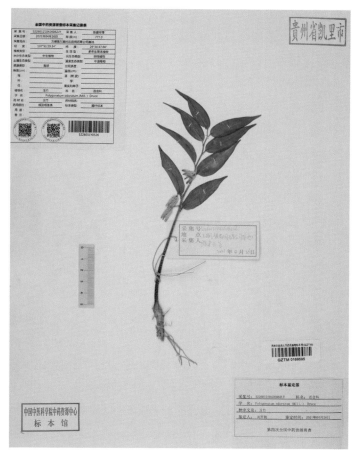

▲ 玉竹标本

玉竹在当地有小规模栽培，分布在黎平、锦屏等县。

吉祥草 *Reineckea carnea*（Andrews）Kunth

▲ 吉祥草植株

异名 观音草。

形态特征 常绿多年生草本。茎较粗，具多节，每节上有一残存的叶鞘，蔓延于地面，逐年向前延长或发出新枝。基生叶，簇状，长条形至披针形，长 10～40 cm，宽 1～4 cm，先端渐尖，向下渐狭成柄，两面近同色，深绿色，中间有一条贯穿全叶的主脉，主脉稍向阴面凸出。花葶近圆柱形，直立或斜伸；穗状花序，花常多朵小花，芳香，粉红色，向外张开或先端外弯或卷。浆果近球形或扁球形，熟时鲜红色。花果期夏秋季。生于阴湿山坡、山谷或密林下。常用于盆栽。

用药经验 以全草入药，全草与枇杷花、姜、冰糖煎水内服（此方也可用蜂蜜代替冰糖，用蜂蜜则直接用凉开水冲服，不能煎煮，以免蜂蜜成分挥发），常用于治疗感冒咳嗽。

▲ 吉祥草叶形

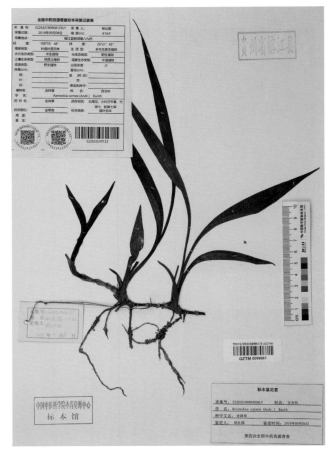

▲ 吉祥草标本

万年青 *Rohdea japonica*（Thunb.）Roth.

异名 包谷黄。

形态特征 多年生草本。根状茎粗壮，表面棕褐色，横切面白色，具较多肉质须根。叶基生，厚纸质，矩圆形、披针形或倒披针形，长 5～50 cm，宽 2～7 cm，边缘呈波浪形曲折，先端急尖，基部稍狭，绿色；鞘叶披针形；全叶中间有一条贯穿全叶的主脉，主脉向阴面凸出。花葶圆柱形，粗壮，直立，短于叶，穗状花序；具多朵密集的花组成粗圆柱形；苞片卵形，膜质，短于花；花被淡黄色，裂片厚。浆果，熟时红色。花期 5～6 月，果期 9～11 月。生于林下潮湿处或草地上；当地亦作药用零散栽培。

▲ 万年青花穗

▲ 万年青果

用药经验 苗族以全草入药，煎水内服，治疗心力衰竭；捣烂敷于牛的腰部，可治牛黄（"牛黄"为当地对牛某种疾病的名称，表现为鼻头干，无汗滴；不吃草；腰部变得敏感，一抓即闪躲）。侗族以根状茎入药，内服或外敷，用于治疗心力衰竭、咽喉肿痛、白喉、水肿、咯血、疔疮、吐血、蛇伤、烫伤等。

附注 万年青的根状茎与七叶一枝花 *Paris polyphylla* Smith 的根状茎形态相似，易混淆。二者主要识别特征：万年青具较多肉质须根，去除后在根状茎表面留下较多根痕，或根状茎有分枝；而七叶一枝花只有茎基部具多数须根，且根状茎无分枝。

▲ 万年青植株

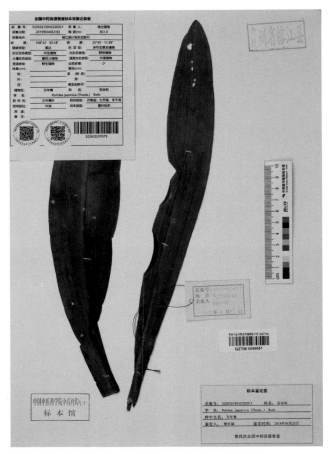

▲ 万年青标本

菝葜 *Smilax china* L.

异名 土茯苓、金刚藤。

形态特征 攀援灌木;根状茎为不规则的坚硬块状。茎长 1～5 m,疏生刺。叶薄革质或坚纸质,圆形、卵形或其他形状,长 3～10 cm,宽 1～10 cm,阴面通常淡绿色,较少苍白色,中间有一条贯穿全叶的直行主脉,向阴面稍凸出,常见两边各 1 条或 2 条弧形侧脉亦贯穿全叶;具叶柄,新生叶基处常有卷须。伞形花序,常生于叶幼嫩的小枝上,具多朵花,常呈球形;花绿黄色;雄花中花药比花丝稍宽,常弯曲;雌花与雄花大小相似,有 6 枚退化雄蕊。浆果,熟时红色,有粉霜。花期 2～5 月,果期 9～11 月。生于林下、灌丛中或路旁。

用药经验 侗族以根状茎及叶入药,根状茎煎水内服,治风湿痹痛;取叶捣烂敷贴肛门,治脱肛。

附注 当地产多种菝葜属植物,如菝葜 *Smilax china* L.、土茯苓 *Smilax glabra* Roxb.、小叶菝葜 *Smilax microphylla* C. H. Wright 等。不仅同属的物种多,且菝葜本种变异亦较大,故辨别较难。对这些难以分辨的多个物种,有些草医将叶片大者称金刚藤,叶片小者称土茯苓。

▲ 菝葜植株

▲ 菝葜果穗

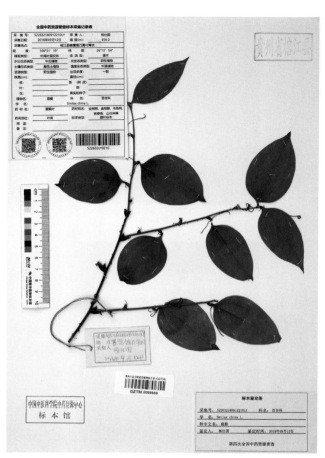

▲ 菝葜标本

仙茅 *Curculigo orchioides* Gaertn.

异名 小地棕。

形态特征 多年生草本,根状茎直立,粗壮,近圆柱状。叶基生,薄革质,线形、线状披针形或披针形,大小变化甚大,长 10～90 cm,宽 5～30 mm,顶端长渐尖,基部渐狭成短柄或近无柄,两面散生疏柔毛或无毛。花茎甚短,多藏于鞘状叶柄基部之内,亦被毛;苞片披针形,具缘毛;总状花序,通常 4～6 朵花组成似伞房状;花黄色;花被裂片长圆状披针形,外轮的背面有时散生长柔毛。浆果近纺锤状,顶端有长喙。种子表面具纵凸纹。花、果期4～9月。生于林中、草地或荒坡上;当地有栽培。

用药经验 苗、侗族均以根入药,煎水内服或泡酒服用,亦可研成细粉兑酒吞服,用于治肾虚阳痿、腰膝冷痛、老年遗尿、滑精耳鸣。侗族泡酒服用,可强筋骨、治腰痛;捣烂外敷,可治痈疖。苗、侗族均认为本品有小毒。

▲ 仙茅植株/兰才武

273

▲ 仙茅全株

▲ 仙茅花/兰才武

▲ 仙茅标本

裂果薯 *Tacca plantaginea*（Hance）Drenth

▲ 裂果薯植株

异名 水三七。

形态特征 多年生草本。根状茎粗短,常弯曲。叶基生,纸质,狭椭圆形或狭椭圆状披针形,全缘,阴面浅绿色或灰绿色,中间有一条贯穿全叶的主脉,侧脉多数,于主脉互生或对生;具较长叶柄,基部有鞘。花葶常斜伸;总苞片4,卵形或三角状卵形,内轮2枚常较小;小苞片线形;伞形花序;花被裂片6,淡绿色,外轮3片披针形,内轮3片卵圆形,顶端具小尖头。蒴果近倒卵形,3瓣裂;种子多数,半月形、长圆形或为不规则长圆形,有条纹。花、果期4～11月。生于水边、沟边、山谷、林下、路边、田边潮湿的地方。

用药经验 苗族以根入药,煎水内服,有行气功效,可治胃痛、发痧等症。

▲ 裂果薯花

▲ 裂果薯果实

▲ 裂果薯标本

黄独 *Dioscorea bulbifera* L.

异名 黄药子。

形态特征 缠绕草质藤本。块茎常单生,卵圆形或梨形,外皮棕黑色,密生较坚硬须根。茎左旋,浅绿色稍带红紫色。珠芽生于叶腋,紫棕色,球形或卵圆形,表面有圆形斑点。叶互生,长 5～25 cm,宽 2～25 cm,宽卵状心形或卵状心形,顶端尾状渐尖,边缘全缘或微波状,无毛,阴面浅绿色。花常数个丛生于叶腋,穗状,下垂;花被片紫色,披针形。蒴果反折下垂,三棱状长圆形,两端浑圆,成熟时草黄色,表面密被紫色小斑点,无毛;种子深褐色,扁卵形,种翅栗褐色,向种子基部延伸呈长圆形。花期 7～10 月,果期 8～11 月。多生于河谷边、山谷阴沟或杂木林边缘。

用药经验 苗族以块茎入药,煎水内服或磨水口服,用于治疗嗝食胀气;将块茎打成粉,用水冲服,用于治疗支气管炎、哮喘;

▲ 黄独植株

块茎捣烂后敷于患处,可用于治疗无名肿痛。侗族以块茎入药,煎水内服,用于治疗甲状腺肿大,或用于抗癌。

▲ 黄独珠芽

▲ 黄独块茎

▲ 黄独标本

薯莨 *Dioscorea cirrhosa* Lour.

异名 朱砂莲、血母。

形态特征 缠绕藤本，藤茎粗壮，坚硬，长可达 20 m。块茎硕大，大者直径可达 20 cm 以上；呈卵形、球形、葫芦形、棒状等，棒状长条形者常有多个缢缩的节；外皮黑灰或黑褐色，凹凸不平，多须根；断面新鲜时呈不均匀的朱红色；常生长在表土层，甚至完全暴露在土表。藤茎无毛，绿色，多年老茎变土灰色，多分枝，下部有刺。叶互生或对生，革质或近革质，长 5～20 cm，宽 2～10 cm，卵状披针形至狭披针形，全缘，两面无毛，阳面深绿色，阴面灰绿色，基出脉 3～5。蒴果三棱状扁圆形，形似薯蓣 *Dioscorea polystachya* Turczaninow 的果。花期 4～6 月，果期 7 月，果至翌年 1 月仍不脱落。生于山坡、路旁、河谷边的杂木林中、灌丛中或林边。

用药经验 以块茎入药，有收敛、止血功效。榨汁或研末内服，可治月经不调、血痢、腹泻、咳血等。当地古法制酒曲的配料之一。用法见"兔耳一枝箭"条目。

▲ 薯莨植株

▲ 薯莨块茎断面

▲ 薯莨块茎

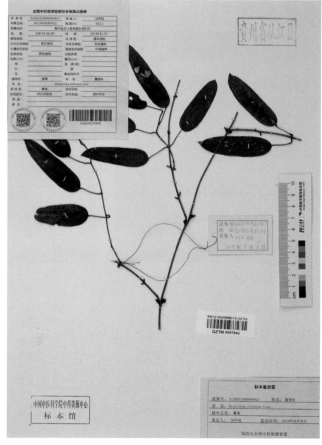

▲ 薯莨标本

植物药资源

薯蓣 *Dioscorea polystachya* Turczaninow

▲ 薯蓣植株

异名 山药、黏口苔。

形态特征 缠绕草质藤本。块茎粗壮,长可达1 m或更长,长圆柱形,垂直生长,外表有须根,断面白色有黏液。茎细长,无毛,常带紫红色。单叶,纸质,互生或对生,长4～15 cm,宽3～12 cm,卵状三角形至宽卵形或戟形,边缘3裂;基生脉常单数,常见7条。珠芽棕褐色,着生于叶腋。雌雄异株,雄花序为穗状花序,花序轴呈“之”字状曲折,苞片和花被片有紫褐色斑点。雌花常1～3个着生于叶腋,穗状花序。蒴果三棱状圆形,外面有白粉;种子扁卵圆形。花期6～9月,果期7～11月。生于山坡、山谷林下,溪边、路旁的灌丛中或杂草中。

用药经验 苗、侗族以块茎入药,苗族用其炖汤或煎水服用,有滋补功效。侗族取三棱状蒴果捣烂外敷,治疗淋巴结。块茎亦食用。

附注 当地有零星栽培,分布在剑河、锦屏等县。

▲ 薯蓣块茎

▲ 薯蓣花/王明川

凤眼蓝 *Eichhornia crassipes*（Mart.）Solme

异名 水葫芦。

形态特征 浮水草本,高20～70 cm。须根发达,棕黑色。茎极短,具长匍匐枝,淡绿色或带紫色。叶

▲ 野生凤眼蓝群落

▲ 凤眼蓝植株

丛生,莲座状排列,质地厚实,稍肉质,长 4~15 cm,宽 5~14 cm,圆形、宽卵形或宽菱形,顶端钝圆或微尖,全缘,具弧形脉,两边微向上卷,顶部略向下翻卷。具叶柄,长短差异大,黄绿色或绿色,中部膨大成囊状或纺锤形。花葶从叶柄基部的鞘状苞片腋内抽出,多棱。穗状花序,具花多朵;花被裂片 6 枚,上方 1 枚裂片较大,有三色,即四周淡紫红色,中间蓝色,在蓝色的中央有 1 黄色圆斑;花被片基部合生成筒。蒴果卵形。花期 7~10 月,果期 8~11 月。生于水塘、沟渠及稻田中。

用药经验 侗族以全株入药,捣烂敷于患处,用于治疗热性皮疹、皮痒。侗医认为皮肤瘙痒有寒性与热性之分,瘙痒处越抓越痒,抓后显红印子,属热性,可用此药;抓后显白印子,为寒性,不可用此药。

射干 *Belamcanda chinensis*（L.）Redouté

异名 包谷黄、扇子黄。

形态特征 多年生直立草本,高 1.2~1.8 m。根状茎具节,斜伸,黄色或黄褐色,须根多数。茎实心,近圆柱形。叶互生,长 25~55 cm,宽 3~5 cm,嵌迭状排列,剑形,顶端渐尖。花序顶生,叉状分枝,每分枝的顶端聚生有数朵花;花橙红色,散生紫褐色斑点;花被 6 片,顶端钝圆或微凹,基部楔形,雄蕊 3,着生于外花被裂片基部。蒴果倒卵形或长椭圆形,成熟时室背开裂,果瓣外翻,中央有直立的果轴;种子圆球形,黑紫色,有光泽,着生在果轴上。花期 6~8 月,果期 7~9 月。生于林缘或山坡草地。

用药经验 苗族以根入药,与黑八角、对叉丁一同泡酒后服用可治风湿;切碎后吞服可消食排气,用于治疗消化不良。侗族以根入药,煎水服用,用于治疗咽喉肿痛、咳嗽气喘。

射干的根有小毒,黑八角有大毒。

附注 射干与鸢尾 *Iris tectorum* Maxim. 和蝴蝶花 *Iris japonica* Thunb. 形态极相似,可从以下几个方面进行鉴别。根:射干有不规则的块状根状茎,须根多数,带黄色;鸢尾根状茎粗壮,略呈肉质;蝴蝶花根状茎有直立,有横走者,直立者节间密,横走者节间长且细。叶:射干叶互生,剑形,嵌迭状排列,基部鞘状抱茎,顶端渐尖;鸢尾叶基生,宽剑形,黄绿色;蝴蝶花叶基生,剑形,暗绿色,有光泽,近基部常带有暗紫色。花:射干花序顶生,叉状分枝,每分枝的顶端聚生有数朵花,橙红色,散生紫褐色的斑点;鸢尾花茎从基部伸出,顶部常有 1~2 侧枝,花蓝紫色;花蝴蝶的花淡蓝色或蓝紫色,花瓣有黄色斑纹,边缘有柔软细齿,状若烂布条的边缘。

射干在当地有栽培,分布在三穗县和台江县。

▲ 射干植株

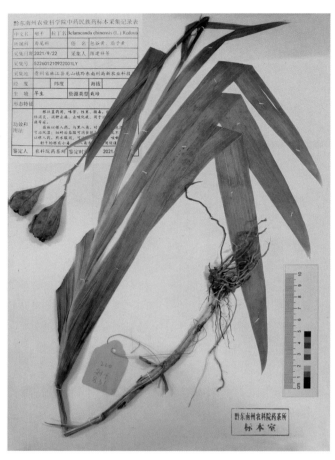

▲ 射干标本

▲ 射干花

▲ 蝴蝶花花

▲ 鸢尾花

▲ 射干果实

▲ 射干种子

雄黄兰 *Crocosmia × crocosmiiflora* (Lemoine) N. E. Br.

异名 九道箍、搜山虎、小搜山虎。

形态特征 多年生草本;高 60～110 cm。球茎近扁圆球形,表面浅棕黄色或浅粉红色,外包有棕褐色网状的膜质包被,包被脱落后的痕迹在表面形成多条环纹。叶多基生,剑形,长 40～60 cm,基部鞘状,顶端渐尖,中脉明显;茎生叶较短而狭,披针形。花茎常 2～4 分枝,由多花组成疏散的穗状花序;每朵花基部有 2 枚膜质的苞片;花橙黄色;花被片 6 片,分交替排列的 2 层,每层 3 片;花被片披针形或倒卵形,内层较外层的略宽而长,外层的顶端略尖;雄蕊 3,偏向花的一侧,明黄色;花柱顶端 3 裂,柱头略膨大。蒴果三棱状球形。花期 5～8 月,果期 8～10 月。当地零星栽培,作药用或观赏。

用药经验 以地下球茎入药。磨酒涂搽患处,可治跌打损伤、腰腿酸痛。煎水内服,具清热解毒、抗感染、消肿逐瘀之功效,可用于跌打损伤、腰腿酸痛。

附注 在当地苗族地区有药材名"搜山虎",分"大搜山虎"和"小搜山虎"两种,均以地下球茎入药。"小搜山虎"的基原为本种,"大搜山虎"的基原为唐菖蒲 *Gladiolus gandavensis* Van Houtte。二者常互相替代或混同使用。

▲ 雄黄兰植株

▲ 雄黄兰球茎

▲ 雄黄兰花

唐菖蒲 *Gladiolus gandavensis* Van Houtte

▲ 唐菖蒲球茎

异名 黄大蒜、大搜山虎。

形态特征 多年生草本。球茎扁圆球形,表皮黄色,直径 2～5 cm,外面裹着棕色或黄棕色的膜质包被。叶基生或在花茎基部互生,剑形,长 20～60 cm,宽 2～4 cm,基部鞘状,顶端渐尖,嵌迭状排成 2 列,绿色,隐隐泛白,有 1 条明显而突出的中脉,中脉两侧有数条纵脉。花茎直立,高 40～80 cm,不分枝,花茎下有数枚互生的叶;顶生穗状花序长 20～35 cm;花红色或粉红色,直径 6～8 cm,花无梗。蒴果椭圆形或倒卵形,成熟时室背开裂;种子扁而有翅。花期 6～9 月,果期 8～10 月。常作为观赏植物栽培。

用药经验 苗族以地下球茎入药。磨水服,可解蛊,治跌打损伤、腰腿酸痛;晒干后研成粉,以水冲服,可消气,治嗝食饱胀、支气管炎。

▲ 唐菖蒲植株

▲ 唐菖蒲花

鸢尾 *Iris tectorum* Maxim.

▲ 鸢尾果实

异名 土知母、鸭屁股、扁竹根。

形态特征 多年生草本。根状茎粗壮,斜伸;须根短而细。叶基生,长20~55 cm,宽2~4 cm,宽剑形,顶端渐尖或短渐尖,基部鞘状,有数条不明显的纵脉,黄绿色,稍弯曲,中部略宽。花茎光滑,顶部常有1~2个短侧枝,中、下部有1~2枚茎生叶;花蓝紫色;花被管上端膨大成喇叭形,外花被裂片圆形或宽卵形,顶端微凹,爪部狭楔形,中脉上具不规则的鸡冠状附属物,缝状裂;花药鲜黄色,花丝细长,白色;花柱分枝扁平,淡蓝色,顶端裂片近四方形,有疏齿,子房纺锤状圆柱形。蒴果长椭圆形或倒卵形,有6条明显的肋,成熟时自上而下3瓣裂;种子黑褐色,梨形。花期4~5月,果期6~8月。生于向阳坡地、林缘或水边湿地。亦作观赏植物栽培。

用药经验 苗族根入药,根晒干研末,泡水服用,或少量生吃,可用于治疗肺炎、肺病、水肿等。

附注 鸢尾与射干 *Bdamcanda chinensis*(L.)Redouté、蝴蝶花 *Iris japonica* Thunb. 形态相似,鉴别方法见"射干"。

▲ 鸢尾植株

▲ 鸢尾花

▲ 鸢尾标本

菖蒲 *Acorus calamus* L.

异名 山奈、五香草、水菖蒲。

形态特征 多年生草本。根茎扁圆柱形,横走,具多节,分枝;外皮黄褐色,芳香,肉质根多数,具毛发状须根。叶基生,基部两侧具膜质叶鞘,向上渐狭,至叶长 1/3 处渐行消失、脱落。叶草质,长 100～150 cm,中部宽 1～3 cm,剑状线形,基部宽、对褶,中部以上渐狭,绿色,光亮。花序柄三棱形;佛焰苞剑状线形;肉穗花序狭锥状圆柱形,斜生或近直立。花黄绿色。浆果长圆形,红色。花期 2～9 月。生于水边、沼泽湿地,亦有栽培。

用药经验 侗族常用,以根或全草入药,根煎水内服,用于治疗神志恍惚、腹泻、痢疾、风湿疼痛等;捣烂外敷,治疗疮。每逢端午,侗家取其全草与艾一起作避邪药悬挂于门首,风干后又可当药用,用法详见"艾"条目。

▲ 菖蒲植株及花/王明川

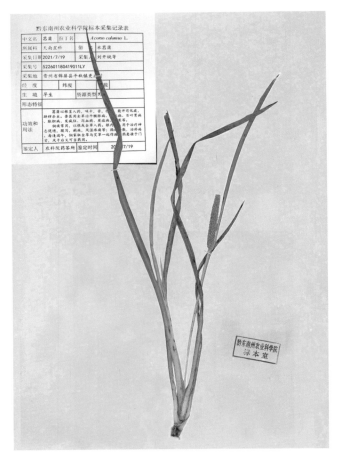

▲ 菖蒲标本

金钱蒲 *Acorus gramineus* Soland.

异名 水菖蒲、石菖蒲。

形态特征 多年生草本,高 15～25 cm。根茎丛生状,横走或斜伸,具多节,上部多分枝;散发芳香味,表皮淡黄色。根肉质,多数;须根密集。叶基对折,两侧具棕色膜质叶鞘,上延至叶片中部以下,渐狭,脱落。叶片质地较厚,长 16～27 cm,线形,狭长,先端长渐尖,绿色,表面光滑,平行脉多数。花序肉穗状,圆柱形;黄绿色;佛焰苞叶状,常长于肉穗花序。果序黄绿色。花期 5～6 月,果期 7～8 月。生于水旁湿地,亦有栽培。

用药经验 以花粉和根入药,花粉撒于患处,可用于刀伤止血;根泡酒服用,有壮阳功效。侗族以根入药,有安神开窍功效,晒干,煎水内服,可治癫痫、顽固性头痛。

▲ 金钱蒲花穗

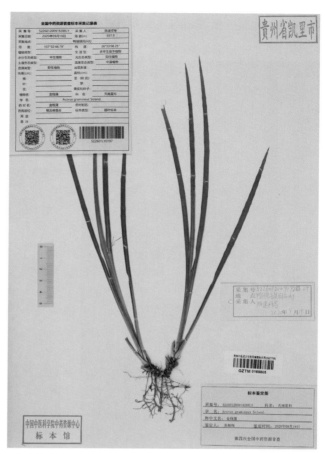

▲ 金钱蒲标本

▲ 金钱蒲野生植株

灯心草 *Juncus effusus* L.

形态特征 多年生草本,高 30～100 cm。根状茎粗壮,横走,具黄褐色稍粗的须根。茎丛生,直立,圆柱形,淡绿色,具纵条纹,具髓心,白色。叶基生,长 5～25 cm,呈鞘状或鳞片状,基部红褐至黑褐色;退化叶片为刺芒状。聚伞花序假侧生,多花紧密排列或疏散;总苞片圆柱形,生于顶端,似茎的延伸,直立,长 5～28 cm,顶端尖锐;花淡绿色;花被片黄绿色,线状披针形,顶端锐尖;雄蕊 3 枚;花药长圆形,黄色,稍短于花丝。蒴果黄褐色,长圆形或卵形,顶端钝或微凹;种子黄褐色,卵状长圆形。花期 4～7 月,果期 6～9 月。生于水沟、田边、草地等湿润处。

▲ 灯心草植株

285

用药经验　苗族以全株入药,煎水内服,有下水功效,用于治疗积水、水肿、腹痛、腹胀。侗族以全株入药,与石韦、猕猴桃根、玉米(玉蜀黍)须、萹蓄、连钱草一同煎水内服,可用于除结石。

▲ 灯心草花

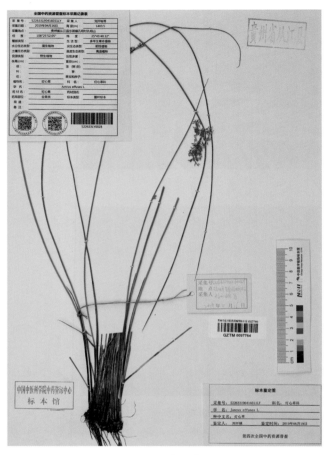

▲ 灯心草标本

紫竹梅　*Tradescantia pallida*（Rose）D. R. Hunt

异名　竹节草、羊角花。

形态特征　多年生草本,株高30～50 cm,匍匐或下垂。叶紫色,长椭圆形,向阳面卷曲,先端渐尖,基部抱茎,具白色短绒毛;聚伞花序,常顶生,少腋生;花桃红色;花被片3;雄蕊常5或6,明显,花药黄色。蒴果。花期5～11月。生命力极强,喜温暖、湿润及阳光充足的环境,多以观赏植物栽培。

用药经验　苗族以全草入药,全草捣烂敷于伤口处,用于跌打损伤、水火烫伤;亦可治肾炎。用法:取猪肾切成可对开的两半,在猪肾两边表皮切花刀,取本品全株捣烂后抹于花刀处,并在猪肾中间放本品适量;合上,蒸熟后取食,早一半,晚一半,连用7日。

▲ 紫竹梅花   ▲ 紫竹梅植株

薏苡 *Coix lacryma-jobi* L.

异名 鼻涕珠、玉米珠。

形态特征 一年生粗壮或灌木状草本，株高 1～2 m，须根黄白色，海绵质。茎秆丛生，直立，具多节，节多分枝。叶片扁平宽大，开展，长 10～40 cm，宽 2～4 cm，基部圆形或近心形，先端渐尖，有一贯穿全叶的中脉，粗厚，在阴面隆起。总状花序，成束腋生，直立或下垂，具长梗。雌小穗位于花序之下部，外面包以骨质念珠状之总苞，总苞卵圆形，珐琅质，坚硬，有光泽；雄蕊常退化。颖果小，具较坚硬果皮，含淀粉少，常不饱满。花、果期 6～12 月。多生于湿润的屋旁、池塘、河沟、山谷、溪涧或易受涝的农田等地。

▲ 薏苡植株

用药经验 苗族以根和果仁入药，根煎水内服，可除蛔虫；果仁用以熬粥，有润肺清火、调节五脏之效。侗族亦用果仁以熬粥或酿制甜酒，可清肺去火。

附注 当地有零星栽培，分布在黎平县、三穗县和雷山县。

287

▲ 薏苡果穗

▲ 薏苡

▲ 薏苡标本

白茅 *Imperata cylindrica*（L.）Beauv.

异名 茅草根。

形态特征 多年生草本，根状茎圆柱形，粗壮，横走。秆直立，高 40～90 cm，具 1～3 节，节无毛。叶鞘聚集于秆基，质地较厚，老后破碎呈纤维状。分蘖叶质地较薄，长条形，长约 20 cm，扁平，先端渐尖，叶缘密生锯齿；有一贯穿全叶的中脉，粗厚，在阴面隆起。秆生叶窄线形，通常内卷，顶端渐尖呈刺状，下部渐窄，质硬，阴面具白粉，基部上面具柔毛。圆锥花序稠密，长 15～25 cm，似绒毛状，白色。颖果椭圆形。花、果期 4～6 月。喜光，生于山坡灌丛边、林缘。

用药经验 苗、侗族均以根入药，有退热、止咳、消炎等功效。苗族常取根切成小段用作茶饮。侗族常取根煎水内服，用于治疗腰痛和不明原因的流鼻血；与车前同煎水内服，可治尿路感染、小便不利等。当地多个少数民族亦以其作食用，取根清除杂质，放入口中嚼，吸食其汁叶，味甜。

▲ 白茅未成熟花穗和成熟花序　　　　　　　　▲ 白茅野生群落

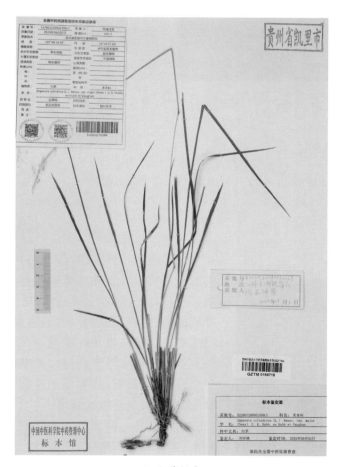

▲ 白茅标本

黄背草 *Themeda triandra* Forsk.

异名 虾子草、响铃豆。

形态特征 多年生草本。秆直立或斜伸,少分枝,高 50～70 cm。叶鞘压扁具脊,具瘤基柔毛;叶长 15～30 cm,宽 2～5 mm,线形,顶端渐尖,基部具白色瘤基毛。伪圆锥花序狭窄,由具线形佛焰苞的总状花序组成;总状花序由 7 小穗组成,基部 2 对总苞状小穗着生在同一平面。有柄小穗雄性,无柄小穗两性。第一颖革质,上部粗糙或生短毛;第二颖与第一颖等同。花、果期 6～9 月。生于林缘草地、路边等。

用药经验 苗族以全草入药,煎水内服,用于退热、消炎。

▲ 黄背草花序

▲ 黄背草植株

棕榈 *Trachycarpus fortunei*（Hook.）H. Wendl.

▲ 棕榈植株

异名 棕树。

形态特征 乔木状,高 3～11 m。树干圆柱形,被不易脱落的密集网状纤维和老叶柄基包裹。叶片形似半张开的折扇,质坚;具长叶柄,三棱柱状,质坚,两侧具细圆齿。花序从叶腋抽出,粗壮,多次分枝,通常是雌雄异株。雄花黄绿色,卵球形,钝三棱;雌花淡绿色,有 3 个佛焰苞包着,通常 2～3 朵聚生。果实阔肾形,有脐,成熟时由黄色变为淡蓝色。种子胚乳均匀,角质,胚侧生。花期 4 月,果期 12 月。生于疏林中,亦有作观赏植物栽培。

用药经验 侗族以叶入药,新鲜叶煎水内服,用于治疗吐血、便血、血淋、尿血、疥癣等;干叶烧成炭后煎水内服,可治内伤出血;侗族用棕榈树干包裹的网状纤维缝制蓑衣,旧蓑衣烧成炭后研成粉,用油茶调成膏状,有外伤出血时外敷可止血,并促进伤口愈合。苗族用法与侗族不同,苗族以果实入药,煎水内服,用于避孕、绝育。

▲ 棕榈叶

▲ 棕榈果实

魔芋 *Amorphophallus konjac* K. Koch

形态特征 多年生草本,块茎硕大,扁球形,表皮暗红褐色,断面白色,颈部中央常下凹,周围生多数肉质根。具粗壮长叶柄,圆柱形,黄绿色,光滑,有绿褐色或白色斑纹。叶绿色,3裂,一次裂片二歧分裂,二次裂片二回羽状分裂或二回二歧分裂,小裂片互生,大小不等,长圆状椭圆形,骤狭渐尖,基部宽楔形;侧脉多数,纤细,平行。花序柄长,粗壮,圆柱形。佛焰苞漏斗形,苍绿色,杂以暗绿色斑块,边缘紫红色基部席卷;檐部外面变绿色,内面深紫色,心状圆形,锐尖,边缘折波状。浆果球形或扁球形,成熟时黄绿色。花期4~6月,果8~9月成熟。喜阴湿,常生于林下、水沟边灌丛中或栽培于房前屋后。

用药经验 苗族以块茎入药,捣烂敷于患处可治疮疖。块茎常用于加工成魔芋豆腐食用。

本品有毒,常见轻度中毒后为舌麻。制作魔芋豆腐时常加入石灰水去毒。

▲ 魔芋植株

▲ 魔芋块茎

▲ 魔芋标本

雷公连 *Amydrium sinense*（Engl.）H. Li

异名 软筋藤。

形态特征 攀援藤本。茎具较多节，密生肉质气生根，紧贴于攀援物上。叶革质，长 15～25 cm，宽 6～10 cm，镰状披针形，锐尖，基部宽楔形至近圆形，全缘；有一中脉贯穿全叶，阴面隆起，侧脉多数，细脉网状。佛焰苞肉质，蕾时绿色，席卷为纺锤形，上端渐尖，盛花时展开成短舟状，近卵圆形，黄绿色至黄色。肉穗花序，倒卵形，向基部变狭，先端钝圆。浆果先为绿色，成熟后变黄色、红色，味臭；种子 1～2 枚，棕褐色，倒卵状肾形，腹面扁平。花期 6～7 月，果期 7～11 月。附生于常绿阔叶林中树干上或石崖上。

用药经验 以全株入药，煎水内服或煮水泡脚，具舒筋活血、软化筋脉功效。

▲ 雷公连植株　　　　　　　　　　　　　▲ 雷公连药材

天南星 *Arisaema heterophyllum* Blume

异名　大三步跳、蛇包谷。

形态特征　多年生草本。块茎扁球形，颈部扁平，周围生多数肉质根；小者如鸡蛋大小，大者可大如小碗，常有若干侧生芽眼。叶常单生，鸟足状分裂，裂片多数倒披针形、长圆形、线状长圆形，基部楔形，先

▲ 天南星植株／刘渊　　　　　　　　　　▲ 天南星叶形

端骤狭渐尖，全缘，暗绿色，裂片有一贯穿全叶中脉；具长粗壮叶柄，圆柱形，粉绿色。花序柄从叶柄鞘筒内抽出。佛焰苞管部圆柱形，粉绿色，内面绿白色；檐部卵形或卵状披针形。肉穗花序两性和雄花序单性。浆果黄红色、红色，圆柱形；种子黄色，具红色斑点。花期4～5月，果期7～9月。生于林下、灌丛或草地。

用药经验　苗族以块茎入药，炮制后煎水内服，用于癫痫、抽筋、半身不遂；块茎捣烂后敷于患处，用于无名肿痛（打疱）。侗族以块茎入药，磨水服用，治痰核；捣烂敷于患处，用于治疗蛇咬伤。

本种有毒，内服慎用。

▲ 天南星果穗

▲ 天南星块茎

▲ 一把伞南星植株

贵州黔东南药用资源图志

▲ 天南星和一把伞南星标本

附注　在当地，一把伞南星 Arisaema erubescens（Wall.）Schott 是更常见的天南星属植物，也被称为天南星，一般民间草医和药师也常以此为药材天南星的基原。一把伞南星植株变异较大，常见的表型特征有两种，一种茎秆鲜绿色，无花斑；一种茎秆灰绿色，有花斑。

虎掌 *Pinellia pedatisecta* Schott

异名　三步跳。

形态特征　多年生草本。块茎近球形，颈部稍扁平，周围密生肉质根；块茎周围常生若干小球茎。叶鸟足状分裂，裂片多数，披针形，渐尖，基部渐狭，楔形；裂片有一贯穿全叶中脉，侧脉多对。具长叶柄，圆柱状，淡绿色，下部具鞘。花序柄长，直立。佛焰苞淡绿色，管部长圆形，向下渐收缩；檐部长披针形，锐尖。肉穗花序；附属器直立或略呈"S"形弯曲，细线形，黄绿色。浆果小，卵圆形，绿色至黄白色，藏于宿存的佛焰苞管部内。花期6～7月，果9～11月成熟。生于林下、山谷或河谷阴湿处。

用药经验　苗族以块茎入药，捣烂敷于患处，有解毒功效，用于无名肿痛、中毒、蜈蚣咬伤；取块茎磨水或酸汤可减毒。侗族以块茎入药，捣烂敷于患处，用于治疗淋巴结。本种有毒。

附注　虎掌和天南星 Arisaema erubescens（Wall.）Schott 的叶片皆为鸟足状分裂，且植株形态相似,易混淆,两者的主要鉴别特征:虎掌植株较小,裂片常 6～11;浆果卵圆形,绿色至黄白色,小,藏于宿存的佛焰苞管部内。天南星大,裂片常 13～19;浆果黄红色、红色,大,圆柱形;种子黄色,具红色斑点。

▲ 虎掌植株

▲ 虎掌块茎

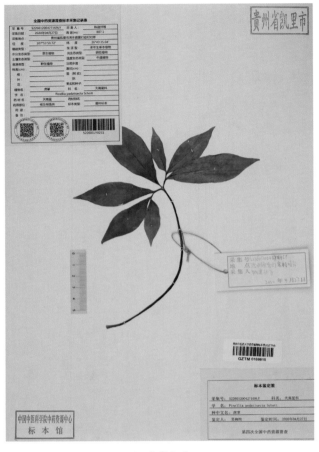

▲ 虎掌标本

半夏 *Pinellia ternata*（Thunb.）Breit.

异名 三步跳。

形态特征 多年生草本。块茎近球形,颈部稍扁平,周围密生须根。叶片因发育阶段不同而形异,幼苗叶卵状心形至戟形,为全缘单叶;老株叶片 3 全裂,长圆状椭圆形或披针形,有一贯穿全叶的中脉,侧脉多数,细脉密集,网状。具长叶柄,圆柱状,基部具鞘,珠芽着生于鞘内、鞘部以上或叶片基部;花序柄长于叶柄。佛焰苞绿色或绿白色,管部狭圆柱形;檐部长圆形,绿色。肉穗花序。浆果卵圆形,黄绿色。花期5～7月,果 8 月成熟。生于草坡、荒地或田边。

用药经验 苗族以块茎入药,块茎在土碗中加入水或酸汤后研磨,将得到的悬浊液涂抹于患处,有解毒之效,用于无名肿痛、中毒、蜈蚣咬伤。侗族以块茎入药,捣烂敷于患处,用于治疗蛇咬伤。本种有毒。

附注 当地有小规模栽培,分布在黄平、黎平、岑巩等地。

▲ 半夏全株　　　　　　▲ 半夏佛焰苞　　　　　　▲ 半夏植株

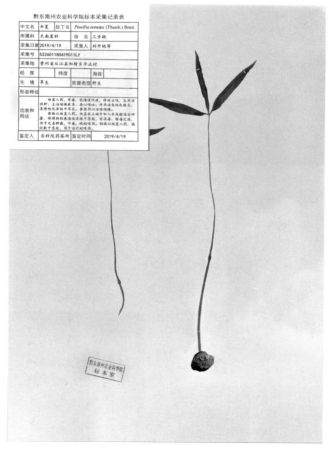

黔东南州农业科学院标本采集记录表

中文名	半夏	拉丁名	*Pinellia ternata* (Thunb.) Breit.	
所属科	天南星科		俗　名	三步跳
采集日期	2019/4/19	采集人	刘开桃等	
采集号	522601180419011LY			
采集地	贵州省从江县加榜乡平正村			
经　度		纬度		海拔
生　境	旱生	资源类型	野生	
形态特征				
功效和用法	块茎入药，有毒，能燥湿化痰，降逆止呕，生用消肿止痛。主治咳嗽痰多，恶心呕吐；外用治急性乳腺炎、急性化脓性中耳炎、蜂蜇用以涂敷咬伤。			
	采摘以块茎入药，块茎表土壤中加入木灰酸洗后研磨，捣碎到粉类状涂抹于患处，有消毒、解毒之效，用于无名肿痛，中毒、蜈蚣咬伤，捣碎以块茎入药，蛇数干患处，用于治疗蛇咬伤。			
鉴定人	农科院药签所	鉴定时间	2019/4/19	

黔东南州农业科学院
标　本　室

▲ 半夏标本

大藻 *Pistia stratiotes* L.

▲ 大藻野生植株

异名 水白菜。

形态特征 水生飘浮草本。根系发达,羽状,细长,密集。叶簇生成莲座状,叶片常因发育阶段不同而形异,长 2～12 cm,宽 1.5～6 cm,倒三角形、倒卵形、扇形,以及倒卵状长楔形,先端截头状或浑圆,基部厚,二面被毛,基部尤为浓密;叶脉扇状伸展,阴面明显隆起成折皱状。佛焰苞白色,外被茸毛。花期 5～11 月。喜湿热,常见于平静的淡水池塘、沟渠及水田中。

用药经验 以全株入药,煎水内服,用于"下水"(全身水肿,不能排尿,大便少而干、硬。用药解除此类病症,当地称"下水")。

▲ 大藻植株形态

水烛 *Typha angustifolia* L.

异名 水蜡烛。

形态特征 多年水生或沼生草本,株高 1～3 m。根状茎表面乳黄色、灰黄色,先端白色,断面白色。茎直立,粗壮。叶片长 50～115 cm,宽 0.5～1 cm,上部扁平,中部以下腹面微凹,阴面向下逐渐隆起呈凸形;叶鞘抱茎。花序呈火腿肠状;雄花序轴具褐色扁柔毛,单出,或分叉;雄花常 3 枚,雄蕊合生,叶状苞片 1～3 枚,花后脱落。雌花序较长,基部具 1 枚叶状苞片,通常比叶片宽,花后脱落。坚果,小,长椭圆形,具褐色斑点,纵裂;种子深褐色。花、果期 6～9 月。生于池塘、沟渠等。

▲ 水烛群落

用药经验 苗族以花粉及根入药，取花粉敷患处，用于止血；根煎水内服，有补肾、利水、利尿的功效。

▲ 水烛花序轴

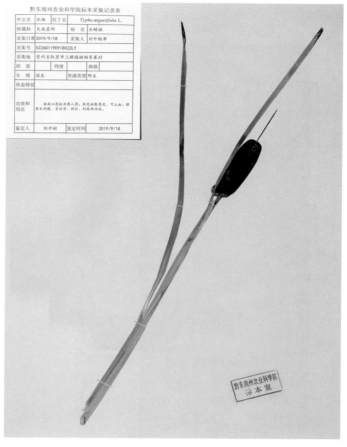

▲ 水烛标本

植物药资源

芭蕉 *Musa basjoo* Sieb. et Zucc.

形态特征 乔木状，植株高 3～4 m。叶片硕大，长 2～3 m，宽 28～35 cm，长圆形，先端钝，基部圆形或不对称，叶阳面鲜绿色，有光泽，有一贯穿全叶的中脉，粗壮，在阴面隆起；具粗壮长叶柄。花序顶生，粗壮，下垂；苞片红褐色或紫色；雄花生于花序上部，雌花生于花序下部。浆果三棱状，长圆形，具 3～5 棱，近无柄，肉质；种子黑色，多数，具疣突及不规则棱角。多栽培于庭院及农舍附近。

用药经验 以芭蕉花心与猪心同蒸内服，可治疗与心脏相关疾病，如心脏病和冠心病的治疗。侗族还以芭蕉根入药，用法：捣烂敷于肚脐处，可缓解全身发热；捣烂敷于患处，可缓解局部发热；芭蕉根煎水内服，亦可用于治疗发烧；芭蕉根与接骨木、陆英、

▲ 芭蕉植株

金鸡木等一同捣烂,敷于患处,可用于接骨。

　　附注　以芭蕉花心与猪心入药治心脏病,是"以形补形"观念的反映。苗族用药中也有以猪心治心脏病的传统方子,其观念与此同。

▲ 芭蕉药材

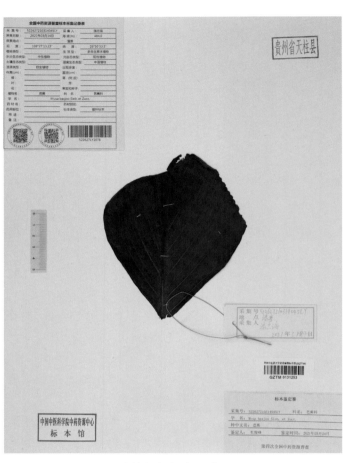

▲ 芭蕉标本/天柱县中医院

地涌金莲 *Musella lasiocarpa* (Franchet) C. Y. Wu ex H. W. Li

　　异名　莲花座。

　　形态特征　植株丛生,具水平向根状茎。假茎矮小,高不及 60 cm,基径约 18 cm,基部有宿存的叶鞘。叶片长椭圆形,长达 0.8 m,宽约 22 cm,先端锐尖,基部近圆形,两侧对称,有白粉;有一贯穿全叶的中脉,粗壮,在阴面隆起;具粗壮长叶柄。花序直立,直接生于假茎上,密集如莲花座球穗状,长 20～25 cm,苞片干膜质,黄色或淡黄色,有花 2 列,每列 4～5 花;合生花被片卵状长圆形,先端具较多齿裂,离生花被片先端微凹,凹陷处具短尖头。浆果三棱状卵形,外面密被硬毛,果内具多数种子;种子大,扁球形,黑褐色或褐色,光滑,腹面有大而白色的种脐。多见作药用或观赏栽培于房前屋后。

　　用药经验　苗族以茎汁入药,取其茎汁搽于患处,用于跌打损伤。侗族以花入药,煎水内服,用于治疗心脏病。

▲ 地涌金莲花 　　　　　　　　　　　　▲ 地涌金莲植株

山姜 *Alpinia japonica*（Thunb.）Miq.

异名　箭杆风、九龙盘、姜叶淫羊藿。

形态特征　多年生草本，株高 30～75 cm。根茎横生，多分枝。叶纸质，长 20～38 cm，宽 3～8 cm，披针形、倒披针形或狭长椭圆形，两端渐尖，顶端具小尖头，两面被短柔毛，阴面尤为明显，近无柄或较短。总状花序顶生，花序轴密生绒毛；总苞片披针形，开花时脱落；花通常 2 朵聚生；花萼棒状，被短柔毛，顶端 3 齿裂。果球形或椭圆形，被短柔毛，熟时橙红色；种子具樟脑味，多角形。花期 4～8 月，果期 7～12 月。生于林下阴湿处。

用药经验　苗族以根入药，加甜酒捣烂，加热，抟成饼状，敷于患处，可治疗跌打损伤；用以泡酒或炖肉，能使酒增香，肉味变得醇厚鲜美。侗族以全株入药，侗医认为此药性温，味辛，可祛寒，常取全株煮水洗浴，可祛风除湿、强身健体；亦可煎水内服，可治伤寒，亦有健胃消食的功效。药浴多用此药。

▲ 山姜植株

▲ 山姜花   ▲ 山姜果实

▲ 山姜标本

姜黄 *Curcuma longa* L.

异名 黄姜、黄七。

形态特征 多年生草本,株高 1.2～2 m。根茎
肥厚,椭圆形或圆柱状,肉质,具多节,多分枝,丛状,
橙黄色,断面黄色,具樟脑般香味;根粗壮,末端膨大
成块根。叶长 35～85 cm,宽 12～20 cm,长圆形或椭
圆形,顶端短渐尖,基部渐狭,绿色,光滑,有一贯穿
全叶的中脉,粗厚,在阴面隆起;叶基部收狭为柄,粗
壮而长。花葶由叶鞘内抽出;圆柱状穗状花序;苞片
卵形或长圆形,淡绿色,顶端钝,上部无花的较狭,顶
端尖,开展,白色,边缘染淡红晕;花冠淡黄色,上部
膨大,裂片三角形;唇瓣倒卵形,淡黄色,中部深黄。
花期 8 月。当地有栽培。

用药经验 以根茎入药,有散血化瘀的功效,常
用于骨折、跌打损伤等。与槲蕨一同捣烂敷于患处,
用于治疗骨折;煎水内服,用于治疗腹胀腹痛、臂痛、
妇女血瘀经闭、产后瘀阻腹痛等。

▲ 姜黄植株

▲ 姜黄花

▲ 姜黄根茎

附注 姜黄与莪术 *Curcuma phaeocaulis* Valeton 形态极其相似,易混淆,两者的鉴别特征主要看叶
片和根茎。姜黄:叶阳面全绿色;根茎表面橙黄色,横切面为黄色;莪术:叶阳面主脉中部及两侧常有紫红
色斑纹;根茎表面淡黄色或白色,横切面为乌蓝色。姜黄药材俗称"黄七";莪术药材俗称"乌蓝七",苗药
认为此二者药效相同,常相互替代或混合使用。

▲ 莪术根茎外形

▲ 莪术根茎横切面

▲ 姜黄叶片形态

▲ 莪术叶片形态

莪术 *Curcuma phaeocaulis* Valeton

▲ 莪术植株

异名 乌蓝七、乌七、文术、黑心姜。

形态特征 多年生草本,株高 1～2 m。根茎肥厚,圆柱状,肉质,具多节,多分枝,丛状,具樟脑般香味,淡黄色或白色,断面乌蓝色,具明显内外 2 圈;根细长或末端膨大成水晶般块状。叶片兔耳状直立,长 30～60 cm,宽 8～14 cm,椭圆状长圆形至长圆状披针形,主脉中下部两侧常有紫红色斑纹;叶基部收狭为柄,粗壮而长。花葶单生,由根茎抽出,常先叶而生;穗状花序阔椭圆形;苞片卵形至倒卵形,稍开展,顶端钝,下部的绿色,顶端红色,上部的较长而紫色;花萼白色;唇瓣黄色,近倒卵形,顶端微缺;花期

4～6月。生于林荫下，当地亦有零星栽培。

用药经验　以根茎和块根入药。根茎药材名为"莪术"；块根是根末端膨大形成，称"郁金"。莪术有活血化瘀、破血行气功效，郁金有疏肝解郁、固滞止血功效。两者皆是侗族治疗跌打损伤、骨折的要药。用于跌打损伤时，一般是加米酒，捣烂，外敷。用于骨折时，外敷后常用杜仲 *Eucommia ulmoides* Oliv. 皮包裹以定位，再绑扎妥帖。在用药中，常与其他药物配伍，如异叶泽兰 *Eupatorium heterophyllum* DC.、槲蕨 *Prynaria roosii* Nakaike 等。

莪术和郁金虽功效相近，用于治疗同类病证，但药性不同，用法上亦有差异：郁金性凉，有固滞止血功效，但药效较缓，故新伤用郁金；莪术性温，有活血化瘀、破血行气功效，故旧伤用莪术。

附注　苗族亦常用莪术治疗跌打损伤，但侗族在治疗跌打损伤中则以莪术和郁金为要药。苗族在治疗跌打损伤中除了用本药还用姜黄 *Curcuma longa* L.，二者常相互替代或混用。

▲ 莪术叶片上的紫红色斑纹

侗族药师称：莪术喜肥沃土壤，如肥水不足则不能长出郁金，并且有可能变化成为姜黄，变为姜黄后则不易变回莪术。莪术与姜黄挨近种植也容易变化为姜黄。

《中国植物志》有姜科姜黄属植物郁金 *Curcuma aromatica* Salisb.。该物种下记载："本种以及姜黄 *Curcuma longa* L.、毛莪术（广西莪术 *Curcuma kwangsiensis* S. G. Lee et C. F. Liang）的膨大块根均可作中药材'郁金'用，来自原植物郁金的称'黄丝郁金'，来自莪术的称'绿丝郁金'，来自广西莪术的则称'桂郁金'或'莪苓'。"侗药所言郁金与上述记载的"绿丝郁金"一致。

莪术与姜黄形态相近，易混淆，二者鉴别方法见"姜黄"条目。

▲ 莪术根茎和根末端膨大的"郁金"

▲ 莪术根茎横切面

黄姜花 *Hedychium flavum* Roxb.

异名 夜寒苏、草果。

形态特征 多年生草本,株高 1.6～2.3 m。根茎肥厚,扁圆柱状,肉质,具多节,多分枝,丛状,具芳香味,表面棕黄色,断面白色;根发达,粗壮。叶长 28～40 cm,宽 6～9 cm,长圆状披针形或披针形,顶端渐尖,并具尾尖,基部渐狭,深绿色,有一贯穿全叶的中脉,在阴面隆起,光滑;无柄;叶舌膜质,披针形。穗状花序长圆形;苞片覆瓦状排列,长圆状卵形,顶端边缘具髯毛,每一苞片内有花 3 朵;花黄色;唇瓣倒心形,黄色,当中有一个橙色的斑,顶端微凹,基部有短瓣柄。花期 8～9 月。生于湿润的山谷、平坝间,亦有栽培,适应力和繁殖力强。

用药经验 以根茎及花入药,根茎煎水内服或炖肉食用,具有滋补功效,可用于虚汗、盗汗。还以根茎煎水内服,治疗肠胃疾病;花捣烂与鸡蛋搅拌同蒸,有滋补作用。

附注 黄姜花的根茎和花亦食用。取黄姜花根茎,切成厚片,用于炖肉,或肉炖熟后拌入花调味,可去腥膻,提香气,增食欲。黄姜花与姜黄 *Curcuma longa* L. 因名称相近,常有人误以为是同一物种,其实两者区别甚为明显。黄姜花植株高大,主茎明显,叶片深绿色,抱茎,而叶片基部直接从茎上生长;姜黄植株相对纤细,没有明显的主茎,叶片绿色稍带黄,有细长的叶柄;黄姜花块根形体粗大,直径常在 5～10 cm,其切口为白色;姜黄块根形体小,与生姜相仿,其横切面为黄色。

▲ 黄姜花根茎

▲ 黄姜花植株

姜 *Zingiber officinale* Roscoe

异名 生姜。

形态特征 多年生草本,株高 0.6～1.2 m。根茎肥厚,多分枝,表面棕黄色或黄白色,断面黄色,有芳香及辛辣味。叶纸质,长 20～28 cm,宽 2～3 cm,披针形或线状披针形,先端渐尖,光滑,有一明显贯穿全叶的中脉,无柄;叶舌膜质。总花梗较长;球果状穗状花序;苞片淡绿色或边缘淡黄色,卵形,顶端有小尖头;花冠黄绿色,裂片披针形;雄蕊暗紫色。花期秋季。

用药经验 苗、侗族以根茎入药,煎水内服,有驱寒功效,用于治疗因受寒引起的感冒、咳嗽、发烧;头发脱落,切姜片搽或挤姜汁搽至发热,每日数次,一月左右,可生发;亦用作洗发水配方(见"何首乌"条目)。因受寒引起的身体酸痛,取姜块代替刮痧板用以刮痧,疗效甚好。侗族又用以治疗盗汗,用法为:大米一把、生姜一片,在洁净锅里炒干至显黄色,加水,煮开,小火煨几分钟,分 2～3 次服用,一次一碗,2～3 日即愈。

▲ 姜植株/兰才武

▲ 姜花穗

▲ 姜根茎

金线兰 *Anoectochilus roxburghii*(Wall.)Lindl.

异名 金线莲。

形态特征 根状茎匍匐,伸长,肉质,具节,节上生根。茎直立,高 10～20 cm,肉质,圆柱形,具 3～4 枚叶。叶长 1.5～4 cm,宽 1～3 cm,卵圆形或卵形,先端近急尖或稍钝,基部近截形或圆形,骤狭成柄;阳面暗紫色或黑紫色,具红黄色带有绢丝光泽的美丽网脉,阴面淡紫红色;具短叶柄,基部扩大成抱茎的鞘。总状花序,常具花 2～6 朵;花序轴淡红色,和花序梗均被柔毛,花序梗具 2～3 枚鞘苞片;花苞片淡红色,卵状披针形或披针形,先端长渐尖;花白色或淡红色;花瓣质地薄,近镰刀状,与中萼片等长;唇瓣呈 Y 字形。花期 8～11 月。生于林下或沟谷阴湿处。

用药经验 以全株入药,称"金线莲"。煎水内服,用于治疗全身瘫痪。

▲ 金线兰全株及花　　　　　　　　　　　　　　　　▲ 金线兰植株/兰才武

白及　*Bletilla striata*（Thunb. ex Murray）Rchb. F.

▲ 白及植株

异名　三叉白及。

形态特征　多年生草本,株高 15～58 cm。假鳞茎扁球形,常分 3 叉,颈部具荸荠似的环带,断面具黏性。茎粗壮,劲直。叶革质,长 10～30 cm,宽 2～5 cm,狭长圆形或披针形,先端渐尖,基部收狭成鞘并抱茎,基生脉多数,叶面褶皱。花序具花多朵,极罕分枝;花序轴或多或少呈"之"字状曲折;花苞片长圆状披针形,开花时常凋落;花大,紫红色或粉红色;萼片和花瓣近等长,狭长圆形,先端急尖;花瓣较萼片稍宽;唇瓣较萼片和花瓣稍短,倒卵状椭圆形,白色带紫红色,具紫色脉;唇瓣阳面具 5 条纵褶片。蒴果倒卵状椭圆形;种子多数,细如粉末状。花期 4～5 月。

　　用药经验　以假鳞茎入药,苗族将假鳞茎切开,用切口处黏液涂抹皮肤,可治疗皮肤干裂、冻裂;捣烂生吃可治疗脑充血;干假鳞茎,炖肉食用或打成粉末冲服,可用于治疗肺炎;体弱多病者,炖肉食用,具滋补功效。侗族用于治疗肺结核、支气管炎,鲜品和干品均可,鲜品则熬粥食用,干品则研成粉后与粥拌匀后食用;侗族亦取鲜品,掰开涂抹患处,用于治疗手脚冻裂,3 日见效。

　　附注　本种及黄花白及 *Bletilla ochracea* Schltr. 均为当地药材"白及"的基原。

　　白及药材在当地大规模产业化栽培,分布遍及各县市,其中黄平种植规模最大,其次为三穗县和锦屏县。"黄平白及"于 2020 年获国家地理标志认证。

▲ 白及花

▲ 白及果实

▲ 黄花白及植株

▲ 黄花白及花

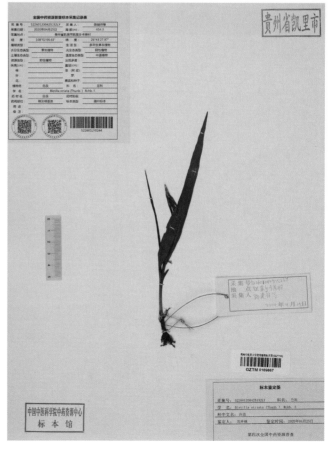

▲ 黄花白及标本

虾脊兰 *Calanthe discolor* Lindl.

▲ 虾脊兰花

异名 九子连环草。

形态特征 多年生草本。假鳞茎粗短,茎近球形,念珠状延伸。根状茎不甚明显。具3～4枚鞘和3枚叶。叶纸质,在花期未全部展开(近先花后叶),长达28 cm,宽3～10 cm,倒卵状长圆形至椭圆状长圆形,先端急尖或锐尖,基部收狭为柄,阴面密被短毛。花葶从假茎上端的叶间抽出,密被短毛,总状花序,疏生花数朵;萼片和花瓣褐紫色;花瓣近长圆形或倒披针形,与萼片等长,或有时稍短,先端稍钝,基部收狭;唇瓣白色,扇形,与整个蕊柱翅合生。花期4～5月。生于山地沟谷阴湿处和林下。

用药经验 以假鳞茎入药,捣烂用菜油或茶油调匀搽患处可治痔疮。

附注 药市调查有同属植物翘距虾脊兰 *Calanthe aristulifera* Rchb. F. 、虾脊兰,当地均作为药材"九子连环草"的基原。

▲ 虾脊兰植株

▲ 虾脊兰假鳞茎

贵州黔东南药用资源图志

▲ 虾脊兰标本/天柱县中医院

流苏贝母兰 *Coelogyne fimbriata* Lindl.

异名 果上叶。

形态特征 多年生草本。根状茎较细长,匍匐。假鳞茎狭卵形至近圆柱形,顶端生叶2枚,基部具2～3枚鞘;鞘卵形,老时脱落。叶纸质,长3～12 cm,宽1～3 cm,长圆形或长圆状披针形,先端急尖,基部收狭成柄。花葶从已长成的假鳞茎顶端发出,基部套叠有数枚圆筒形的鞘;鞘紧密围抱花葶;总状花序常具花1～2朵;花序轴顶端为数枚白色苞片所覆盖;花苞片早落;花淡黄色或近白色;萼片长圆状披针形;花瓣丝状或狭线形,与萼片近等长;唇瓣具红色斑纹,卵形,3裂。蒴果倒卵形。花期8～10月,果期翌年4～8月。生于溪旁岩石上或林中、林缘树干上。

用药经验 苗、侗族均以全草入药,称"果上叶"。苗族取全株煎水内服,用于止咳;与骚羊牯、虎杖、黄草、十大功劳配伍,煎水内服,可用于治疗肺病。此外用法与石仙桃略同,但效果比石仙桃更佳。侗族取全株煎水内服,有滋阴润燥功效,可用于治疗阴虚咳嗽。

▲ 流苏贝母兰花形

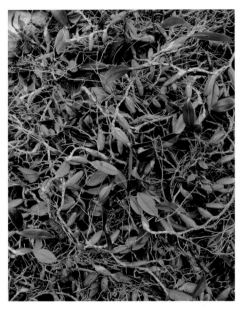

▲ 药材"果上叶"

杜鹃兰 *Cremastra appendiculata*（D. Don）Makino

▲ 杜鹃兰植株

异名　毛慈菇、山慈菇、独角白及。

形态特征　多年生草本。假鳞茎卵球形或近球形，具1～2条明显环纹，密接，外被撕裂成纤维状的残存鞘。叶生于假鳞茎顶端，常1枚，狭椭圆形、近椭圆形或倒披针状狭椭圆形，长达43 cm，宽5～8 cm，先端渐尖，基部收狭，近楔形。花葶近直立，从假鳞茎上部节上发出；总状花序，具多花；花苞片披针形至卵状披针形；花狭钟形，淡紫褐色，常偏花序一侧，多少下垂，不完全开放，具香气；花瓣倒披针形或狭披针形，向基部收狭成狭线形，先端渐尖；唇瓣与花瓣近等长，线形。蒴果近椭圆形，下垂。花期5～6月，果期9～12月。生于林下湿地或沟边湿地上，野生稀少，当地有栽培。

用药经验　苗族以假鳞茎入药，晒干打粉冲服，具润肺止咳功效，可用于治疗肺结核，亦可用于治疗胃病、胃痛。

附注　长叶山兰 *Oreorchis fargesii* Finet 的假鳞茎椭圆形至近球形，有2～3节，外被撕裂成纤维状的鞘。假鳞茎和叶与较小的杜鹃兰极其相似，偶见以长叶山兰的假鳞茎充当杜鹃兰的情况。二者主要识别特征：长叶山兰的假鳞茎及叶片都相对较小而狭长，而杜鹃兰假鳞茎卵球形或近球形，较大，叶片亦较宽大；长叶山兰的花穗较短小，通常白色并有紫纹，杜鹃兰的花穗较长大，狭钟形，淡紫褐色。

▲ 杜鹃兰假鳞茎　　　　▲ 杜鹃兰花序　　　　▲ 长叶山兰花序

春兰　*Cymbidium goeringii*（Rchb. f.）Rchb. F.

异名　兰花、兰草。

形态特征　多年生草本。假鳞茎较小,卵球形,包藏于叶基之内;根肉质,发达。叶革质,长 25～55 cm,带形,下部常多少对折而呈"V"形,边缘无齿或具细齿,有一贯穿全叶的中脉,向阴面凸起。花葶直立,从假鳞茎基部外侧的叶腋中抽出,明显短于叶;花序具花 1 朵,生于花葶顶端;花苞片长而宽;花绿色或淡褐黄色而有紫褐色脉纹,具香气;花瓣倒卵状椭圆形至长圆状卵形;唇瓣近卵形;唇瓣上 2 条纵褶片从基部

▲ 春兰花　　　　　　　▲ 春兰植株

上方延伸中裂片基部以上，上部向内倾斜并靠合，多少形成短管状。蒴果狭椭圆形。花期1～3月。生于多石山坡、林缘、林中透光处。

　　用药经验　侗族以根入药，与接骨木、螃蟹（可选），捣烂后敷于患处，用于接骨、接筋等。

兔耳兰　*Cymbidium lancifolium* Hook. f.

　　异名　跳舞兰。

　　形态特征　多年生草本。假鳞茎近扁圆柱形或狭梭形，有节，多少裸露，顶端聚生2～4枚叶；根肉质，发达。叶革质，长5～20 cm，宽3～12 cm，倒披针状长圆形至狭椭圆形，先端渐尖或钝，或微凹，基部收狭为柄，叶柄较长；有一贯穿全叶的中脉，向阴面凸出。花葶直立，从假鳞茎下部侧面节上发出；花序具花多朵；苞片披针形；花通常白色至淡绿色，花瓣上有紫栗色中脉；萼片倒披针状长圆形；花瓣近长圆形；唇瓣近卵状长圆形，具紫栗色斑，稍3裂。蒴果狭椭圆形。花期5～8月。生于疏林下、林缘、阔叶林下或溪谷旁的岩石上、树上或地上。

　　用药经验　以全草入药，煎水内服，用于治疗肺炎。

▲ 兔耳兰植株

▲ 兔耳兰花

▲ 兔耳兰标本

铁皮石斛 *Dendrobium officinale* Kimura et Migo

异名 石斛、黄草。

形态特征 多年生草本。茎圆柱形，常带有如铁锈般紫斑，断面绿色，带有黏液，不分枝，具多节。叶常互生于中上部，纸质，长 4～7 cm，长圆状披针形，先端钝，多少钩转，基部下延为抱茎的鞘，边缘和中脉常带淡紫色；叶鞘常具紫斑。总状花序常从落叶老茎上部发出，具花 2～3 朵；花序轴回折状弯曲；花苞片干膜质，浅白色；唇瓣白色，基部具 1 个绿色或黄色的胼胝体，卵状披针形，比萼片稍短，中部反折，先端急尖，中部以下两侧具紫红色条纹，边缘多少波状。花期 3～6 月。

用药经验 苗族以茎入药，煎水内服，用于治疗感冒、肺结核等与肺相关的疾病。侗族以全草入药，煎水内服，用于治疗眼疾、咽喉肿痛、久咳、发热、便秘等。

附注 当地药市常见石斛属植物除本种外，还有石斛 *Dendrobium nobile* Lindl.、罗河石斛 *Dendrobium lohohense* Tang et Wang、叠鞘石斛 *Dendrobium denneanum* Kerr 等多种，均作药材"石斛"的基原。

石斛药材在当地大规模产业化栽培，分布在锦屏、从江、三穗等县。栽培品种有铁皮石斛、金钗石斛、叠鞘石斛等。

▲ 铁皮石斛花/兰才武

▲ 铁皮石斛植株

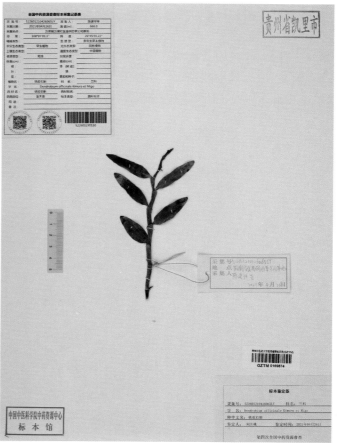

▲ 铁皮石斛标本

天麻 *Gastrodia elata* Bl.

形态特征　多年生草本,株高 0.5～1.5 m。根状茎肥厚,长扁圆形、椭圆形至近哑铃形,肉质,密生环节。无根,无叶,依靠寄生于壳斗科木材上的真菌提供营养。开花时从地上抽出一直立的花茎,花茎下部

被数枚膜质鞘。总状花序近直立,具花数朵;花扭转,橙黄、淡黄、蓝绿或黄白色;萼片和花瓣合生成的花被筒,近斜卵状圆筒形,顶端具 5 枚裂片,筒的基部向前方凸出。蒴果倒卵状椭圆形,成熟后易开裂;每果具种子万粒以上,种子极微小,肉眼难以分辨。花、果期 5～7 月。生于疏林下、林缘等。野生稀有,黔东南辖区内雷公山上偶见。雷公山产乌杆天麻品质极佳,天麻素含量高达 0.86%,高出国家标准 3.44 倍(药典规定天麻素含量大于 0.25%),比其他地区天麻高出 3～4 倍。因品质优异,"雷山乌杆天麻"于 2014 年获国家地理标志认证。

▲ 天麻根状茎/黔东南州茶药站

用药经验　苗族以根状茎入药,有祛风散寒功效,煎水内服或蒸食,可治疗头晕、头痛;干品打粉内服,用于治癫痫、抽筋。

药食两用。研成粉与蛋液拌匀后蒸食,或切片炖鸡,或炖猪蹄食用,具滋补功效。

附注　当地大规模栽培,为当地第三大种植中药材品种。主要分布在雷山、黎平、镇远等县。自然授粉繁殖率极低,栽培中用人工授粉繁育种苗。

▲ 天麻植株

▲ 天麻花穗

贵州黔东南药用资源图志

斑叶兰 *Goodyera schlechtendaliana* Rchb. F.

异名　银线莲。

形态特征　一年生草本,株高 14～36 cm。根状茎伸长,匍匐,具节。茎直立,绿色,具 4～6 枚叶。叶片纸质,长 4～10 cm,宽 1～3 cm,卵形或卵状披针形,先端急尖,基部近圆形或宽楔形,阳面绿色,具白色不规则的点状斑纹,阴面淡绿色,具柄,基部扩大成抱茎的鞘。花茎直立被长柔毛,具 3～5 枚鞘状苞片;总状花序,具多朵疏生近偏向一侧的花;花苞片披针形,阴面被短柔毛;花较小,白色或带粉红色,半开张;花瓣菱状倒披针形,无毛,先端钝或稍尖,具 1 脉;唇瓣卵形,基部凹陷呈囊状,内面具多数腺毛,前部舌状,略向下弯。花期 8～10 月。生于山坡或沟谷林下。

▲ 斑叶兰叶形

用药经验　苗、侗族均以全株入药,苗族煎水内服,可用于心脏病、肺病。侗族用法相同,但对应的病症不同,用于治疗肺结核和支气管炎。

▲ 斑叶兰植株及花穗

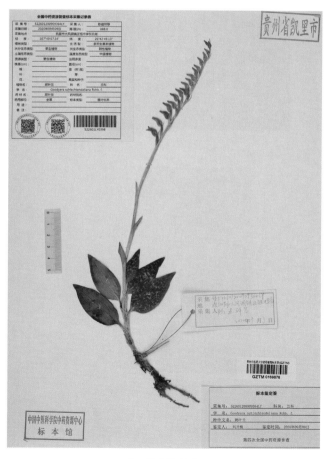

▲ 斑叶兰标本

见血青 *Liparis nervosa* (Thunb. ex A. Murray) Lindl.

形态特征　多年生草本。茎直立,肉质,肥厚,圆柱状,有数节,常被叶鞘包藏,上部有时裸露,绿色。叶膜质或草质,长6~18 cm,宽2~10 cm,卵形至卵状椭圆形,先端近渐尖,全缘,基部收狭并下延成鞘状柄,叶面凹凸不平,有一贯穿全叶的中脉,基生脉多数;叶柄鞘状,大部分抱茎。花葶发自茎顶端;总状花序常具花数朵;花梗较长,明显;花紫色;花瓣丝状,亦具3脉;唇瓣长圆状倒卵形,先端截形并微凹,基部收狭并具2个近长圆形的胼胝体。蒴果倒卵状长圆形或狭椭圆形。花期2~7月,果期10月。生于林下、草丛阴处或岩石覆土上。

用药经验　苗族以全株入药,与野青菜一同煎水内服,可用于治疗肺结核等肺病。

▲ 见血青植株

▲ 见血青花穗/兰才武

▲ 见血青标本

硬叶兜兰 *Paphiopedilum micranthum* Tang & F. T. Wang

▲ 硬叶兜兰植株

异名　虎舌草、灵芝草。

形态特征　多年生草本。地下具细长而横走的根状茎。叶基生，坚革质，舌状，先端钝，基部收狭成叶柄状并对折而彼此套叠，阳面多具绿白色格斑，阴面紫色而有密集白斑。花葶直立，密被长柔毛，顶端开1朵花；花大，艳丽；花瓣常3，宽卵形、宽椭圆形或近圆形，先端钝或浑圆；唇瓣白色至淡粉红色，深囊状，卵状椭圆形至近球形，基部具短爪，囊口近圆形，整个边缘内卷；退化雄蕊黄色并有淡紫红色斑点和短纹。花期3～5月。生于山坡草丛中或石壁缝隙或积土处。

用药经验　以全株或根入药，全株煎水内服，可治疗心脏病、肺病；根泡酒服用，用于跌打损伤。

▲ 硬叶兜兰标本

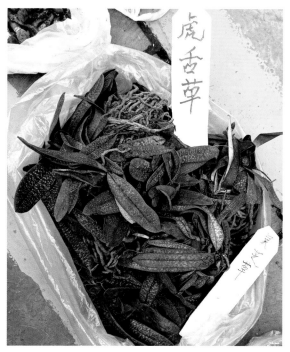

▲ 硬叶兜兰药材

石仙桃　*Pholidota chinensis* Lindl.

异名　果上叶。

形态特征　多年生草本。根状茎匍匐,分枝,密生节和根;假鳞茎狭卵状长圆形,基部常收狭成柄状。叶草质,常 2 枚生于假鳞茎顶端,倒卵状椭圆形、倒披针状椭圆形至近长圆形,先端渐尖、急尖或近短尾状,基部收狭成柄。花葶生于幼嫩假鳞茎顶端;总状花序,具花数朵;花白色或带浅黄色;花瓣披针形,阴面略有龙骨状突起;唇瓣轮廓近宽卵形,略 3 裂,下半部凹陷成半球形的囊。蒴果倒卵状椭圆形,有 6 棱,3 个棱上有狭翅。花期 4～5 月,果期 9 月至次年 1 月。生于林中或林缘崖壁上或岩石上。

▲ 石仙桃植株

▲ 石仙桃药材"果上叶"

用药经验　苗族以全株入药,单独煎水内服,或与骚羊牯、石斛、细叶十大功劳、黄栀子和姜片一同煎水内服,有止咳功效。当地苗医认为此用法与流苏贝母兰略同,而效果略差于流苏贝母兰。侗族以全草入药,煎水内服,用于治疗风热咳嗽、胃脘腹痛、阴虚潮热、高热口渴、食积不化等。

云南石仙桃　*Pholidota yunnanensis* Rolfe

异名　果上叶。

形态特征　多年生草本。根状茎匍匐、分枝,密被箨状鞘;假鳞茎近圆柱状,基部收狭成柄状或幼嫩时为箨状鞘所包。叶常 2 叶,生于假鳞茎顶端,坚纸质,披针形,具折扇状脉,先端略钝,基部渐狭成短柄。花葶生于幼嫩假鳞茎顶端;总状花序,具花数朵;花白色或浅肉色;花瓣常 5,宽卵状椭圆形或卵状长圆形;唇瓣长圆状倒卵形,先端近截形或钝,并常有不明显的凹缺,近基部稍缢缩并凹陷成一个杯状或半球形的囊。蒴果倒卵状椭圆形,有 3 棱。花期 5 月,果期 9～10 月。生于林中或山谷旁的岩石上。

用药经验　以全株入药,单独煎水内服,或与骚羊牯、黄草、十大功劳一同煎水内服,有润肺止咳功效。

▲ 云南石仙桃植株   ▲ 云南石仙桃药材

附注　云南石仙桃和石仙桃 *Pholidota chinensis* Lindl. 形态较相似,假鳞茎顶端皆生叶 2 枚,易混淆,两者主要鉴别特征:石仙桃叶草质,较大且较柔软,倒卵状椭圆形、倒披针状椭圆形至近长圆形;而云南石仙桃叶坚纸质,较小,较硬,披针形,较狭长。

云南独蒜兰　*Pleione yunnanensis*（Rolfe）Rolfe

异名　冰球子、冰凌子。

形态特征　地生或附生草本。假鳞茎近圆球形而具明显的长颈,长颈顶端具 1 枚叶;假鳞茎直径 1～2.5 cm,多为白色或浅紫色。叶纸质,有贯穿全叶的纵向棱沟多条,长 6～25 cm,宽 1～3.5 cm,先端渐尖,基部渐狭成柄;叶柄长 1～6 cm。花葶直立,长 10～20 cm,基部被叶柄包裹,顶端具 1 花;花淡紫色,唇瓣上具有紫色或深红色斑。蒴果纺锤状圆柱形,长 2.5～3 cm,常有纵向棱多条,棱为深红色,沟槽为白色或绿色。12 月到次年 1 月假鳞茎萌动;次年 3～5 月开花,花在长叶前开放,随后长叶、结果;果期 6～9 月;8～10 月果实成熟,叶片枯萎。野生稀有,分布于雷公山、佛顶山、月亮山等山区,野生仅见于覆盖苔藓的滴水崖壁上,人工仿野生栽培则可生长于低矮杂草中。

▲ 云南独蒜兰花

用药经验　以假鳞茎入药。炖肉食用或晒干打成粉末冲服,可治疗肺结核、肺病、肺炎;炖肉食用,亦可用于滋补。假鳞茎捣烂生吃可治疗脑充血。假鳞茎切开,以切口黏液涂抹皮肤,可治疗皮肤冻裂、干裂。

▲ 云南独蒜兰果期形态　　　　　　　　　　　　▲ 云南独蒜兰假鳞茎

　　附注　杜鹃兰 *Cremastra appendiculata*（D. Don）Makino、独蒜兰 *Pleione bulbocodioides*（Franch.）Rolfe 和云南独蒜兰在 2020 年版药典中同为药材"山慈菇"的基原。前者习称"毛慈菇"，后二者习称"冰球子"。在当地传统用药中，杜鹃兰是作为另一种药材使用，与药典规定不同。

　　杜鹃兰、独蒜兰和云南独蒜兰均为国家二级保护的珍稀植物，过去在当地野生分布较多。近些年杜鹃兰仍分布较广，但数量不多；云南独蒜兰仅在雷公山区仍偶见少量分布，独蒜兰则已多年未发现野生分布。在台江县、雷山县和丹寨县，有杜鹃兰和云南独蒜兰种植。近年以种子为材料，利用组织培养技术对杜鹃兰和云南独蒜兰进行育苗取得一定进展。

　　杜鹃兰和云南独蒜兰是当地人工种植药材"冰球子"（亦称"山慈菇"）的两个主要品种，均以假鳞茎入药。其鉴别特征为：云南独蒜兰假鳞茎表面光滑，有光泽，无环纹；杜鹃兰假鳞茎表面光滑，无光泽，其上有环纹。云南独蒜兰有直立的花葶，其中顶端仅开 1 朵花（极少数 2 朵）；杜鹃兰亦有近直立的花葶，但有总状花序，具多花。

动物药 资源

水蛭 *Hirudo nipponia* Whitman

异名 蚂蟥。

形态特征 体长,圆筒形、稍扁,两端较窄。柔软而极富弹性,伸长时可达 4~6 cm,宽约 2~4 mm,完全收缩时形成近圆球形的颗粒状。背部暗绿色,有 5 条黄色纵线,腹面灰绿色,体节由 5 环组成,眼 10 个,排成弧形,腭齿发达,身体各节均有排泄孔,开口于腹侧,前后有吸力很强的吸盘。

用药经验 夏秋捕捞,烘干或晒干,研磨成细末内服,可用于治疗筋脉挫断、冠心病、心绞痛、脑血栓、高血脂、闭经痛经、少腹结块疼痛。将粉末直接撒于伤口处,可止血,促进伤口愈合。

附注 本种被药典收录,药典收录的中药材水蛭除本种外,还有水蛭科动物蚂蟥 *Whitmania pigra* Whitman 和柳叶蚂蟥 *Whitmania acranulata* Whitman。具破血通经,逐瘀消癥功效。用于血瘀经闭、癥瘕痞块,中风偏瘫,跌仆损伤,与当地民族用法有差异。

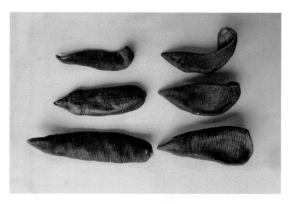

▲ 水蛭药材　　　　　　　　　　　▲ 水蛭活体形态

马陆 *Prospirobolus joannsi*（Brolemann）.

异名 千脚虫、千足虫。

形态特征 虫体圆柱形,表面光滑,长 12~15 cm,直径 0.7~1 cm,全体由多数环节组成,从颈部到肛节,约有体节 54 个;体背面黑褐色,后缘淡褐色,前缘盖住部分淡黄色;第 2~4 节为胸部,每节各有步肢 1 对,第 5 节以下为腹部,除末节外,每节有步肢 2 对;雄虫在第 7 节上的步肢变为生殖肢;自第 6 背板后各体节的两侧,有臭腺孔。幼虫环节少,足仅 3 对,每脱皮 1 次,则体节和足陆续增加。头部两侧有许多单眼,集合成 2 团,形似复眼;触角 1 对,有毛,长约 0.5 cm。口器包括大小鄂各 1 对,小鄂愈合为鄂唇。

用药经验 有大毒。外用,全虫研成末或捣烂外敷,用于治疗痞满、痈肿、毒疮等。

▲ 马陆成虫及药材

地鳖 *Eupolyphaga sinensis* Walker

异名 土鳖虫、观音虫、土元、还魂虫。

形态特征 虫体卵形,扁平,长1～3 cm,宽1～2.5 cm。前后大小不一,前端较窄,后端较宽;背部紫褐色,具光泽,无翅前胸背板较发达,盖住头部;腹背板9节,覆瓦状排列。腹面红棕色,具光泽;头部较小,有丝状触角1对,常脱落;胸部有足3对,具细毛和刺。腹部有横环节。质松脆,易碎。虫体常散发出腥臭气,味微咸。

▲ 地鳖活虫形态

▲ 地鳖药材

贵州黔东南药用资源图志

用药经验　以晒干或烘干的全虫入药,泡酒或研成粉末服用,用于治疗跌打损伤。

附注　当地称地鳖被刀砍断后,用盆扣住,第二天可自行恢复成整虫,因此,称其为还魂虫。

大刀螂　*Tenodera sinensis* Saussure

异名　螳螂、螳螂蛋、螳螂窝。

形态特征　体形较大,呈黄褐色或绿色,长7～10 cm。前肢上有一排坚硬的锯齿,末端各有一个钩子,用来钩住猎物。头部三角形。前胸背板、肩部较发达。后部至前肢基部稍宽。前胸细长,侧缘有细齿排列。中纵沟两旁有细小的疣状突起,其后方有细齿,但不甚清晰。前翅革质,前缘带绿色,末端有较明显的褐色翅脉;后翅比前翅稍长,向后略微伸出,有深浅不等的黑褐色斑点散布其间。雌性腹部特别膨大。

▲ 大刀螂

用药经验　苗、侗族皆以卵鞘(桑螵蛸)入药,苗族取其于火炭中烧焦,食用,用于小孩子晚上尿床,亦用于补肾壮阳。侗族取桑螵蛸煎水服用,具有固精缩尿,补肾壮阳功效。大刀螂及螳螂在当地亦作食用。

附注　本种与螳螂科昆虫小刀螂 *Statilia maculata*(Thunberg)、巨斧螳螂 *Hierodula patellifera*(Serville)的干燥卵鞘皆为药典收录的药材"桑螵蛸"。于深秋至次春收集,除去杂质,蒸至虫卵死后,干燥。具固精缩尿,补肾助阳。用于遗精滑精,遗尿尿频,小便白浊。功能主治与当地民族相似,但使用方法有较大差异。

▲ 灌丛中的卵鞘

▲ 药材"螳螂蛋"

蝗 *Oxya chinensis* Thunn

异名 蝗虫、蚱蜢、蚂蚱。

形态特征 雄成虫体长 3.5～4.2 cm，雌成虫 3.5～6 cm。虫体常为绿色或黄褐色。颜面垂直，有光泽，触角淡黄色。头顶有圆形凹窝，颜面中部沟深。复眼灰色，椭圆形单眼三个。触角丝状，褐色。前胸发达，中部有横缝 3 条。前翅前缘部分呈绿色，余部褐色，腹部黄褐色，雄体腹末端屈曲向上。

用药经验 以全虫入药。烘干研成粉冲服，用于治疗咳嗽、体虚、筋骨软弱无力。亦食用。

▲ 蝗成虫

▲ 蝗标本

▲ 蝗药材

非洲蝼蛄 *Gryllotalpa africana* Palisot et Beaurois

异名 钻田蛄、狗仔虫、土狗。

形态特征 成虫体长 2.5～3.5 cm，虫体黄褐色或灰褐色，密被短小软毛。头圆锥形，褐色，触角丝状，复眼卵形，黄褐色。前胸背板坚硬膨大，卵形，背中有 1 条下陷的纵沟，前翅革质较短，黄褐色。后翅大，膜质透明，淡色。前足发达，扁铲状，善于掘土；中足较小；后足长大，腿节发达，在胫节背侧内缘有 3～

▲ 非洲蝼蛄药材

▲ 非洲蝼蛄成虫

4个能活动的刺。腹部纺锤形，柔软，尾毛1对。

用药经验　取全虫，晒干研成粉，内服，用于治疗尿路结石引起的疼痛、痈肿热毒、小便不通、痛经闭经。

黑蚱 *Cryptotympana pustulata* Fabr.

▲ 成虫黑蚱的正反面

异名　蝉蜕。

形态特征　体长 4～4.5 cm，头顶到翅端长 6.5～7.5 cm。胸、腹和背板体壳乌黑光滑，体壳接缝处密生金黄色细短毛。雌雄个体形状大小相似，但雄虫腹部第 1 节有发音器。腹部钝圆，共 9 节；胸部发达，足 3 对，黄褐色，有黑斑；翅 2 对，膜质，黑褐色，基部黄绿色。复眼 1 对，大形，两复眼间有单眼 3 只。触角 1 对。口器发达，唇基梳状，上唇宽短，下唇延长成管状。栖息于在阔叶树上，皮壳常见脱落于树上，称蝉蜕，似蝉而中空，稍弯，体轻，表面茶棕色，半透明，有光泽。

用药经验　当地以蝉蜕入药，煎水服用，治疗风热感冒，风热目赤，麻疹不透。研成粉，吹撒于咽喉肿痛处，可治咽喉肿痛。苗族煎水内服，还用于治疗嗓子沙哑。

▲ 黑蚱标本

▲ 药材"蝉蜕"

九香虫 *Aspongopus chinensis* Dalas

异名　打屁虫。

形态特征　不规则的卵圆形，一般紫黑色，带铜色光泽。头部尖狭。触角 5 节，前 4 节黑色，第 5 节除基部外为红色，第 2 节长于第 3 节。前胸背板及小盾片均具不规则横纵纹。前胸和背板前狭后阔，前缘凹进，后缘略拱出，中部横直，侧接缘黑色，每节中间有暗红黄色斑点，腹部背面为红褐色。翅 2 对，前翅为半鞘翅，棕红色，密布纵向脉纹。足 3 对，后足最长，跗节 3 节。寄生于葫芦科植物上，如各种瓜类的南瓜、冬瓜、西瓜、丝瓜、水瓜等。以寄主的汁液为食物，成虫蛰伏在土石块下、石缝中、瓜棚或墙缝中越冬。

用药经验 当地常取全虫入药，煎水服用，用于治疗体虚畏寒、腹胀胸闷、痞块瘀结、骨折肿痛。

亦食用，是当地著名的下酒菜肴。

▲ 九香虫成虫

▲ 爬在树干上的九香虫

家蚕 *Bombyx mori* Linnaeus

异名 桑蚕、蚕砂、蚕屎。

形态特征 完全变态昆虫，一生经过卵、幼虫、蛹、成虫 4 个形态上和生理机能上完全不同的发育阶段。家蚕幼虫期排出的粪便称蚕砂，为黑褐色颗粒，入药。家蚕幼虫长圆筒形，可分头、胸、腹 3 部分。头部外包灰褐色骨质头壳，胸部 3 个环节各有 1 对胸足；腹部 10 个环节有 4 对腹足和 1 对尾足，第 8 腹节背面中央有 1 个尾角；第 1 胸节和第 1 至第 8 腹节体侧各有 1 对气门。刚孵化的幼虫，遍体着生黑褐色刚毛，体躯细小似蚂蚁，称蚁蚕。生长过程中，其体壁的表皮多次脱换，称蜕皮。蜕皮前停止食桑，静止不动，称眠。眠是分龄的界限，每眠一次增加 1 龄。体重和体积随龄期增进而显著增大。5 龄生长至极度

▲ 家蚕成虫形态

▲ 养殖场里的家蚕

时,体重约比蚁蚕增加 1 万倍。此后逐渐减少食桑以至停食。至前半身呈透明时,称熟蚕,即开始吐丝结茧。结茧过程约需 2～3 日。

用药经验　侗族以干燥的蚕砂入药,取蚕砂炒黑(不成炭),磨粉后加红糖水调匀,内服,治崩漏、腹泻。用药期间以龙芽草 *Agrimonia pilosa* Ledeb. 作茶饮。初愈后继续饮用半月的龙芽草茶进一步调理。

大胡蜂　*Vespula vulgaris*（Linnaeus）

异名　马蜂、黄蜂、蜂子。

形态特征　成虫体多呈黑、黄、棕三色相间,或为单一色,胸腹之间以纤细的腰相连。具大小不同的刻点或光滑。茸毛一般较短。足较长。翅发达,飞翔迅速。静止时前翅纵折,覆盖身体背面。口器发达,上颚较粗壮。雄蜂腹部 7 节,无螫针。雌蜂腹部 6 节,末端有由产卵器形成的螫针,上连毒囊,分泌毒液,毒力较强。

用药经验　以蜂巢或成虫入药。蜂巢煎水外用,用于治疗风湿痛、蜂蜇痛等。成虫泡酒,用于治疗风湿痹痛、类风湿等。蜂蛹幼虫可食用。

▲ 胡蜂巢

▲ 胡蜂成虫

▲ 胡蜂药酒

中华鳖　*Trionyx sinensis* Wiegmann.

异名　团鱼、甲鱼。

形态特征　体躯扁平,呈椭圆形,背腹具甲;通体被柔软的革质皮肤,无角质盾片。头尖,颈粗长,吻突出,吻端有 1 对鼻孔,眼小,颈基部无颗粒状疣;头颈可完全缩入甲内。背腹甲均无角质板而被有软皮。

背面橄榄绿色，或黑棕色，上有小疣，边缘柔软，俗称裙边。腹面黄白色，有淡绿色斑。背、腹骨板间无缘板接连。前肢5指，仅内侧3指有爪；后脚趾亦同。指、趾间具蹼。雄性体较扁，尾较长，末端露出于甲边；雌性相反。

用药经验　以壳入药，煎水内服，用于治疗体虚多汗、痞块内结、痨咳潮热、虚火阳强。以头研细末冲酒服，可治阳痿。

▲ 中华鳖

▲ 中华鳖壳

乌梢蛇 *Zaocys dhumnades*（Cantor）Anser.

异名　蛇、老蛇、蛇蜕、蛇皮。

形态特征　体全长可达 2.5 m 以上，一般雌蛇较短。体背绿褐色或棕黑色、棕褐色；背脊上有黄色纵纹一条，在中部往尾部渐消失。吻鳞自头背可见，宽大于高；鼻间鳞为前额鳞长的 2/3；顶鳞后有两枚稍大的鳞片；上唇鳞8，第7枚最大；下唇鳞8～10；背鳞行数为偶数 16－16－14，中央 2～4 行起强棱，腹鳞雄 192～204，雌 191～205；肛鳞二分；尾下鳞雄 95～137 对，雌 98～131 对。

▲ 乌梢蛇活体

▲ 乌梢蛇药酒

用药经验　取整蛇泡酒服用,可治疗风湿疼痛、跌打损伤、筋骨僵硬、体虚身软、面容憔悴、畏寒怕热、中风瘫痪。从江县洛香镇塘洞村有治疗带状疱疹的验方:取蛇蜕、患者指甲、患者头发、葵花壳(向日葵籽的外壳),四者混合烧成炭,与茶油(油茶)沉淀物混合,制成膏状,涂于患处,隔日即愈。

　　附注　当地南部侗族地区将带状疱疹称为"蛇气疮"。认为蛇尿过的地方有蛇气,人到这些地方去,容易感染蛇气而生疮,故称"蛇气疮"。为避免生蛇气疮,当地民间有禁忌:在野外不宜直接坐地上,应摘取树的枝叶铺于地上,再坐在树枝上。

　　苗族取蛇蜕烧成灰,加雄黄 Realgar 和独根蒜,磨水后服用,可解老蛇蛊;蛇蜕烧成灰加油茶 *Camellia oleifera* Abel. 搅拌敷于患处,用于治疗小儿生疮。

　　本种被药典收录,药典收录的中药材蛇蜕除了本种外,还有游蛇科动物黑眉锦蛇 *Elaphe taeniura* Cope、锦蛇 *Elaphe carinata* (Guenther)等蜕下的干燥表皮膜。具祛风、定惊、退翳、解毒功效。主要用于小儿惊风、抽搐痉挛、翳障、喉痹、疔肿、皮肤瘙痒。与当地民族用法有较大差异。

五步蛇　*Agkistrodon acutus* (Guenther).

　　异名　蛇、老蛇。

　　形态特征　体长可达 1.5 m 或更长。头部扁平,较大,略呈三角形。喙端板和鼻间鳞向上前方突出。背部棕褐色。体鳞起棱,在体部有 24 个灰白色的菱形花纹。腹部黄白色,杂有多数黑斑。尾部渐细,末端呈三角形,角质。咽喉部有不规则的小黑斑点。腹鳞中央和两侧有大黑斑。

　　用药经验　有大毒。侗族常取整条蛇泡酒使用,用于治疗风湿痛、中风瘫痪、四肢麻木、口眼歪斜、筋脉拘挛、皮癣等。

▲ 五步蛇活体

▲ 五步蛇药酒

鸡　*Gallus gallus domesticus* Brisson

　　异名　土鸡、家鸡。

形态特征　家禽,体形较小,体重0.9～1.5kg,母鸡又比公鸡稍小。公鸡:喙灰黑,冠和肉髯乌紫色或鲜红色;身羽红色间有少量黑色、黄色;尾羽墨绿色或黑色;黑灰脚,胫较短小,体重1.25～1.5kg。母鸡:喙黑灰,冠和肉髯小而不明显;体型矮小紧凑,头细脚细;背羽呈黄麻、灰麻、黑麻,兼有黑色和白色;黑脚,胫较短小,体重0.9～1.2kg。

用药经验　家鸡的砂囊内壁为黄色膜状,剥下晒干即为药材鸡内金。苗、侗等当地多个少数民族皆以鸡内金和蛋壳入药。侗族用鸡内金生品,用于健脾胃、化结石;烤焦后磨粉冲服,用于健脾胃、消积食。取鸡内金干品打粉,温水冲服,用于治胃病。将蛋壳煅烧后研成末,外敷,用于治疗外伤出血、疮疖。猪等牲畜因缺钙引起腿软无力,取蛋壳于火炭中烤干,磨粉,拌入饲料中投喂,几次即可恢复正常。

△ 家鸡

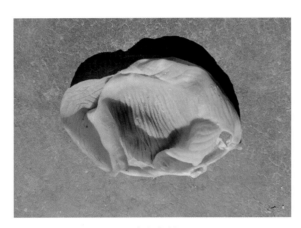

△ 鸡内金鲜品

△ 鸡内金干品

水牛　*Bubalus bubalis* L.

异名　牛、斗牛。

形态特征　大型家畜,肩高1～1.5m,体长1～3m。体格粗壮,被毛灰黑色,稀红黄色或白色,稀疏。角质地坚硬,根部方形或略呈三角形,宽大而扁,向末端收窄并渐成圆形;末端以下中空,内有骨质角髓;角整体成弧形向肩部弯曲,左右角对称。蹄大而坚实;耳廓角生于角后方,较短小,摆动灵活;眼大而圆;头大,额广,上唇上部有2个大鼻孔,鼻阔,口大;鼻、唇部皮肤光滑,无毛,常沁出汗珠。4肢均称,4趾,均有蹄甲,其后方2趾不着地,称悬。尾较长,尾端具丛毛,毛色大部为黄色。

用药经验　以角入药,烧成灰,研粉用水吞服,用于治疗水痘、出血、疮疡。牛角经加工打磨后常用作刮痧或按摩工具。

▲ 水牛

▲ 水牛角

▲ 水牛角制成的拔罐工具

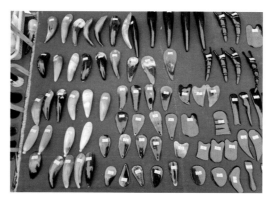

▲ 水牛角制成的刮痧或按摩工具

其他药用资源

石膏 *Gypsum fibrosum*

异名　生石膏、石膏粉。

形态特征　为硫酸盐类矿物石膏族石膏，主要成分为含水硫酸钙（$CaSO_4 \cdot 2H_2O$）。呈纤维状的集合体，长块状、板块状或不规则块状，大小不一。白色、灰白色或淡黄色，有的附有青灰色杂质，有的半透明。质松，易纵向折断，手能碾碎，纵断面具纤维状纹理，显绢丝光泽。

用药经验　苗族以粉末入药，煎水内服，可用于发热口渴，烦躁狂乱，胃中灼热辣痛。调粉外敷患处，可用于疮痈肿痛。侗族用于治疗便秘，伴腹胀、腹部不适。

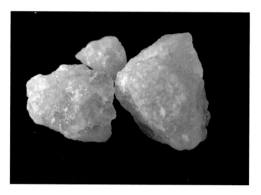

▲ 石膏

▲ 石膏晶体形态

硫黄 *Sulfur*

异名　硝黄、石硫黄。

形态特征　为自然元素类矿物硫族自然硫系硫磺的矿石或用含硫矿物经加工而成。矿石呈不规则块状，大小不一，黄色或略呈黄绿色，表面不平坦，呈脂肪光泽，常有多数小孔，体轻，质松脆，半透明，断面常呈针状结晶形，条痕白色或淡黄色，以手握置耳旁可闻轻微的爆炸声，味淡，具特殊的臭气。

用药经验　苗族以粉末入药，化水外洗、泡酒或调麻油敷于患处，可用于皮肤瘙痒，湿疹虫疮等。侗族用于治疗便秘、疥疮、脚癣。

有小毒。

▲ 硫黄

▲ 硫黄晶体形态

339

火炭 *Burn charcoal*

异名　火子、炭、火炭子。

形态特征　木柴不完全燃烧留下的黑色炭化物即为火炭。其色黑,质轻,多孔隙,易燃烧,易被粉碎。

用药经验　苗、侗等民族常取火炭磨粉,撒于伤口处,用于伤口止血。

▲ 火炭

草木灰 *Firewood ash*

异名　火灰、灰、柴火灰。

形态特征　草木灰是农村土灶燃烧柴草后产生的残余物。其色灰白,主要成分是炭黑、碳酸盐和一些植物中包含的氮、磷、钾、钙、镁等矿物成分。呈碱性,质轻,干时易随风飘扬,湿时易随水而走。

用药经验　当地多个少数民族以新鲜草木灰入药,手脚有轻微划伤,取粉末敷伤口,可止血。又用以治疗火烫伤或疮脓。方法为:取草木灰以茶油调匀,用鸡羽毛蘸取后敷于患处。过去没有肥皂和洗洁精等洗涤剂,农村洗衣时掺入草木灰再搓、捶,然后漂洗,可去污增白;洗碗、碟等器皿时,以少量水掺入草木灰,使形成浆状,用以涂擦器皿,可去除油污、顽渍。

▲ 草木灰

主要参考文献

［1］ 田兰,肖聪颖,汪冶.试论侗药学理论特色[J].中国民族医药杂志,2009,15(7):6-8.

［2］ 陈彦伶,胡成刚,何金英,等.苗药命名法与现代疾病关系的探讨——以虎耳草为例[J].贵阳中医学院学报,2019,41(2):61-65.

［3］ 周若青,胡期丽,刘维蓉.浅谈苗医苗药文化概念、特征及表现形式[J].明日风尚,2019(22):195-196.

［4］ 冉懋雄.略论苗药学基础[J].中药研究与信息,2004(1):26-30.

［5］ 王政,钟全亮,袁涛忠,等.贵州省黔东南州苗族医药发展之探讨[J].中国民族医药杂志,2012,18(7):2-3.

［6］ 张厚良.贵州苗药研究与开发战略[C]//中国科学技术协会.节能环保和谐发展——2007中国科协年会论文集(二).中国科学技术协会声像中心,2007:37-41.

［7］ 曾宪平,田兰,田华咏,等.骨伤科苗药整理与研究[J].中国民族医药杂志,2007(9):39-43.

［8］ 孙玉丽,袁涛忠,郭伟伟,等.侗药药名的由来[J].中国民族医药杂志,2020,26(3):40-43.

［9］ 吕燕平.苗岭走廊与明代屯军后裔族群研究[J].安顺学院学报,2018,20(1):14-20,58.

［10］ 王燚.苗药文化推广视觉设计研究[D].贵阳:贵州大学,2022.

［11］ 杨晓琼,郭伟伟,袁涛忠.黔东南地区侗族药物研究[J].中国民族医药杂志,2013,19(11):41-46.

［12］ 田兰,肖聪颖,汪冶.试论侗药学理论特色[J].中国民族医药杂志,2009,15(7):6-8.

［13］《苗族简史》编写组.苗族简史[M].北京:民族出版社,2008.

［14］《侗族简史》编写组.侗族简史[M].北京:民族出版社,2008.

［15］ 中国科学院中国植物志编辑委员会.中国植物志[M].北京:科学出版社,2004.

［16］ 国家药典委员会.中华人民共和国药典(一部)[S].北京:中国医药科技出版社,2020.

［17］ 胡成刚,江维克,魏志丹,等.贵州省中药资源普查标本图集(卷一)[M].贵阳:贵州科技出版社,2020.

［18］ 孙庆文,江维克.贵州中药资源普查重点品种识别手册[M].贵阳:贵州科技出版社,2014.

［19］ 黄璐琦,王永炎.全国中药资源普查技术规范[M].上海:上海科学技术出版社,2015.

［20］《中国高等植物彩色图鉴》编委会.中国高等植物彩色图鉴[M].北京:科学出版社,2016.

［21］ 吴明开,刘作易,罗晓青,等.贵州珍稀兰科植物[M].贵阳:贵州科技出版社,2014.

［22］ 黔东南苗族侗族自治州地方志编纂委员会.黔东南苗族侗族自治州志(1985—2010)[M].北京:方志出版社,2014.

［23］ 林春蕊,许为斌,刘演,等.广西靖西县端午药市常见药用植物[M].南宁:广西科学技术出版社,2012.

［24］ 龙运光,萧成纹,吴国勇,等.中国侗族医药[M].北京:中医古籍出版社,2011.

［25］ 黔东南苗族侗族自治州地方志编纂委员会.黔东南苗族侗族自治州农业志(1991—2015)[M].北京:方志出版社,2020.

［26］ 唐海华.苗族药物学[M].贵阳:贵州民族出版社,2006.

索　引

索引一　药物中文名称索引

贵州黔东南药用资源图志

索引

贵州黔东南药用资源图志

索引二　药物拉丁名称索引

索
引

贵州黔东南药用资源图志

贵州黔东南药用资源图志